高等教育"十二五"规划教材

大学物理实验教程
（第2版）

主　编　孙秀平

副主编　李海军　刘春宇
　　　　徐　瑛

北京理工大学出版社
BEIJING INSTITUTE OF TECHNOLOGY PRESS

版权专有 侵权必究

图书在版编目（CIP）数据

大学物理实验教程/孙秀平主编. —2 版. —北京：北京理工大学出版社，2015.2（2018.12重印）
ISBN 978-7-5682-0171-1

Ⅰ.①大… Ⅱ.①孙… Ⅲ.①物理学-实验-高等学校-教材 Ⅳ.①O4-33

中国版本图书馆 CIP 数据核字（2015）第 008404 号

出版发行 / 北京理工大学出版社有限责任公司
社　　址 / 北京市海淀区中关村南大街 5 号
邮　　编 / 100081
电　　话 / （010）68914775（总编室）
　　　　　　82562903（教材售后服务热线）
　　　　　　68948351（其他图书服务热线）
网　　址 / http：//www.bitpress.com.cn
经　　销 / 全国各地新华书店
印　　刷 / 北京虎彩文化传播有限公司
开　　本 / 710 毫米 × 1000 毫米　1/16
印　　张 / 19.5　　　　　　　　　　　　　　　　责任编辑 / 张慧峰
字　　数 / 325 千字　　　　　　　　　　　　　　文案编辑 / 张慧峰
版　　次 / 2015 年 2 月第 2 版　2018 年 12 月第 6 次印刷　责任校对 / 周瑞红
定　　价 / 38.00 元　　　　　　　　　　　　　　责任印制 / 王美丽

图书出现印装质量问题，请拨打售后服务热线，本社负责调换

前 言

大学物理实验是学生进入大学后的第一门科学实验课程，该课程在培养学生基本实验技能、实践能力和创新能力方面，是其他课程所无法取代的。

本书根据高等理工科学校物理实验教学大纲，参照教育部高等学校物理学与天文学教学指导委员会、物理基础课程教学指导分委会制定的2010年版《理工科类大学物理实验课程教学基本要求》，并结合长春理工大学大学物理实验教学中心开设的大学物理实验课程，在使用多年的物理实验教材基础上加以整理编写而成。

本书内容包括大学物理实验概论、基础性实验、综合性实验、设计性实验四个部分。其中基础性实验21个，通过这些实验，可以使学生掌握物理实验的基本方法、基本仪器的使用和实验数据的处理方法。综合性实验17个，着重培养学生对理论知识的运用能力、分析和解决实际问题的能力。设计性实验7个，学生可以根据自己的兴趣和爱好选择相应的实验进行研究，独立地完成实验设计、实验操作并撰写实验报告。这种研究性的学习，可以充分发挥学生的主动性和创造性。此外，在有些实验后面还附有包含扩展实验的附录等，以便学生了解这些实验的发现过程、科学家的研究思路及贡献，对激发学生的学习积极性和开阔思路具有一定的启发作用。

物理实验教学是一项集体工作，本书的编写是长春理工大学大学物理实验教学中心全体实验教师及技术人员辛勤劳动的结晶。参加本书编写的有孙秀平、李海军、刘春宇、徐瑛、陈新邑、张志颖、王思涵、马国平、周成城、王野、冯秀琴、朴颖、张莹、李超群。桑兰芬教授审阅了全部内容，并提出了宝贵的意见，在此表示衷心感谢。同时，一些其他院校的教材也为本书的编写提供了很好的借鉴，借此机会一并表示感谢。

由于编者水平有限，书中不妥之处在所难免，敬望读者批评指正。

编　者

目 录

第一部分 大学物理实验概论

第1章 绪论 ……………………………………………………… 3
 §1 大学物理实验的作用和任务 …………………………… 3
 §2 大学物理实验课的基本程序 …………………………… 4

第2章 误差与不确定度 ………………………………………… 7
 §1 测量与误差 ……………………………………………… 7
 §2 不确定度、测量结果的表示方法 ……………………… 12

第3章 有效数字及数据处理方法 ……………………………… 16
 §1 有效数字 ………………………………………………… 16
 §2 数据处理方法 …………………………………………… 20

第4章 物理实验的基本知识 …………………………………… 27
 §1 力学常用仪器介绍 ……………………………………… 27
 §2 电学实验基本知识 ……………………………………… 34
 §3 光学实验基本知识 ……………………………………… 41
 §4 设计性实验基本知识 …………………………………… 46

第二部分 基础性实验

实验1 液体比热容的测量 ………………………………………… 53
实验2 液体电导率的测定 ………………………………………… 59
实验3 扭摆 ………………………………………………………… 62

实验 4　杨氏模量的测量 ································ 66
实验 5　固体热膨胀系数的测量 ······················ 71
实验 6　液体表面张力系数的测定 ··················· 74
实验 7　直流单臂电桥 ···································· 77
实验 8　示波器的调整与使用 ·························· 81
实验 9　螺线管磁场的测量 ····························· 86
实验 10　三维亥姆霍兹线圈磁场实验 ··············· 91
实验 11　分光计的调整与使用 ························ 105
实验 12　利用双棱镜测定光波波长 ·················· 111
实验 13　光栅的衍射 ···································· 115
实验 14　光的偏振 ······································· 119
实验 15　牛顿环测球面的曲率半径与用劈尖测量微小厚度 ······ 124
实验 16　利用三线摆测量转动惯量 ·················· 132
实验 17　线性及非线性元件伏安特性的测量 ······ 136
实验 18　导热系数的测量 ······························ 139
实验 19　双臂电桥测量低电阻 ························ 145
实验 20　交流电桥实验 ································· 151
实验 21　动态磁滞回线 ································· 155

第三部分　综合性实验

实验 22　单摆的非线性振动 ··························· 165
实验 23　音叉的受迫振动与共振实验 ··············· 170
实验 24　RCL 电路暂态过程 ························· 175
实验 25　金属电子逸出功的测定 ····················· 183
实验 26　电磁聚焦和电子比荷的测量 ··············· 189
实验 27　阿贝成像原理和空间滤波 ·················· 197
实验 28　弦线上的驻波实验 ··························· 201
实验 29　固体介质折射率的测定 ····················· 205
实验 30　迈克尔逊干涉仪的调整及使用 ············ 210
实验 31　密立根油滴实验 ······························ 216

实验 32　全息照相 ·· 223

实验 33　白光全息摄影 ·· 230

实验 34　夫兰克—赫兹实验 ································· 233

实验 35　光电效应及普朗克常数测定 ···················· 240

实验 36　硅光电池的线性响应 ······························ 245

实验 37　双光栅测量微弱振动位移量实验 ············· 249

实验 38　光强分布 ·· 257

第四部分　设计性实验

实验 39　声波与超声波 ······································· 263

实验 40　温度传感器特性实验 ······························ 269

实验 41　万用表的组装与使用 ······························ 277

实验 42　电位差计的应用 ···································· 283

实验 43　电表的改装与校准 ································· 289

实验 44　光学平台上的实验 ································· 293

实验 45　微小长度的测量 ···································· 296

第一部分

大学物理实验概论

第 1 章

绪　　论

§1　大学物理实验的作用和任务

一、大学物理实验课的地位和作用

物理学是实验科学，物理学新概念的确立和新规律的发现要依赖于反复实践。物理学上新的突破常常是通过新的实验技术的发展，从而促进科学技术的革命，形成新的生产力。物理实验的方法、思想、仪器和技术已经被普遍地应用在各种科学领域和技术部门。

大学物理实验是理工科大学生进入大学后首先接触到的实践课，因此大学物理实验的教学在培养大学生科学素质方面具有一种"先入为主"的重要效果。对于一个高等理工科院校的学生来讲，不论专业如何，大学物理实验都是一门重要的基础课程。学生了解和掌握这些实验研究的方法和技巧，不仅对物理学理论的学习是重要的，而且对后续课程的学习，乃至对将来所从事的实际工作所需要的独立工作能力和创新能力等素质的培养来讲，也是十分必要的，这是大学物理理论课所不能做到、不能取代的。因此，大学物理实验应该是理工科大学生的一门独立的、重要的必修基础课程。

大学物理实验课是理论与实践相结合、动脑与动手相结合、发现问题与解决问题相结合的课程。这门课程要求学生以研究者的态度去组装实验装置，进行观测与分析，探讨最佳实验方案，从中积累经验，锻炼技巧和动手能力，为以后独立设计实验方案和解决新的实验课题创造条件。大学物理实验课是学生在教师指导下独立进行的教学环节。学好大学物理实验课，需要独立思考的习惯、一丝不苟的态度、持之以恒的精神，还需要勇于创新的勇气。在实验过程中，学生不仅可以通过实验去感受每一个物理定律建立过程中所体现的科学研究方法和科学思维方式，而且还能通过物理实验去领悟其中所蕴涵着的巧妙设计构思，因此大学物理实验已成为培养学生科学素质的重要载体。

二、大学物理实验课的任务

大学物理实验课与大学物理理论课一起构成了理工科大学生必修的基础物理学知识的统一整体。大学物理理论课注重对物理概念、物理规律的讨论和学习，训练学生的理论思维方法；大学物理实验课则主要以实际动手实验为教学手段，对学生进行全面而系统的实验方法和实验技能训练。它们具有同等重要的地位，具有深刻的内在联系。大学物理实验课的主要任务在于：

(1) 通过对实验现象的观察、分析和对物理量的测量，使学生在运用所学的理论知识、实验方法和实验技能解决具体问题方面得到必要的基本训练。

(2) 注重培养学生的基本技能，其中包括：

自学能力：能够自行阅读教材和有关资料，做好实验前的预习。

动手能力：能够借助教材或仪器说明书正确使用常用仪器，按线路图正确连接线路，实验完毕按顺序整理好仪器。

分析解决问题的能力：能够运用所学的理论对实验中出现的现象进行初步的分析判断，对于正确的加以肯定并继续进行，对于错误的找出原因并考虑解决问题的方法。

表达能力：能够正确记录和处理实验数据、绘制曲线、说明实验结果以及写出合格的实验报告。

设计能力：能够独立完成与本课程相关的设计性实验。

§2　大学物理实验课的基本程序

实验课与理论课不同，它的特点是同学们在教师的指导下自己动手，独立地完成实验任务。

一、实验的准备

实验前只有认真阅读教材，做好必要的预习，才能按质、按量、按时完成实验。同时，预习也是培养阅读能力的学习环节。阅读时要以实验目的为中心，搞清楚实验原理(包括测量公式)、操作要点、数据处理及其分析方法等；要反复思考实验原理、仪器装置及操作、数据处理等方面如何达到实验目的。另外，做物理实验应始终在明确的理论指导下进行。预习时要尽量精心构思，写好预习报告。

写预习报告时要用统一规格的实验报告纸，其主要内容如下：

(1) 实验名称；

(2) 实验目的；

(3) 实验仪器；

(4) 实验原理(要做到图文并茂)；

(5) 实验关键步骤及注意事项；

(6) 数据记录表格(可以到实验室后绘制)。

二、实验的进行

(1) 实验室不同于一般课堂，进入实验室，要遵守实验室规则，并保持安静，可以观察但不要随便用手动仪器。

(2) 在了解了仪器的工作原理、使用方法、注意事项的基础上，经教师允许，方可动手进行仪器安装调试(电学实验未经教师检查线路切忌接通电源)。

(3) 选择测试条件，观察实验现象并记录，读数并记录数据，计算与分析实验结果，估算不确定度。在实验过程中对观察到的现象和测得的数据要及时进行判断，判断它们是否正常与合理。实验过程中可能会出现故障，此时应在教师的指导下，分析故障原因，学会排除故障的本领。

(4) 实验完毕，经指导教师检查及签字后，将使用的仪器整理好，归回原处。

三、写实验报告

这是完成一个实验题目的最后程序，也是对实验进行全面总结分析的一个过程，必须予以充分重视。不能把取得的实验数据作为实验的唯一目的和终结，而是实验后要结合教材重新回顾，认真分析，尽可能将感性知识理性化，并在预习实验报告的基础上完成下列几项工作：

(1) 数据整理应做到整洁清晰而有条理，便于计算与复核，从而达到省工省时的目的。在标题栏内要注明单位。数据不得任意涂改。确定测错而无用的数据，可在旁边注明"作废"字样，不要任意删去。

(2) 根据实验要求完成实验数据的处理(在计算间接测量量和物理量的不确定度时，必须写出计算公式、代数过程、数据处理过程，最后的结果应注明单位)。

(3) 某一物理量的最后测量结果需写成下列表达式形式：

$$x = \bar{x} \pm u_c(\bar{x})$$

$$E = \frac{u_c(\bar{x})}{\bar{x}} \times 100\%$$

(4) 完成误差分析和不确定度的评定。

(5) 回答问题并完成思考题。

(6) 写出实验心得或建议等。

实验报告是实验工作的总结，是经过对实验操作和观察测量、数据分析以后的永久性的科学记录。编写实验报告有助于锻炼逻辑思维能力，把自己在实验中的思维活动变成有形的文字记录，表达自己对本次实验结果的评价和收获。同时实验报告可供他人借鉴，促进学术交流。因此，实验报告要求做到书写清晰、字迹端正、数据记录整洁、图表合适、文理通顺、内容简明扼要。

四、实验规则

为了保证实验正常进行，以及培养严肃认真的工作作风和良好的实验工作习惯，同学们应遵守以下实验规则。

(1) 学生应在课程表规定时间内进行实验，不得无故缺席或迟到。实验时间若要更改，须经实验室同意。

(2) 学生在每次实验前应对安排要做的实验进行预习，并在预习的基础上，写出预习报告。

(3) 进入实验室后，应将预习报告放在桌上由教师检查，并回答教师的提问，经过教师检查认为合格后，才可以进行实验。

(4) 实验时应携带必要的物品，如文具、计算器和草稿纸等。对于需要作图的实验应事先准备毫米方格纸(即坐标纸)和铅笔。

(5) 进入实验室后，根据实验卡片或仪器清单核对自己使用的仪器是否缺少或损坏。若发现有问题，应向教师提出。未列入清单的仪器，另向老师借用，实验完毕后归还。

(6) 实验前应细心观察仪器构造，操作应谨慎细心，严格遵守各种仪器仪表的操作规则及注意事项。尤其是电学实验，线路接好后先经教师或实验室工作人员检查，经许可后才可接通电路，以免发生意外。

(7) 实验完毕后应将实验数据交给教师检查，实验合格者教师予以签字通过。余下时间在实验室内进行实验计算或做作业题，待下课后方可离开。实验不合格或请假缺课的学生，由指导教师登记，通知在规定时间内补做。

(8) 实验时应注意保持实验室整洁、安静。实验完毕应将仪器、桌椅归回原处，放置整齐。

(9) 如有仪器损坏应及时报告教师或实验室工作人员，并填写损坏单，注明损坏原因。赔偿办法根据学校规定执行。

第 2 章

误差与不确定度

§1 测量与误差

一、测量

(一) 测量的定义

所谓测量就是将待测的物理量与相应的计量单位进行比较,其倍数即为测量值,若连同计量单位则构成测量结果。例如:用米尺测得单摆的摆长,经比较得到摆长是 1 米的 0.865 倍,则 0.865 是测得值,由于米是单位,所以合起来构成测量结果,即摆长为 0.865 米。

(二) 测量的分类

测量可分为直接测量和间接测量。

直接测量是指被测量与计量单位直接比较,就可获得结果。如用米尺测物体的长度,用停表测时间,用电流表测电流等均属于直接测量。通过直接测量就可得到结果的量叫直接测量量,如长度、质量、时间等。

间接测量是指由一个或几个直接测量量经已知函数关系计算出被测量量值。例如,已测量出物体的质量和体积,由已知公式 $\rho = m/V$ 算出物体密度的过程就是间接测量。通过间接测量测得的量叫间接测量量。

有时根据测量条件变化与否可把测量分成等精度测量和不等精度测量。

等精度测量是指在测量条件相同的情况下进行的一系列测量,即同一个人在同样的环境条件下在同一仪器上采用同样的测量方法对同一量进行的多次测量。

不等精度测量是指对同一量进行多次测量时改变测量条件,如更换仪器型号、改变测量方法、更换测量人员等,且在测量条件变更前后,测量结果的可靠程度不等。

二、真值与误差

(一) 真值

每一个物理量都是客观地存在着，在一定条件下有其不依人的意志而变化的固定大小，这个客观存在的固定大小的值叫真值。

(二) 误差

由于测量总是依据一定的理论或方法，使用一定的仪器，由一定的人进行，所以理论的近似性、仪器的灵敏度及环境因素的影响，会使得测量值与真值间总存在着差异，定义测量值和真值的差为误差：

$$测量值(x) - 真值(a) = 误差(\varepsilon)$$

误差 ε 是一个代数值，当 $x \geq a$ 时，$\varepsilon \geq 0$；当 $x < a$ 时，$\varepsilon < 0$。由于真值是不确知的，所以测量值的误差也是不确知的。在此情况下，测量的任务是：

(1) 给出被测量的最佳估计值。
(2) 给出真值最佳估计值可靠程度的估计。

三、误差的分类

为了减少或消除某些误差，就要充分地认识各种误差可能的一些来源以及表现出来的性质，因此有必要对误差进行分类。通常把误差分为系统误差、粗大误差和偶然误差。

(一) 系统误差

系统误差的主要特征是具有确定性。在一定条件下进行多次测量时，误差的大小或正负保持不变或按一定规律变化。

系统误差的来源可概括为以下四个方面：

(1) 仪器误差：由于测量仪器或工具本身的缺陷产生的误差，如天平不等臂带来的误差。

(2) 方法误差：由于理论、方法的近似而导致的误差，如：单摆的周期公式为 $T = 2\pi\sqrt{l/g}$，要求摆角足够小，忽略了摆角的影响而产生的误差；自由落体下落的距离公式为 $h = \frac{1}{2}gt^2$，忽略了空气阻力产生的误差。

(3) 环境误差：周围环境的变化，如温度、压强、湿度、电磁场等因素的变化而产生的误差。

(4) 个人误差：观测人员的心理或生理特点所造成的误差，如计时的超前或落后，读表时的偏左或偏右等。

大量一般测量的实践表明，系统误差分量对测量结果的影响常常显著地大于随机误差分量对测量结果的影响。因此大学物理实验要重视对系统误差的分析，尽量减小它对测量结果的影响。

一般发现系统误差的方法主要有以下三种：

（1）仪器分析：主要分析仪器的示值误差、零值误差、调整误差、回程误差等，其中回程误差是指在相同条件下，仪器正反行程在同一点上测量值之差的绝对值。

（2）理论分析：从实验装置、实验条件与理论设定条件是否一致去发现系统误差，如用伏安法测电阻时，不论是内接法还是外接法均与理论约定不相符，但可以通过理论分析进行修正。

（3）对比实验：改变实验的部分甚至全部条件，重新去测被测量，分析改变前后的测量值是否有显著不同，从而去分析有无系统误差。

系统误差处理方法：

（1）对换法：将测量中的某些因素相互交换，造成某项系统误差的正负号发生变化。例如用电桥测电阻时，交换待测电阻与标准电阻的位置可以消除接触电阻造成的误差。

（2）补偿法：如在热学实验中，在升温和降温条件下分别对温度进行一次测量，两次测量的平均值可以抵消由于测量值比实际温度滞后带来的系统误差。

（3）替代法：在一定条件下，用一已知量替代被测量以消除系统误差。

（4）异号法：使系统误差在测量中出现两次，两次的符号恰好相反，取两次测量的平均值作为测量结果即可将系统误差消除。

（二）粗大误差

粗大误差又称过失误差，是指明显超出规定条件下预期的误差。粗大误差是由在测量过程中某些突然发生的不正常因素，如较强的外界干扰、测量条件的意外变化、测量者的疏忽大意等造成的。它是统计的异常值，属于失控或人为的错误，应尽量避免，如果在测量结果中出现粗大误差则应按一定规则剔除。

（三）偶然误差

1. 偶然误差的定义和特点

偶然误差又称随机误差，是由偶然的不确定的因素造成的每一次测量值的无规则涨落。在相同条件下，多次测量同一物理量，其测量误差的绝对值和符号以不可预知的方式变化，其特征是它的随机性、偶然性。偶然误差的出现,就某一测量值来说是没有规律的,其大小和方向都是不能预知的。

由于偶然误差产生的原因很多,又无法估计,因此无法消除,但并非没有规律可循。当对物理量进行多次测量时,偶然误差会呈现一定的规律性,即偶然误差服从正态分布规律(即统计规律),具有如下特点:

(1) 单峰性:测量值与真值相差越小,其可能性越大;与真值相差越大,其可能性越小。

(2) 对称性:测量值与真值相比,大于或小于某量的可能性是相等的。

(3) 有界性:在一定的测量条件下,误差的绝对值不会超过一定的限度。

(4) 抵偿性:偶然误差的算术平均值随测量次数的增加越来越小。

根据上述特性可知,通过多次测量求算术平均值的方法,可以使偶然误差相互抵消。算术平均值与真值较为接近,一般作为测量的结果。

2. 偶然误差的评定

当测量进行了 n 次,每次的测量值分别为 $x_1, x_2, x_3, \cdots, x_n$,则 $\bar{x} = \dfrac{1}{n}\sum\limits_{i=1}^{n} x_i$ 为 n 次测量结果的算术平均值。假如各次测量只存在偶然误差,偶然误差有正有负,相加时抵消一些,所以 n 越大,算术平均值越接近真值,因此可以用算术平均值作为被测量真值的最佳估计值,而对于每一次测量的误差则可以用标准偏差来描述:

$$\sigma = \sqrt{\dfrac{\sum\limits_{i=1}^{n}(x_i - \bar{x})^2}{n-1}} \tag{1}$$

上式即为贝塞尔公式,对于测量结果平均值 $\bar{x}$ 的标准偏差则为:

$$\sigma(\bar{x}) = \dfrac{\sigma}{\sqrt{n}} = \sqrt{\dfrac{\sum\limits_{i=1}^{n}(x_i - \bar{x})^2}{n(n-1)}} \tag{2}$$

在同一条件下对某一物理量进行多次独立测量时,测量值的分布可用正态分布函数来描述,其函数为:

$$f(x) = \dfrac{1}{\sigma\sqrt{2\pi}} e^{-\dfrac{(x-\bar{x})^2}{2\sigma^2}} \tag{3}$$

式中,x 为某次测量值;$\bar{x}$ 为算术平均值,其表达式为:

$$\bar{x} = \int_{-\infty}^{\infty} x f(x) \mathrm{d}x \tag{4}$$

则标准偏差 σ 的表达式为:

$$\sigma = \sqrt{\int_{-\infty}^{\infty} (x - \bar{x})^2 f(x) \mathrm{d}x} \tag{5}$$

和分布函数 $f(x)$ 函数相对应的曲线如图 1.2.1 所示。

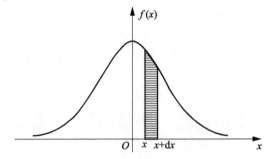

图 1.2.1 分布函数 $f(x)$ 的曲线

分布函数 $f(x)$ 的意义是测量值落在 x 附近单位间隔内的概率，$f(x)$ 函数曲线下的全部面积是总概率，即

$$\int_{-\infty}^{\infty} f(x)\,\mathrm{d}x = 1 \tag{6}$$

标准偏差 σ 的意义有以下三个方面：

(1) 表征测量值的离散度。

从图 1.2.2 上可以看到，σ 越小，分布函数 $f(x)$ 曲线越陡，表征测量值越集中，离散度越小；反之 σ 越大，分布函数 $f(x)$ 曲线越平坦，表征测量值越分散，离散度越大。

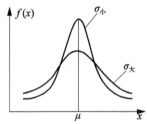

图 1.2.2 σ 的大小对分布函数的影响

(2) 曲线 $f(x)$ 从 $\bar{x} - \sigma$ 到 $\bar{x} + \sigma$ 区间的面积为：

$$\int_{\bar{x}-\sigma}^{\bar{x}+\sigma} f(x)\,\mathrm{d}x = 68\% \tag{7}$$

此时表征测量值落在 $(\bar{x} - \sigma, \bar{x} + \sigma)$ 区间的概率为 68%。

(3) 人们常用 σ 和 $\sigma_{\bar{x}}$ 来评价测量结果的误差大小。

对于有限次测量，测量结果的平均值 $\bar{x}$ 落在 $(\bar{x} - \sigma, \bar{x} + \sigma)$ 区间的概率为 68%，同理有

$$\int_{\bar{x}-3\sigma}^{\bar{x}+3\sigma} f(x)\,\mathrm{d}x = 99.7\% \tag{8}$$

即 $\bar{x}$ 落在 $(\bar{x}-3\sigma, \bar{x}+3\sigma)$ 区间的概率为99.7%。由此可见，$\bar{x}$ 落在此区间外的可能性已经很小，因此引入极限误差概念，极限误差用 Δ 表示，即

$$\Delta = 3\sigma \tag{9}$$

如果某次测量值的误差超过了这个值，我们通常认为是坏数据，应当剔除。

§2 不确定度、测量结果的表示方法

一、不确定度

(一) 不确定度的概念

不确定度是说明测量结果的一个参数，是对被测量的真值所处量值范围的一个评定；不确定度也是未知的误差可能大小的反映；同时它也反映测量结果的可信赖程度；另外不确定度的大小也反映了测量结果质量的好坏程度。按照我国国家计量技术规范(JJG 1027—1991)，测量结果的最终表达形式为

$$x = \bar{x} \pm u_c \tag{1}$$

式中，x 为被测值，$\bar{x}$ 为最佳估计值(不含已修正的系统误差)，u_c 为合成不确定度。

(二) 不确定度的划分

将可修正的系统误差进行修正后，余下的全部按获得方法的不同，划分为 A 类不确定度分量和 B 类不确定度分量。

1. A 类不确定度分量的定义和评定

A 类不确定度分量是指重复测量并使用统计方法可评定的那些不确定度分量，用标准差 s_x 来表示，即多次测量的某一次测量中的 A 类不确定度分量为贝赛尔公式：

$$s_x = \sqrt{\frac{\sum_{i=1}^{n}(x_i-\bar{x})^2}{n-1}} \tag{2}$$

最佳估计值 $\bar{x}$ 的 A 类不确定度分量为：

$$s_{\bar{x}} = \frac{s_x}{\sqrt{n}} = \sqrt{\frac{\sum_{i=1}^{n}(x_i-\bar{x})^2}{n(n-1)}} \tag{3}$$

2. B 类不确定度分量的定义和评定

B 类不确定度分量是指用其他方法(不同于统计方法)评定的不确定度分量,用 u_j 来表示。u_j 的大小用估计的方法来评定,但这种估计不是无根据的随意估计,而是根据以前的测量数据、有关材料、仪器特点及性能等有关知识,再根据制造说明书、检定书或其他证书提供的数据以及使用手册中提供的参考数据等信息进行合理的估计。

B 类不确定度分量的评定首先是指出影响测量的诸多因素,常见的主要因素有计量仪器、实验装置、环境和实验者等,再进一步对这些因素引起的效应逐一地做出不确定的估计,一般由极限误差估计值 Δ 除以一个常数 c 得到,即

$$u_j = \frac{\Delta}{c} \tag{4}$$

若认为该项极限误差的来源属于正态分布,则 $c = 3$;若认为属于均匀分布,则 $c = \sqrt{3}$。在物理实验中,测量值的偶然误差分布形式常见的有两种,即正态分布和均匀分布。示值误差一般为正态分布,$c = 3$;数字仪表的读数显示、度盘或其他传动齿轮的回差以及游标尺的读数误差都近似遵从均匀分布,即 $c = \sqrt{3}$。若误差来源属性不清,可假设遵从正态分布,即 $c = 3$。

注:对不确定度进行划分,其目的是指明不确定度两分量的不同评定方法,并不意味着两分量本身性质上存在什么差别。"A 类"和"B 类"并不分别代表"偶然误差"和"系统误差","误差"和"不确定度"两术语不同义,概念也不相同,所以两者不能混淆和误用。

(三) 不确定度的合成

用以表征某一直接测量结果可靠程度的总的不确定度叫合成不确定度,用 u_c 表示,它是由 A 类不确定度分量 $\sum_i s_i^2$ 和 B 类不确定度分量 $\sum_j u_j^2$ 的方和根构成,即

$$u_c = \sqrt{\sum_i s_i^2 + \sum_j u_j^2} \tag{5}$$

(四) 不确定度的传递

若间接测量量 y 与相应的直接测量量 x_1, x_2, $\cdots$, x_n 之间的函数关系为:

$$y = f(x_1, x_2, \cdots, x_i, \cdots, x_n) \tag{6}$$

则 y 的最合理估计值(最佳值)为:

$$\bar{y} = f(\bar{x}_1, \bar{x}_2, \cdots, \bar{x}_i, \cdots, \bar{x}_n) \tag{7}$$

式中 $\bar{x}_i$ 为第 i 个直接测量量的最佳值。

对式(6)进行全微分得：

$$dy = \frac{\partial f}{\partial x_1}dx_1 + \frac{\partial f}{\partial x_2}dx_2 + \cdots + \frac{\partial f}{\partial x_i}dx_i + \cdots + \frac{\partial f}{\partial x_n}dx_n \tag{8}$$

式(8)表示当 x_1，x_2，…，x_n 有微小变化时，函数 y 随之而发生变化 dy。

由于测量的不确定度小于测量本身的大小，所以在把式(6)看成是间接测量量 y 与直接测量量 x_i 间的关系时，把各 dx_i 看成是不确定度且用不确定度替换之，则得：

$$u_{c(y)} = \left|\frac{\partial f}{\partial x_1}\right|u_{c(x_1)} + \left|\frac{\partial f}{\partial x_2}\right|u_{c(x_2)} + \cdots + \left|\frac{\partial f}{\partial x_i}\right|u_{c(x_i)} + \cdots + \left|\frac{\partial f}{\partial x_n}\right|u_{c(x_n)} \tag{9}$$

式(9)是不确定度传递公式的粗略算式，其准确表达式为上式中各项的方和根（而不是直接相加的关系），即

$$u_{c(y)} = \sqrt{\left[\frac{\partial f}{\partial x_1}u_{c(x_1)}\right]^2 + \left[\frac{\partial f}{\partial x_2}u_{c(x_2)}\right]^2 + \cdots + \left[\frac{\partial f}{\partial x_i}u_{c(x_i)}\right]^2 + \cdots + \left[\frac{\partial f}{\partial x_n}u_{c(x_n)}\right]^2} \tag{10}$$

式中，$\frac{\partial f}{\partial x_i}$ 叫作不确定度的传递系数。相对不确定度则为：

$$E = \frac{u_{c(y)}}{\bar{y}} \times 100\% \tag{11}$$

对于间接测量量，由于它和直接测量量间有某一具体函数关系，因此可利用微分方法求出间接测量量的不确定度。

例：已知 $y = (x_1^2 + x_2^2)/2$ 和 $u_{c(x_1)}$、$u_{c(x_2)}$，求 $u_{c(y)}$。

解：因为 $dy = (2x_1 dx_1 + 2x_2 dx_2)/2$

所以合成不确定度为 $u_{c(y)} = \sqrt{x_1^2 u_{c(x_1)}^2 + x_2^2 u_{c(x_2)}^2}$。

二、测量结果的表示方法

（1）用最佳估计值代替真值表示测量值。

$$\bar{x} = \frac{1}{n}\sum_{i=1}^{n}x_i \tag{12}$$

（2）用合成不确定度 $u_{c(\bar{x})}$ 来表征测量结果的可信赖程度。

（3）测量结果的表达式为：

$$x = \bar{x} \pm u_{c(\bar{x})} \tag{13}$$

$$E = \frac{u_{c(\bar{x})}}{\bar{x}} \times 100\% \tag{14}$$

式(14)中 E 为相对不确定度。

[附录] 常用函数式的不确定度传递公式

$y = x_1 \pm x_2$ $u_c(y) = \sqrt{u_c^2(x_1) + u_c^2(x_2)}$

$y = kx$ $u_c(y) = k u_c(x)$

$y = \ln x$ $u_c(y) = \dfrac{u_c(x)}{x}$

$y = \sin x$ $u_c(y) = |\cos x| u_c(x)$

$y = x^{\frac{1}{k}}$ $\dfrac{u_c(y)}{y} = \dfrac{1}{k}\dfrac{u_c(x)}{x}$

$y = x_1^m x_2^k$ $\dfrac{u_c(y)}{y} = \sqrt{\left[m\dfrac{u_c(x_1)}{x_1}\right]^2 + \left[k\dfrac{u_c(x_2)}{x_2}\right]^2}$

$y = x_1^{n_1} x_2^{n_2} \cdots x_k^{n_k}$ $\dfrac{u_c(y)}{y} = \sqrt{\left[n_1\dfrac{u_c(x_1)}{x_1}\right]^2 + \left[n_2\dfrac{u_c(x_2)}{x_2}\right]^2 + \cdots + \left[n_k\dfrac{u_c(x_k)}{x_k}\right]^2}$

第3章

有效数字及数据处理方法

§1 有效数字

实验中要记录很多数值，并进行计算，但是记录时应取几位数，运算后应留几位，这是实验数据处理的重要问题。实验时处理的数值应是能反映出被测量实际大小的数值，即记录与运算后保留的数字应为能传递出被测量实际大小信息的全部数字，我们称这样的数字为有效数字。把测量结果中可靠的几位数加上可疑的一位数（有时取两位）统称为有效数字。

一、测量仪器的读数、记录

一般来讲，仪器上显示的数字均为有效数字，包括最后一位估读均应读出并记录。例如，用一最小分度为毫米的尺测得一物体的长度为 7.62 cm，其中"7"和"6"是准确读出的，最后一位数字"2"是估计的，并且由于仪器本身也将在这一位出现误差，所以它存在一定的可疑成分，即实际上这一位可能不是 2。虽然 2 这个数字不是十分准确，但是却能近似地反映出这一位数大小的信息，因此应算作有效数字。

仪器上显示的最后一位是"0"时，此时"0"也是有效数字，也要读出并记录。例如，用一毫米分度尺测得一物体的长度为 3.60 cm，它表示物体的末端是和分度线"6"刚好对齐，下一位是 0，此时若写成 3.6 cm 则不恰当，因为"6"是准确的，"0"这位是可疑位应算作有效数字，必须记录。对于分度式仪表，读数要读到最小分度的十分之一。例如：最小分度是毫米的尺，测量时一定要估测到十分之一毫米那一位；最小分度是 0.1A 的安培计，测量时一定要估测到百分之一安培那一位。但有的指针式仪表，它的分度较窄，而指针较宽（大于最小分度的五分之一），这时要读到最小分度的十分之一有困难，可以读到最小分度的五分之一甚至二分之一。

关于一次测量结果有效数字的记录可概括为以下几点：

(1) 一个测量结果有效数字的多与少反映了该测量结果的准确程度，有效数字与小数点的位置无关,也与单位选择无关。

(2) 对于每个直接测量量的有效数字,其中最后那位应该是最小分度值的估读数字。

(3) 任何测量结果都只写出有效数字,数量级用 10 的幂次方表示。

(4) 可疑数字只取一位,但有时取两位。运算中可多留一位有效数字。

二、有效数字的运算

(1) 实验后计算不确定度时,测量结果的有效数字按以下规则确定。

① 加减运算后的有效数字应当和参加运算的各数中最先出现的可疑位一致。

例:

$$
\begin{array}{r}
1\,1\,3.3\,\overline{6} \\
1\,8.\overline{3} \\
+\ \ \ 0.5\,6\,\overline{1} \\
\hline
1\,3\,2.\overline{2}\,\overline{2}\,\overline{1}
\end{array}
$$

结果为 132.2(数字上方有横线的为可疑数字)。

② 乘除运算后的有效数字应当和与参加运算的各数中有效数字位数最少的相同。

例:

$$
\begin{array}{r}
4.1\,7\,\overline{8} \\
\times\ \ \ 1\,0.\overline{1} \\
\hline
\overline{4}\,\overline{1}\,\overline{7}\,\overline{8} \\
4\,1.7\,\overline{8}\ \ \ \\
\hline
4\,2.\overline{1}\,\overline{9}\,\overline{7}\,\overline{8}
\end{array}
$$

结果为 42.2。

③ 函数的有效数字。

先对函数求微分,由此求出函数的合成不确定度公式,然后再将自变量的不确定度取为该自变量的最后那位的 1 个单位(因至少有 1 个单位大小的不确定度)代入公式中的不确定度,由不确定度决定函数值的有效数字位数。

例:$N = \cos x$,$x = 9°24'$,取 $u_x = 1' = 0.000\,29$ rad

因为 $dN = |-\sin x| dx$

所以 $u_N = \sin x \cdot u_x = 0.15 \times 0.000\,29 = 4 \times 10^{-5}$

所以 $N = \cos x = \cos 9°24' = 0.986\,57$

(2) 多次测量及间接测量的有效数字。

实验后多次测量得最佳值或间接测量量的结果的有效数字的最后一位与

该量的不确定度的最后一位对齐,即不确定度决定有效数字。

例1:已知 $y = x_1 + x_2 - x_3 + x_4$,其中 $x_1 = (6.262 \pm 0.002)\,\text{m}$, $x_2 = (71.3 \pm 0.5)\,\text{m}$, $x_3 = (0.753 \pm 0.001)\,\text{m}$, $x_4 = (271 \pm 1)\,\text{m}$。

解:首先求合成不确定度

$$u_{c(y)} = \sqrt{u_c^2(x_1) + u_c^2(x_2) + u_c^2(x_3) + u_c^2(x_4)}$$
$$= \sqrt{0.5^2 + 1^2}\,(因为 0.001 和 0.002 远小于 0.5,所以省略)$$
$$= 1\,(\text{m})$$

$$\bar{y} = 6.262 + 71.3 - 0.753 + 271$$
$$= 348\,(\text{m})$$

结果 $y = \bar{y} \pm u_{c(y)} = 348 \pm 1\,(\text{m})$

例2:$g = 4\pi^2 \dfrac{l}{T^2}$,其中 $l = (101.15 \pm 0.02)\,\text{cm}$,$T = (2.017 \pm 0.003)\,\text{s}$,写出重力加速度的有效数字。

解:通过传递公式求合成不确定度

$$E = \frac{u_{c(y)}}{g} = \sqrt{\left(\frac{u_{c(l)}}{l}\right)^2 + \left(2\frac{u_{c(T)}}{T}\right)^2}$$
$$= \sqrt{\left(\frac{0.02}{101.15}\right)^2 + \left(2 \times \frac{0.003}{2.017}\right)^2}$$
$$= 0.003$$

$$\bar{g} = 4\pi^2 \times \frac{101.15}{2.017 \times 2.017} = 980.6\,(\text{cm/s}^2)$$
$$u_{c(g)} = 980.6 \times 0.003 = 3\,(\text{cm/s}^2)$$
$$g = \bar{g} \pm u_{c(g)} = 981 \pm 3\,(\text{cm/s}^2)$$

(3) 乘方与开方的有效数字与其底的有效数字位数相同。

(4) 一般来说,函数运算的位数应根据误差分析来确定。在物理实验中,为了简便和统一起见,对常用的对数函数、指数函数和三角函数作如下规定:对数函数运算后的有效数字的位数与真数的位数相同;指数函数运算后的有效数字的位数可与指数的小数点后的位数相同(包括紧接小数点后的零);三角函数的有效数字的位数随角度的有效数字而定。

(5) 在运算过程中,可能碰到一种特定的数,它们叫作正确数。例如将半径化为直径 $d = 2r$ 时出现的倍数 2,它不是由测量得来的。还有实验测量次数 n,它总是正整数,没有可疑部分。正确数不适用有效数字的运算规则,须由其他测量值的有效数字的多少来决定运算结果的有效数字。

(6) 在运算过程中,还可能碰到一些常数,如 π、g 之类,一般取这些常数的位数与测量值的有效数字的位数相同。例如：圆周长 $l = 2\pi R$，当 $R = 2.356$ mm 时，此时 π 应取 3.142。

三、有效数字的取舍原则

运算后的数值只保留有效数字，其他数字应舍去，要舍弃的数字的第一位应按如下规则处理：余部大于 5 则入，余部小于 5 则舍，余部等于 5 凑偶。

例：$2.345\ 750$ $\begin{cases} \text{取两位有效数字 } 2.3(\text{余部小于 } 5) \\ \text{取三位有效数字 } 2.35(\text{余部大于 } 5) \\ \text{取五位有效数字 } 2.345\ 8(\text{余部等于 } 5\text{，凑偶})，2.345\ 650 \\ \text{取五位有效数字为 } 2.345\ 6 \end{cases}$

四、使用有效数字运算规则时应注意的问题

（1）物理公式中有些数值不是实验测量值，确定有效数字时不必考虑。例 $g = 4\pi^2 \dfrac{l}{T^2}$，这时的 $4\pi^2$ 的位数不予考虑。

（2）对数运算时，首数不算有效数字。

（3）在乘除运算中计算有效数字位数时，当首位是 8 或 9 可多留一位。

例：$9.81 \times 16.24 = 159.3$

9.81 按三位有效数字看待，结果应取 159，但因为 9.81 首位是 9，可将 9.81 算作 4 位有效数字，所以结果取 159.3。

（4）有多个数值参加运算时，在运算中应比按有效数字运算规则规定的多留一位，以防止由于多次取舍引入计算误差，但运算最后仍应舍去。

（5）注意有效数字中的"0"。数字前的"0"不是有效数字，数字中间或末尾的"0"是有效数字。

$0.013\ 5$ m 是三位有效数字；

$1.035\ 0$ m 是五位有效数字；

1.035 m 是四位有效数字；

$1.035\ 0$ m $\neq 1.035$ m。

五、不确定度的有效数字

（1）确定最后结果的有效数字位数的一般原则：由不确定度决定。

（2）不确定度的有效数字一般只取一位。

（3）结果的最后一位要与不确定度的最后一位对齐。

§2 数据处理方法

一、列表法

一般写实验报告都要列数据表，尤其是在数据比较多时，更宜用列表法处理数据。数据列表要求表格设计合理、简单明了，根据需要可把计算的中间项列出来，一些相关量、对应量都可按一定的形式和顺序列出相应栏目，这样就可简单明确地表示出相关物理量之间的对应关系。列表法处理数据可使实验报告形式简洁，眉目清楚，便于随时检查测量数据，及时发现问题，提高数据处理效率，避免不必要的重复计算。

列表要注意完整，写明表格与栏目的名称，单位与公因子写在标称栏内，不得重复写在各数据中。每测完一个数据后，要用钢笔或圆珠笔直接填入数据表格内，要根据仪表最小刻度所决定的实验数据的有效数字认真填写，各数据之间不要太挤，应留有间隙，以供必要时补充和修改。测得的原始数据填入数据表格后不得随意更改，若发现数据有错误，可在错误的数据上画一条整齐的直线，然后在其附近重新写上正确的数据，且需注明错误的原因。

二、作图法

（一）作图法的作用和优点

作图法处理数据，可形象直观反映物理量之间的关系，这是作图法处理数据的突出优点。作图法是了解物理量间的函数关系、找出经验公式最常用的方法之一。由于图线是依据点作出的，所以作图具有多次测量取平均的作用。利用作图法可以从图线中求出某些物理量或常数，也可直接从图中读出没有进行观测的对应于 x 的 y 值，"内插法"和"外延法"就是从所作的图线上或延长线上读坐标的方法。

（二）作图的基本规则

（1）选用坐标纸：根据作图参量的性质，选用毫米直角坐标纸、对数坐标纸或其他坐标纸等。坐标纸的大小应根据测得的数据大小、有效数字多少以及结果的需要来定。

（2）坐标轴的比例与标度：一般以横轴代表自变量，纵轴代表因变量。在坐标纸的左下方画两条粗细适当的线表示横轴和纵轴，在轴的末端近旁标明所代表的物理量及其单位。要适当选取横轴和纵轴的比例和坐标的起点，

使曲线居中,并布满图纸的70%~80%。标度时注意做到:

① 图上实验点的坐标读数的有效数字位数不能少于实验数据的有效数字位数。例如,对于直接测量的物理量,轴上最小格的标度不能大于测量仪器的最小刻度。

② 标度的选择应使图线显示其特点,标度应划分得当,以不用计算就能直接读出图线上每一点的坐标为宜。故通常用1,2,5,而不选用3,7,9来标度。

③ 横轴和纵轴的标度可以不同,两轴的交点也可以不为零,以便调整图线的大小和位置。

④ 如果数据特别大或特别小,可以提出乘积因子,例如提出 $\times 10^3$ 或 $\times 10^{-2}$,放在坐标轴物理量单位符号前面。

(3) 曲线的标点与连线:用削尖的硬铅笔以小"+"字标在坐标纸上,标出各测量数据点的坐标,要使与各测量数据对应的坐标准确地落在小"+"字的交点上。当一张图上要画几条曲线时,每条曲线可采用不同的标记如"×""+""O""△"等以示区别。连线时要用直尺或曲线板等作图工具,根据不同情况,把数据点连成直线或光滑曲线。并不一定要曲线通过所有的点,而是要求画一条具有代表性的光滑曲线,并且要求曲线两旁偏差点有较均匀的分布。在画曲线时,发现个别偏离过大的数据点,应当舍去并进行分析或重新测量核对。校准曲线要通过校准点,连成折线。

(4) 标写图名:一般在图纸上部附近空白位置写出简洁完整的图名,下部标明班级、姓名和日期。所写字体,一律用仿宋体。

(5) 计算斜率和截距:计算直线斜率时,一定要在所作图线上找两相距较远的新点,不能用原来的测点坐标,对新取的两点用公式 $k = \dfrac{y_2 - y_1}{x_2 - x_1}$ 计算斜率;计算截距时,在图线上选定一点 $p_3(x_3, y_3)$ 代入 $y = kx + b$ 中求得:

$$b = y_3 - \dfrac{y_2 - y_1}{x_2 - x_1} x_3 \tag{1}$$

作图法处理数据形象直观,应用十分广泛,但也存在一定的弊端。因为作图具有一定的随意性,对于同一组数据,不同的人会得到不同的结果,即使同一个人,先后两次作图结果也会不同,因此它的误差也很难估计。另外,如果观测数据的有效数字位数很高,分布范围很广,势必要求坐标纸的尺寸很大,这有时是难以实现的。

三、逐差法

逐差法又称逐差计算法,是物理实验中常用的一种处理数据的方法。一般用于对等间隔线性变化测量中所得数据的处理。

在等间隔线性变化的测量中,若仍用一般求平均值的方法,将发现中间的测量值彼此抵消,只剩下第一次测量值和最后一次测量值有用,这样将失去多次测量的意义。因此为了保持多次测量的优越性,充分利用所有数据和减小偶然误差,逐差法把实验测量数据分成两组,实行对应项测量数据相减。

在 n 对数据中:

$x_1, x_2, x_3, \cdots, x_i, \cdots, x_n$

$y_1, y_2, y_3, \cdots, y_i, \cdots, y_n$

求 k 值的公式是:

$$k = \frac{\Delta y}{\Delta x} \tag{2}$$

在 n 对数据中,任何两对数据都可代入式(2)求出 k 值。选用数据的原则有两条,一条是所有的数据都用上,另一条是任一数据都不应重复使用。

逐差法规定,把 n 对数据分成两组,用第 2 组的一对数据作被减数,用第 1 组相应的一对数据作减数。例如共 10 对数据,则将第 1~5 号数据分作第一组,将第 6~10 号分作第 2 组,可求得系数:

$$k_i = \frac{y_{i+5} - y_i}{x_{i+5} - x_i} (i = 1, 2, \cdots, 5) \tag{3}$$

k, b 的最佳值为:

$$\bar{k} = \frac{1}{5} \sum_{i=1}^{5} k_i$$

$$\bar{b} = \bar{y} - \bar{k} \bar{x}$$

式中, $\bar{x} = \frac{1}{10} \sum x_i$,是 x_i 数列的中值; $\bar{y} = \frac{1}{10} \sum y_i$,是 y_i 数列的中值。

逐差法有固定的计算程序,在一定程度上避免了作图法的随意性,计算简便、迅速,因而获得了广泛的应用。它的缺点是若数据分组不同,计算结果也不相同,此外对于怎样分组才最合理,也缺乏理论分析。

四、最小二乘法

用数学解析的方法,从一组实验数据中找出一条最佳拟合曲线(即寻求一个误差最小的实验方程),称为方程的回归。回归法中最常用的数学方法是最小二乘法,在此仅讨论实验中常用的一元线性回归,即直线拟合问题。

最小二乘法的原理是:若能找到一条最佳的拟合曲线,那么每个测量值与这条拟合曲线上对应点之差的平方和最小。

设已知函数的形式为

$$y = ax + b$$

式中自变量只有 x 一个,故称一元线性回归。实验得到的一组数据为

$$x = x_1, x_2, \cdots, x_i$$
$$y = y_1, y_2, \cdots, y_i$$

如果实验没有误差,把 (x_1, y_1),(x_2, y_2),$\cdots$,(x_i, y_i) 代入函数式时,方程左右两边应该相等。但实际上,测量总存在误差,我们把这归结为 y 的测量偏差,并记作 $\varepsilon_1, \varepsilon_2, \cdots, \varepsilon_i$,这样,公式就应改写成:

$$\left.\begin{array}{r} y_1 - b - ax_1 = \varepsilon_1 \\ y_2 - b - ax_2 = \varepsilon_2 \\ \cdots\cdots \\ y_i - b - ax_i = \varepsilon_i \end{array}\right\} (i = 1, 2, 3, \cdots, k) \quad (4)$$

这样做的目的是利用方程组来确定待定参量 a 和 b,同时希望总的偏差 ε 为最小。根据误差理论可以推证:要满足以上要求,必须使各偏差的平方和为最小,即 $\sum_{i=1}^{k} \varepsilon_i^2$ 最小,故称最小二乘法。把各式平方相加,得:

$$\sum_{i=1}^{k} \varepsilon_i^2 = \sum_{i=1}^{k} (y_i - b - ax_i)^2$$

求 $\sum_{i=1}^{k} \varepsilon_i^2$ 的最小值时,将上式对 a 和 b 求偏微分得到两个式子并令它们分别等于零,解出 a 和 b。因此可以得到:

(1) 回归直线的斜率和截距的最佳估计值。

$$a = \frac{\bar{x} \cdot \bar{y} - \overline{xy}}{\bar{x}^2 - \overline{x^2}}, \qquad b = \bar{y} - a\bar{x}$$

(2) 各参量的标准误差。

测量值偏差的标准误差为:

$$\sigma_y = \sqrt{\frac{\sum_{i=1}^{k} \varepsilon_i^2}{k - n}} \quad (5)$$

式中,k 为测量次数,n 为未知量个数。

a 值的标准误差为:

$$\sigma_a = \frac{\sigma_y}{\sqrt{\overline{x^2} - \bar{x}^2}} \quad (6)$$

b 值的标准误差为:

$$\sigma_b = \sqrt{\overline{x^2}}\, \sigma_a \quad (7)$$

(3) 检验。

在待定参量确定以后,还要算一下相关系数。对于一元线性回归,相关系数定义为:

$$\gamma = \frac{\overline{xy} - \bar{x} \cdot \bar{y}}{\sqrt{\left(\overline{x^2} - \bar{x}^2\right)\left(\overline{y^2} - \bar{y}^2\right)}} \tag{8}$$

γ 值总是在 0 与 ±1 之间。|γ| 值越接近 1,说明实验数据越符合求得的直线,或说明用线性函数进行回归比较合理。相反,如果 |γ| 值远小于 1 而接近于 0,则说明用线性函数回归不妥,x 与 y 完全不相关,必须用其他函数重新试探。$\gamma > 0$,回归直线的斜率为正,称为正相关;$\gamma < 0$,回归直线的斜率为负,称为负相关。

a,b,γ 的一般求法:
① 用计算机 Excel 程序;
② 用计算机 Origin 软件或 MATLAB 软件;
③ 可以根据实际情况自己编程。

提示:用最小二乘法处理前,一定要先用作图法,以剔除异常数据。

复 习 题

一、思考并回答

1. 测量后计算不确定度有什么意义?
2. 测量为什么要重复测?重复测量有什么好处?
3. 单次测量怎样估计不确定度?
4. 以下所列的误差哪些属于偶然误差,哪些属于系统误差?
(1) 米尺因低温而收缩;
(2) 未通电时,电压表的指针不指零;
(3) 手按停表测时间控制不准;
(4) 两个人在同一温度上的读数不一样;
(5) 在任何计算中 π 取 3.14;
(6) 水银温度计毛细管不均匀;
(7) 电表的接入误差;
(8) 螺旋测微器零点不准。
5. 两次测量所得的测量值完全相同,有没有误差呢?
6. 为什么取多次测量的算术平均值为最后结果的最佳估计值?

二、计算题

1. 以毫米（mm）为单位表示下列各值。

   1.58 m　　0.01 m　　2 cm　　3.0 cm　　2.58 km

2. 有甲、乙、丙、丁4人，用螺旋测微器测量一铜球的直径，各人所测得的结果分别是：甲：$(1.283\,2 \pm 0.001)$ mm；乙：(1.283 ± 0.001) mm；丙：(1.28 ± 0.001) mm；丁：(1.3 ± 0.001) mm。试问哪个人表示得正确？其他人错在哪里？

3. 按有效数字运算规则，列出下列各式之值。

   （1）$343.37 + 75.8 + 0.638\,6$

   （2）$88.45 - 8.180 - 76.543$

   （3）$0.072\,5 \times 2.5$

   （4）$(8.42 + 0.052 - 0.47) \div 2.001$

4. 把下列各数取三位有效数字。

   ①$1.075\,0$　　　　②$0.862\,49$　　　　③$27.053$

   ④$7.921 \times 10^{-6}$　　⑤$2.161\,5$　　　　⑥$0.003\,005\,0$

5. 把下列数值改用有效数字的标准式来表示。

   （1）光速 = $(299\,792\,458 \pm 100)$ 米/秒

   （2）热功当量 = $(4.183\,00 \pm 0.004)$ 焦耳/卡

   （3）比热 $C = (0.001\,730 \pm 0.000\,5)$ 卡/(克·度)

   （4）电子的电荷 = $1.602\,1 \times 10^{-19}$ 库仑，准确到 0.1%

6. 计算下面的测量结果

$$y = \frac{mgl^3}{4a^3 b\lambda}$$

   $g = 980.49 \text{cm/s}^2$（常数）　　　　$m = (250.0 \pm 0.1)$ g

   $l = (40.05 \pm 0.05)$ cm　　　　　　$a = (0.294\,8 \pm 0.000\,9)$ cm

   $b = (1.515 \pm 0.005)$ cm　　　　　$\lambda = (0.092\,3 \pm 0.000\,3)$ cm

7. 用电子秒表测量时间 t 分别为 20.12 s，20.19 s，20.11 s，20.23 s，20.20 s，20.15 s。秒表的最小分度值为 0.01 s，求时间 t，并写出正确的结果表达式。

8. 用量程为 125 mm 的游标卡尺测量一钢珠直径 10 次，已知仪器最小分度值为 0.02 mm，仪器的最大允差 $\Delta_\text{仪} = 0.02$ mm，测量数据见表 1.3.1：

表 1.3.1　测量数据

次数	1	2	3	4	5	6	7	8	9	10
d/mm	3.32	3.34	3.36	3.30	3.34	3.38	3.30	3.32	3.34	3.36

求测量列的平均值，标准差 σ，测量列的 A，B 类不确定度分量及合成不确定度。

9. 写出下列函数的不确定度表示式。

(1) $N = x + y - 2z$

(2) $Q = \dfrac{k(x^2 + y^2)}{2}$，其中 k 为常数

(3) $f = \dfrac{x^2 - y^2}{4y}$

(4) $V_0 = \dfrac{V_t}{\sqrt{1 + at}}$

10. 一物体作匀速直线运动，观察运动距离 s，结果见表 1.3.2：

表 1.3.2 运动数据

t/s	s/cm	t/s	s/cm
1.00	16.8	5.00	40.8
2.00	22.8	6.00	46.3
3.00	29.0	7.00	52.4
4.00	34.9	8.00	58.6

(1) 用作图法算出物体的运动速率；
(2) 用逐差法求物体的运动速率；
(3) 用最小二乘法求物体的运动速率。

第 4 章

物理实验的基本知识

§1 力学常用仪器介绍

一、游标卡尺

图 1.4.1 所示是使测量精密到 1/10 分格的游标(称 10 分游标)的原理图。游标 V 是可沿主尺 AB 移动的一段小尺,其上有 10 个分格,是将主尺的 9 个分格 10 等分而成的,因此游标上的一个分格的间隔等于主尺一分格的 9/10。图 1.4.2 是使用 10 分游标测量的示意图。测量时将物体 ab 的 a 端和主尺的零线对齐,若另一端 b 在主尺的第 7 和第 8 分格之间,即物体的长度稍大于 7 个主尺格。设物体的长度比 7 个主尺格长 Δl,使用 10 分游标可将 Δl 测量精确到主尺一分格的 1/10。如图 1.4.2 所示,将游标的零线和物体的 b 端相接,查出与主尺刻线对齐的是游标上的第 6 条线,则

$$\Delta l = 6 - 6 \times \frac{9}{10} = 6 \times \frac{1}{10} = 0.6 \text{ 主尺格}$$

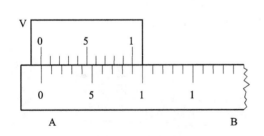

图 1.4.1 游标卡尺原理图

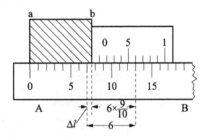

图 1.4.2 测量

即物体长度等于 7.6 个主尺格(如果主尺每分格为 1 mm,则被测物体长度为 7.6 mm)。从图 1.4.2 可以看出,游标是利用主尺和游标尺上每一分格之差,使读数进一步精确的,此种读数方法称为差示法,在测量中有普遍意义。

参照上例可知,使用游标测量时,读数分为两步:

(1) 从游标零线的位置读出整格数;

（2）根据游标上与主尺对齐的刻线读出不足一分格的小数。二者相加就是测量值。

一般来说，游标是将主尺的$(n-1)$个分格，分成n等分（称为n分游标）。如主尺的一分格宽为x，则游标一分格宽为$\frac{n-1}{n}x$，二者的差$\Delta x = x/n$是游标的最小分度值。如图1.4.3所示，使用n分游标测量时，如果是游标的第k条线与主尺某一刻线对齐，则所求的Δl值等于

$$\Delta l = kx - k\frac{n-1}{n}x = k\frac{x}{n}$$

即Δl等于游标的最小分度值(x/n)乘以k。所以使用游标时，先要明确其最小分度值。

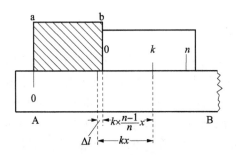

图1.4.3　几分游标测量

游标读数的精确度，取决于其最小分度值(x/n)。为了提高测量的精确度，就要求制造n较大的游标，但n过大时，主尺一分格和游标一分格之差就很小，这在实际测量时，将出现游标上有几条线都似乎和主尺的刻线对齐，因此难于确定k值，使读数发生困难。一般实用的游标有n等于10，20和50三种，其最小分度分别为0.1 mm，0.05 mm和0.02 mm。

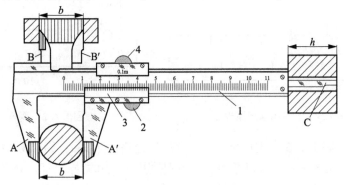

图1.4.4　游标卡尺结构

1—主标尺；2—微调装置；3—游标；4—紧固螺钉；
AA′—外量爪；BB′—内量爪；C—深度

游标卡尺如图 1.4.4 所示,用它可测量物体的长度和内、外直径。测长度或外径时,将物体卡在外量爪之间,测内径时使用内量爪。不测量时,将量爪闭合,游标的零线就和主尺的零线对齐。

实用的 20 分游标卡尺,为了观测方便,常将主尺的 39 mm 等分为游标的 20 格,即游标 1 格为 1.95 mm,它的精确度仍为 0.05 mm。游标上的标值是格数的 2 倍,如第 8 条刻线则标值为 4,它由 $8 \times 0.05 = 0.4$ 而来,即标值 4 的线对齐为 0.40 mm,标值 5 的线对齐为 0.50 mm,4 和 5 之间的线对齐就是 0.45 mm。这样标值的游标,可以直接读出测量值,使用很方便。

二、螺旋测微器

对于螺距为 x 的螺旋,每转一周,螺旋将前进(或后退)一个螺距,如果转 $1/n$ 周,螺旋将移动 x/n。设一螺旋的螺距为 0.5 mm,当它转动 1/50 圆周时,螺旋将移动 $0.5/50 = 0.01$(mm);如果转动 3 圈又 24/50 圆周时,螺旋就移动 $3 \times 0.5 + 24/50 \times 0.5 = 1.5 + 0.24 = 1.74$(mm)。因此借助螺旋的转动,将螺旋的角位移变为直线位移可进行长度的精密测量。这样的测微螺旋在精密测量长度的仪器上被广泛应用。

螺旋测微器如图 1.4.5 所示,实验室中常用的螺旋测微器的量程为 25 mm,仪器精密度是 0.01 mm,即千分之一厘米,所以又称为千分尺。图中 3 为测杆,它的一部分加工成螺距为 0.5 mm 的螺纹,当它在固定套管 5 的螺套中转动时,将前进或后退,活动测管 6 和测杆 3 连成一体,其周边等分为 50 个分格。螺杆转动的整圈数由固定套管上间隔 0.5 mm 的刻线去测量,不足一圈的部分由活动套管周边的刻线去测量。所以用螺旋测微器测量长度时读数也分为两步,即

(1) 从活动套管的前沿在固定套管上的位置,读出整圈数;

(2) 从固定套管上的横线所对活动套管上的分格数,读出不到一圈的小数。二者相加就是测量值。

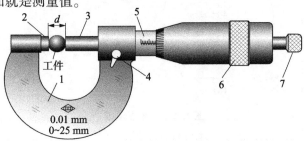

图 1.4.5 螺旋测微器结构
1—尺架;2—砧台;3—测微螺杆(测杆);4—锁紧装置;
5—固定套管;6—活动套管;7—棘轮旋柄

1 使用螺旋测微器测量时，要注意防止读错整圈数，图 1.4.6 所示的三例，(b)比(a)多一圈，读数相差 0.5 mm，(c)的整圈数是 3 而不是 4，读数为 1.975 mm 而不是 2.475 mm。

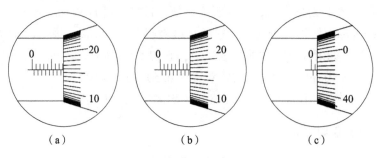

图 1.4.6 测量

螺旋测微器的尾端有一棘轮装置 7，拧动 7 可使测杆移动，当测杆与被测物（或砧台 2）相接后的压力达到某一数值时，棘轮将转动并有咔咔的响声，活动套管不再移动，测杆也停止前进，这时就可读数。使用棘轮可保证每次的测量条件（对被测物的压力）一定，并能保护螺旋测微器的精密螺纹，若不使用棘轮而直接转动活动套筒去卡住物体时，由于对被测物施加的压力不稳定而测不准。同时测杆上的螺纹将发生变形并使磨损增加，降低了仪器的准确度，这是使用螺旋测微器必须注意的问题。

不夹被测物而使测杆和砧台相接时，活动套管上的零线应当刚好和固定套管上的横线对齐。然而实际使用的螺旋测微器，由于调整得不充分或使用得不当，其初始状态多少和上述描述不符，即有一个不等于零的零点读数。图 1.4.7 所示是两个零点读数的例子，要注意它们的符号不同，因此每次测量之后，都要从测量值的平均值中减去零点读数。

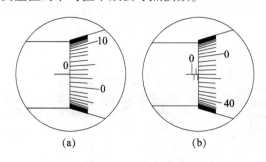

图 1.4.7 零点读数
(a)例一；(b)例二

三、读数显微镜

读数显微镜是将测微螺旋和显微镜组合起来作精确测量长度用的仪器。如图 1.4.8 所示,它的测微螺旋的螺距为 1 mm,和螺旋测微器活动套管对应的部分是测微鼓轮 A,它的周边等分为 100 个分格,每转一分格显微镜移动 0.01 mm,所以读数显微镜的测量精密度也是 0.01 mm,它的量程一般是 50 mm。此仪器所附的显微镜 B 是低倍的(20 倍左右),它由三部分组成:目镜、叉丝(靠近目镜)和物镜。

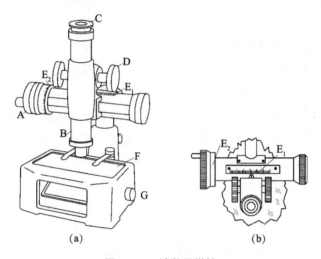

图 1.4.8 读数显微镜

(a)读数显微镜结构;(b)测微螺旋

A—测微鼓轮;B—显微镜;C—目镜;D—调焦手轮;
E_1—主尺;E_2—游标;F—载物台面;G—反射镜旋钮

用此仪器进行测量的步骤是:

(1) 伸缩目镜 C 看清叉丝;

(2) 转动调焦手轮 D 由下向上移动显微镜筒,改变物镜到目的物间的距离,看清目的物;

(3) 转动测微鼓轮 A 移动显微镜,使叉丝的交点和测量的目标对准;

(4) 读数,从主尺 E_1 和标尺上读出毫米的整数部分,从游标 E_2 和测微鼓轮 A 读出毫米以下的小数部分;

(5) 转动测微鼓轮 A 移动显微镜,使叉丝和目的物上的第二个目标对准并读数。两读数之差即为所测两点间的距离。

使用读数显微镜时要注意:

(1) 使显微镜的移动方向和被测两点间连线平行;

(2) 防止回程误差。移动显微镜使其从相反方向对准同一目标的两次读数,似乎应当相同,但实际上由于螺丝和螺套不可能完全密接,所以当螺旋转动方向改变时,它们的接触状态也将改变,两次读数将不同,由此产生的测量误差称为回程误差。为了防止回程误差,在测量时应向同一方向转动测微鼓轮使叉丝和各目标对准,当移动叉丝超过了目标时,就要多退回一些,重新再向同一方向转动测微鼓轮去对准目标。

四、物理天平

(一) 物理天平的构造

如图 1.4.9 所示,物理天平的主要部分是一个等臂的横梁 A,横梁上有三个刀刃 F_1,F_2,F_3,中间刀刃 F_2 安置在支柱 J 顶端的玛瑙垫上作为横梁的支点。臂长 $F_1F_2 = F_2F_3$。在两端的刀刃 F_1 和 F_3 下面分别悬挂两个称盘 C_1 和 C_2。称衡时将待测物放在 C_1 盘上,砝码放在 C_2 盘上。梁上附有可移动的游码 D,游码 D 每向右移动一个小格,相当于在右盘 C_2 中加 0.05g 砝码。横梁 A 下面固定着一个指针 H,立柱上有标尺。根据指针在标尺上的示数,来判断天平是否平衡。立柱下方有一制动旋钮 Q,可以使横梁上升或下降。天平不工作或增减砝码时,应将横梁放下,制动架就会把它托住,以保护刀口。横梁两端二个平衡螺母 B_1,B_2 是天平空载时调平衡用的。

为了便利某些实验,在底座左面装有托盘 G,可用它托住不被称衡的物体,如水杯,而只称衡水中的物体,不用时可转向一边。

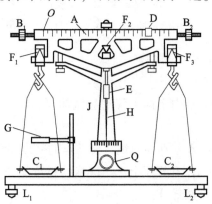

图 1.4.9 物理天平的结构

A—横梁;B_1,B_2—平衡螺母;C_1,C_2—称盘;D—游码;E—配重;
F_1,F_2,F_3—刀刃;G—托盘;H—指针;Q—制定旋钮;L_1,L_2—底座螺丝

物理天平的规格由两个参量表示：

(1) 分度值：是指天平平衡时，为使指针在标尺上从 0 点偏转一小格在一端需加的最小质量。一般来说，分度值的大小应该与天平砝码(游码)读数的最小分度值相适应。分度值的倒数叫作灵敏度。分度值越小，天平的灵敏度越高。

(2) 最大称量：是天平允许称量的最大质量。该天平的最大称量为 1 000 g。

(二) 物理天平调节和使用的一般程序

物理天平使用前必须按一定的程序进行调节，使用方法也有一定的要求。

(1) 调节水平：适当旋转底座螺丝 L_1、L_2，(L_1 为左手螺旋，L_2 为右手螺旋)，使水准泡(水准泡为水中有一气泡)调到中心为止。

(2) 调节零点：将游码 D 拨到左端 O 点处，旋转制动旋钮 Q，将横梁抬起，使之能自由摆动，此指针应在标尺中点附近左右摆动。当摆动振幅左右相等时，天平平衡；如不平衡，可调节平衡螺母 B_1、B_2。

指针 H 所附的配重 E 上下移动时，可改变横梁的重心位置而影响天平的灵敏度。出厂时已调整好，一般不应随便移动。

(3) 称衡：将待测物体放在 C_1 盘中央(或将物体挂在盘框上方的钩子上)。砝码放在 C_2 盘中央，使天平平衡。在天平还不很平衡时，不必完全升起横梁。只要略微抬起，就能从指针偏转方向判别哪一边重，从而将横梁架住后增减砝码，直到最后利用游码使天平平衡。

(4) 每次称量完毕，旋转制动旋钮 Q，放下横梁。全部称完后将秤盘摘离刀口。

为了保证正确使用仪器和保持仪器不受损坏，必须注意下列几点：

(1) 天平的负载量不得超过其最大称量，以免损坏刀口或压弯横梁。

(2) 为了避免刀口受冲击而损坏，必须切记：在取放物体，取放砝码，调节平衡螺母以及不用天平时，都必须将天平止动。只有在判断天平是否平衡时才将天平启动。天平启、止动时动作要轻，止动时最好在天平指针接近标尺中央时进行。

(3) 砝码不得用手拿取，只准用镊子夹取，从秤盘上取下砝码后应立即放入砝码盒中(镊子也必须保持清洁)。

(4) 天平的各部分以及砝码都要防锈、防蚀。高温物体、液体及带腐蚀性的化学品不得直接放在秤盘内称衡。

§2　电学实验基本知识

一、电源

电源是把其他形式的能量转变为电能的装置，也是向电子设备提供功率的装置。电源分直流电源和交流电源两种。

(一) 直流电源

常用的直流电源有两种：一种是有将化学能转变为电能的化学电池，如干电池；还有一种是将交流电转变为直流电的晶体管直流稳压电源。直流电源用符号"DC"或"－"表示。各种稳压电源输出电压的大小由仪器面板上给出，一般直流稳压电源输出电压是连续可调的。使用电源时，要注意它的最大允许输出电压和电流，切不可超过。电源的接线柱上标有正负极，或用颜色加以区分(红色为正，黑色为负)。正极表示电流流出的方向，负极表示电流流入的方向。有些电源还有过载保护装置，并可设定过载电流阈值，在偶尔短路过载情况下，电源停止对外输出，直到外电路恢复正常，再重新开始工作。

(二) 交流电源

常用的交流电源有两种：一种是单相220 V，频率为50 Hz，多用于照明和一般用电；另一种是三相380 V，频率为50 Hz，多用于驱动机器的电动机等动力用电。交流电源用符号"AC"或"～"表示。实验室中常利用交流稳压器来获得较稳定的交流电压。交流仪表的读数一般指有效值。交流220 V指有效值，其峰值为$\sqrt{2}\times 220 \text{ V}\approx 310 \text{ V}$。使用电源时，应特别注意避免电源短路，即不能将电源两极直接接通。

二、电表

电测仪表的种类很多，根据结构原理不同，可分为磁电系仪表、电磁系仪表、电动系仪表等，其用途各不相同。在物理实验中常用的电表是磁电系仪表。它不但可直接用于对直流电参量的测量，附加整流器后还可用来测量交流电参量；如增加相应的换能器，还可以对各种非电量进行电测。

(一) 电流计(表头)

磁电系仪表是利用永久磁铁的磁场和载流线圈相互作用的原理制成的。其结构如图1.4.10所示。1为强磁力的永久磁铁；2是接永久磁铁两端的半圆筒形的"极掌"；3是圆柱形铁芯，它与两极掌间形成较小的气隙，以便减小磁阻，增强磁感应强度，并使磁场形成均匀的辐射状；4 是处在气隙中的活动线圈（简称动圈），它是在一个铝框上用很细的绝缘铜线绕制成的；5 是装在转轴上的指针；6 是产生反作用力矩的两个螺旋方向相反的"游丝"，游丝的一端固定在仪表内部的支架上，另一端固定在转轴上，并兼作电流的引线；7 是固定在动圈两端的"半轴"，其轴尖支持在宝石轴承里，可以自由转动。当动圈中有电流通过时，动圈与磁场相互作用，产生一定大小的磁力矩，使线圈发生偏转。同时与动圈固定在一起的游丝因动

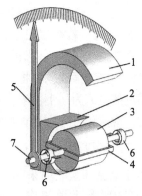

图 1.4.10　磁电系仪表结构
1—永久磁铁；2—极掌；3—铁芯；
4—动圈；5—指针；6—游丝；7—半轴

圈偏转而发生形变，产生恢复力矩，且随动圈偏转角的增加而增大。当恢复力矩增加到与磁力矩相等时，动圈停止运动，与动圈固定在一起的仪表指针在标度尺上指示出测量数值来。设 I 为通入动圈中的电流强度，N 为动圈的匝数，A 为动圈的截面积，B 为气隙中的磁感应强度，则动圈所受的磁力矩为：

$$M_m = BINA \tag{1}$$

若线圈偏转角度为 α，则游丝产生的恢复力矩 M_α 与偏转角度成正比，故

$$M_\alpha = D \cdot \alpha \tag{2}$$

式中，D 是游丝的弹性恢复系数，它的大小与游丝材料的性质和尺寸有关。

当磁力矩与恢复力矩达到平衡时，有：

$$M_m = M_\alpha \tag{3}$$

由式(1)与式(2)可得：

$$\alpha = \frac{BNA}{D}I \tag{4}$$

令 $k = \dfrac{BNA}{D}$，则 $\alpha = kI$，系数 k 的大小仅与电表的结构有关。故式(4)表明在电表结构确定的情况下，线圈的偏转角 α 与线圈通过的电流强度成正比。可见，磁电系仪表标度尺的刻度是均匀的。系数 k 的值在数值上等于线圈中通以单位电流所引起的偏转角度，故称 k 为电表的灵敏度。

专门用来检验电路中有无电流通过的电流计称为检流计，分指针式检流计和光点反射式检流计两类。指针式检流计零点位于刻度盘中央，采用刀形指针式和反射镜相配合的读数装置，表面上还有零位调节旋钮和标有红、白圆点的锁扣。当锁扣打向红色圆点时，指针即被制动。必须注意：只有当锁

扣放松(转到白点)时才能调零位调节旋钮。检流计除接线端外,还有"电计"和"短路"按钮。若使用过程中需要短时间将检流计与外电路接通,只要将"电计"按钮按下即可。若长时间接通,即可将"电计"按钮锁住。若使用中检流计指针不停地摆动,可将"短路"按钮按一下,指针便立即停止运动。检流计允许通过的电流为几十微安,只能作为电桥、电位差计的指零仪器。另一种光点反射式检流计可分为墙式和便携式两种,其数量级可达 $10^{-5} \sim 10^{-10}$ 安/格。

(二) 电流表

由于电流计只能用来测量小电流和电压,或检查电路中有无电流,不能作为测量用,因此要想作为测电流的仪表,必须对其进行改装,利用分流方法扩大量限,即在电流计中并联低值电阻。根据量限不同,分安培表、毫安表、微安表多种电流表,使用时必须串联在线路中。直流电流表的接线柱都标明了正、负,"+"端应接在线路中的高电位,"-"端应接在线路中的低电位。对于多量程电流表,有的用负端作为各量程的公共端,用"*"标记来表示。当加上整流器,则可构成交流电流表。电流表的内阻越小,接入时对电路带来的系统误差越小。

(三) 电压表

将电流计利用分压方法加以改装,扩大量限,就可改装成电压表。即在表头的线圈上串联附加的高电阻,可以改装成不同量限的电压表。使用时电压表并联在线路中。对于直流电压表,也要将"+"端接在线路中电位高的一端,"-"端接在电位低的一端。若配上整流器,则可构成交流电压表。电压表的内阻越大,接入时对电路带来的系统误差就越小。

磁电系仪表除可构成交直流电流表和电压表以外,还可以构成欧姆表,或者把电压表、电流表和欧姆表组装在一起构成多用电表,常称万用表。万用表是电学实验中不可缺少的工具。

各种仪表都有一定的规格表示它们的结构类型、选用材料、工作条件和性能。我国电气仪表面板上的符号标记如表 1.4.1 所示。

表 1.4.1　常见电气仪表面板上的符号标记

名称	符号	名称	符号
指示测量仪表的一般符号	○	磁电系仪表	⌒
检流计	⊙	静电系仪表	╤
安培表	A	直流	—
毫安表	mA	交流(单相)	∼

续表

名称	符号	名称	符号
微安表	μA	直流和交流	≃
伏特表	V	以标度尺量程百分数表示的准确度等级	1.5，2.5
毫伏表	mV	以指示值的百分数表示的准确度等级	○○
千伏表	kV	标度尺位置垂直	⊥ ↑
欧姆表	Ω	标度尺位置水平	⌐ →
兆欧表	MΩ	绝缘强度试验电压为2kV	☆2kV
负端钮	-	接地用端钮	⏚
正端钮	+	调零器	⌒
公共端钮	*	Ⅱ级防外磁场及电场	□

电表的准确度等级(或称精度等级)应为0.1，0.2，0.5，1.0，1.5，2.5和5.0七个等级。它是根据电表在规定条件下工作时，电表指针指示任一测量值可能出现的最大(基本)绝对误差与电表满标值的比值来确定的，若用ΔA_m表示最大(基本)绝对误差，用A_m表示电表的量程(即满标值)，用k表示电表的准确度等级，则有$\Delta A_m = A_m \cdot k\%$。

例：当$\Delta A_m = 0.5$ mA，若满标值为100 mA时，则

$$\frac{\Delta A_m}{A_m} = \frac{0.5}{100} = 0.5\%$$

因此该表的准确度等级为0.5级。

对于多量程电表，由于级别已确定，则是量程越大，最大(基本)绝对误差也越大。如对于0.5级的电流表，量程为30 mA时，最大(基本)绝对误差为：

$$\Delta I = 30 \times 0.5\% = 0.15(\text{mA})$$

当量程为150 mA时，最大(基本)绝对误差为：

$$\Delta I' = 150 \times 0.5\% = 0.75(\text{mA})$$

显然，如用量程为150 mA的电表去测量30 mA的电流，其相对误差要高达$0.75/30 = 2.5\%$。因此，必须选择与测量值接近的量程读数。另外，对于同一级别同一量程的电表，由于最大(基本)绝对误差已确定，因此读数越小，相对误差越大。

使用电表时，不允许测量值超过量程，否则易将电表烧坏。对于多量程

电表,在未知测量值范围时,为了安全起见,一般先接大量程,在得出测量值的范围后,应换接与测量值接近的量程,以减少测量值的相对误差。

电表正确读数:测量前将电表指针对准零线;读数时电表标尺上若有镜子,应以指针与镜中的像重合时指针所指读数为准;若标尺没有镜子,应以刀形指针正面看去与刻度线重合为准,即注意消除视差。记录时应遵守有效数字规定。

现在,随着电子技术的发展,一种原理上与常规电工仪表不同的数字式仪表已开始大量使用。常用的是数字电压表与数字万用表。

三、电阻

为了改变电路中的电流和电压,或作为特定电路的组成部分,在电路中经常需要接入各种大小不同的电阻。电阻的种类很多,下面介绍常用的几种。

(一)滑线变阻器

(1)限流接法:用滑线变阻器改变电流的接法。即将变阻器中的任一个固定端A(或B)与滑动端C串联在电路中,当滑动接头C向A(或B)移动时,A,C(或B,C)间的电阻减小;当滑动接头C向B(或A)移动时,A,C(或B,C)间的电阻增大。可见,移动滑动接头C就改变了A(或B)C间的电阻,也就改变了电路中的总电阻,从而改变了电路中的电流。

(2)分压接法:用滑线变阻器改变电压的接法。即将变阻器两个固定端A,B分别与电源的两极相连,由滑动端C和任一固定端B(或A)将电压引出来,由于电流通过变阻器的全部电阻,故A,B之间任意两点都有电位差。当滑动接头C向A移动时,C,B间电压V_{CB}增大;当滑动头C向B移动时,C,B间的电压V_{CB}减小。可见,改变滑动接头C的位置,就改变C,B(或C,A)间的电压。

必须注意:开始实验前,在限流接法中,滑线变阻器的滑动端应放在电阻最大的位置;在分压接法中,滑线变阻器的滑动端应放在分出电压最小的位置。

(二)电位器

小型变阻器常称为电位器,其原理与滑线变阻器相似。电位器的额定功率很小,只有零点几瓦到数瓦。

(三)电阻箱

常用的旋转式电阻箱,是由若干个准确的固定电阻元件,按照一定的组合方式接在特殊的换向开关位置上构成的。利用电阻箱可以在电路中准确调节电阻,在箱面上有六个旋钮和四个接线柱。每个旋钮盘上都标有 0~9 数字,每个旋钮盘前刻有标志,并有 ×0.1,×1,×10,⋯,×10 000 等字样,也称倍率。当某个旋钮上的数字对准其所示倍率时,用倍率乘上旋钮上的数字,即为所需的电阻值。四个接线柱上标有 0,0.9Ω,9.9Ω,9 999.9Ω 等字样,表示 0 与 0.9Ω 两接线柱的阻值调节范围为 0.1~9×0.1Ω,依此类推。在使用时,根据需要选择调节范围,可以避免电阻箱其余部分的接触电阻和导线对低电阻带来不可忽略的误差。

与直读式仪表相似,电阻箱也可根据其误差大小分为若干个准确度等级,分为 0.02,0.05,0.1,0.2 和 0.5 五个等级。电阻箱的仪器误差常用下面公式计算。

绝对误差:$\Delta R_{仪} = \pm(aR + bm)\%$

相对误差:$\dfrac{\Delta R_{仪}}{R} = (a + b\dfrac{m}{R})\%$

式中,a 为电阻箱的准确度等级;R 为电阻箱指示值;b 是与准确度等级有关的系数;m 是所使用的电阻箱的旋钮数。表 1.4.2 所示为不同等级电阻箱的相对误差的大小。

表 1.4.2 不同等级电阻箱的相对误差

电阻箱等级	0.02	0.05	0.1	0.2
$\dfrac{\Delta R}{R}/\%$	$\pm\left(0.02 + 0.1\dfrac{m}{R}\right)$	$\pm\left(0.05 + 0.1\dfrac{m}{R}\right)$	$\pm\left(0.1 + 0.2\dfrac{m}{R}\right)$	$\pm\left(0.2 + 0.5\dfrac{m}{R}\right)$

(四)固定电阻

阻值不能调节的电阻器叫固定电阻,分为碳膜电阻、绕线电阻等多种电阻。各种电阻都有一定的使用条件,每种电阻都注明了阻值的大小和允许通过的电流(或功率),使用时切勿超过此限制。

四、开关

开关是电学实验中不可缺少的元件,常用开关有单刀单掷开关、单刀双掷开关等。

五、电学实验的操作规程

（一）准备

实验前必须明确本次实验要测量哪些物理量，使用哪些仪器、仪表，弄清楚其规格和量程。对于电路原理图，应明确了解其工作原理和电流走向。

（二）电路连接

在理解电路原理图工作原理的基础上，按电路图连接线路。连接电路时，应先确认仪器都处于关闭状态，并将所有仪器、器件大致摆好，从电源正极开始(电源接线应最后连接，只是把电源接头留出)，然后通过开关，按电流的流向连接其他仪器和仪表，最后回到负极。不要放置一个元件连接一个元件，否则电路连接完毕后会出现诸多问题：容易出错，且操作和观察不便；为方便操作和观察改变器件位置后引起的线路混乱、连接松动等问题。连接线路时应注意一个接线柱上不要超过三个接片，以保证连接的可靠性。

电路接好后，自己应依照电路原理图仔细检查电路。应一个回路一个回路地进行检查，避免遗漏。常见的错误是未构成回路，即电路中的某些器件连接成为独立的支路，电流无法通过其流回电源负极。在确认电路连接无误后，再请指导教师检查，检查通过后，才允许打开电源通电做实验。坚持"最后上电，最先断电，不要带电操作"的原则。

（三）线路故障的排除

在自己或指导教师确认电路连接有问题，或在实验过程中电路出现故障表现时，如电源已连接，应立即断开开关、关闭并拆除电源，然后再思考如何排除故障，切忌带电检查线路。

（四）实验过程中

开始实验前，先将限流电阻放在最大位置，分压电阻放在分压最小位置，然后瞬时闭合开关(通电)，观察仪表反应是否正常(如电表量程是否合适、指针是否反转、有无焦臭味等)，并准备切断电源。直到一切正常，才正式测量。实验过程中需要更换电路时，应将电路中各仪器拨到安全位置，然后断开开关，关闭并拆除电源，再改接电路。并重新经指导教师检查，检查通过后，才能开机加电继续做实验。

（五）实验完毕

实验完毕后，应将电路中的仪器拨到安全位置，切断电源后再拆掉电路。要养成"先接电路，后接电源；先断电源，后拆电路"的习惯。拆解电路后，将所有设备摆放整齐。

(六) 安全

实验前，对所使用的不同电源要区分清楚，严禁乱接电源。连接线路后，严禁未经指导教师检查同意，擅自开机加电。实验过程中，切忌用手或身体直接接触电路中的导体部分。进行任何电路的修改，都必须在关闭开关、关闭并拆除电源后进行，完成后重新找指导教师检查，检查通过方可开机加电继续做实验。

§3 光学实验基本知识

一、光学仪器的分类

光学实验中常用的仪器大致有以下几种：

(1) 以几何光学的反射、折射定律为主而设计的光学仪器，如：望远镜、显微镜、照相机、幻灯机等。

(2) 以干涉、衍射、色散、偏振以及发光机制等物理光学的基本原理而制成的光学精密测量仪器，如：分光计、迈克尔逊干涉仪、棱镜摄谱仪、光栅摄谱仪等。

(3) 各种进行光学测量的光电接收器和常用光源，如：光电池、光电管、钠光灯、汞灯、激光器等。

二、光学仪器的使用、维护规则

光学仪器一般由两部分组成：光学系统部分和机械部分。由于光学仪器一般均为精密测量仪器，因而机械部分装配极为精密。光学系统部分装有光学元件，由光学玻璃组成仪器的核心部分，光学实验的光路要通过光学元件。光学元件的表面质量直接影响观察和成像质量，因而其表面应严加保护，避免破损、磨损、玷污及化学腐蚀等。在进行光学实验时，必须严格遵守以下操作规则：

(1) 爱护光学表面。光学表面是指光学元件中光线透射、反射、折射等表面，一般均经过精细抛光或镀有薄膜。为便于区别，一般非光学表面均被磨成毛面。使用中应做到：

① 切勿用手触摸光学表面，拿取时只能触及毛面，如透镜的侧面，棱镜的上、下底面等。

② 注意保持光学表面的清洁，不要对着光学表面说话、打喷嚏、咳嗽，

使用完毕，应加罩隔离，以免玷污。

③ 如果光学表面有玷污，切忌用手帕、衣服等擦拭，应先了解表面是否镀有薄膜，若无薄膜，可在老师指导下，用洁净的擦镜纸轻轻拂拭或用清洁干燥的专用毛笔轻轻弹刷，也可用橡皮球吹拂表面，但勿使其碰坏光学表面。

（2）光学装配极为精密，拆卸后难以复原，因此使用中严禁私自拆卸。各种旋钮不可随意乱拨，以免造成严重磨损。

（3）进入暗室操作时，首先应熟悉各种仪器和用具摆放的位置。在黑暗环境下摸索仪器和用具，应养成手贴桌面、动作轻缓的习惯，以免撞倒或带落仪器及光学元件。

（4）暂时不用的元件，应放回原处，不得随便乱放。仪器用毕，应放回箱内或加罩隔离。

（5）保护光源。各种光源均有各自所需的额定电源电压值，应在实验前了解，正确使用，不可以随便乱插，以免导致损坏；各种光源均有一定的使用寿命，且每燃、灭一次，对寿命都有很大影响，因此实验时，不要过早点燃，使用中抓紧时间操作，用毕立即熄灭。

三、光学实验中常用的光学仪器

光学仪器多种多样，除了在各个实验中介绍所用的仪器外，这里着重介绍几种光学实验中经常使用的仪器。

（一）望远镜

望远镜用来观察远距离的物体，可单独使用，有些其他仪器（如分光计、迈克尔逊干涉仪等）上还装有望远镜部件，因而学会正确使用望远镜，将有助于其他仪器的调节。

望远镜一般包括三个部分：物镜、叉丝（或分划板）、目镜。物镜的焦距较长，远方的物体经过物镜在其焦平面附近形成一个倒立的缩小实像（中间像）。目镜的焦距较短，其作用是将中间像放大形成放大的虚像，以便于观察。物镜与目镜一般均由几片透镜组合而成。在物镜成像的平面上还装有两根互相垂直的细丝，称叉丝（有的装分划板），利用它可以判断像的位置。为了适应不同的光束和不同的观察者，此三部分分别装在三个筒中以便于调节。

实验中常用的望远镜为开普勒望远镜，其特点是物镜和目镜均由会聚透镜构成。图1.4.11所示为开普勒望远镜的光路图，其放大倍率为：

$$M = \frac{f_o}{f_e}$$

式中，f_o 为物镜焦距，f_e 为目镜焦距。此式表明，目镜的焦距越短，则望远

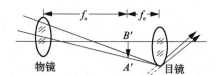

图 1.4.11　开普勒望远镜的光路图

镜的放大倍率越大。对于开普勒望远镜，f_o、f_e 均为正值，放大倍率 M 为负值，系统成倒立的像。

望远镜具体调节方法如下：

(1) 调节目镜筒，改变目镜到叉丝的距离，使眼睛通过目镜时，可清晰地看到叉丝。

(2) 将望远镜对准被观察物体，调节物镜，使眼睛能清晰地看到物体，并无视差存在。注意，在调节物镜时，不要再改变目镜。

(二) 显微镜

显微镜用来观察近处的微小物体，其构造主要有物镜和目镜两部分，有的显微镜(如读数显微镜)还装有叉丝，其特点是物镜的焦距很短，物体经过物镜形成一倒立的放大实像(中间像)，目镜将中间像再次放大形成虚像，其光路图如图 1.4.12 所示。

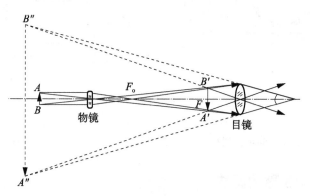

图 1.4.12　显微镜光路图

根据理论计算可得，显微镜的放大率为：

$$M = M_o \times M_e$$

式中，M_o 是物镜的放大率，M_e 是目镜的放大率。

显微镜的调节方法如下：

(1) 改变目镜与叉丝的距离，使从目镜中能清晰地看见叉丝。

(2) 改变物体与物镜之间的距离，使物体通过物镜所成的像恰好位于目镜中,从目镜中能同时看清叉丝和被测物体的像。

由于显微镜的物镜焦距很短,因此在调节时应先将镜筒下降到物镜将要接触被测物体时为止,然后在目镜中观察并自下而上缓慢提高镜筒,直到看清晰物像。按此方法调节,可避免镜筒过分向下挤压待测物体而造成的物镜或待测物破损。

(三) 测微目镜

测微目镜可用来测量微小距离,其结构如图 1.4.13 所示。

旋动测微鼓轮,通过传动丝杆可推动活动分划板左右移动。测微鼓轮上刻有 100 分格,每转一圈,在主轴上转动一格为 1 毫米。在主轴上刻有 10 毫米。其读数方法与螺旋测微器相似,毫米以上的读数在主轴上读出,毫米以下的读数在测微鼓轮上读出。使用时,先调节目镜,看清叉丝,然后转动测微鼓轮,推动活动分划板,使叉丝与被测物的像重合。测其两端,读出数值,其差值即为被测物的尺寸。

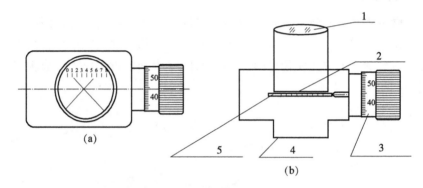

图 1.4.13 测微目镜结构

(a)测微目镜的读数方法;(b)测微目镜的结构

1—目镜;2—固定分划板;3—测微鼓轮;4—防尘玻璃;5—活动分划板

四、光学仪器的调节

光学仪器的调节比其他仪器一般要复杂一些,随时运用学过的理论指导操作,加强观察分析。光学仪器的调节,应注意以下几点。

(一) 像的亮度

光经过介质(玻璃、空气、液体)时,由于反射、吸收、散射,光能量受损失,而使光强减弱或成像模糊。可以从以下几方面调整:

(1) 增加光源亮度,改进聚光情况,尽量减少像差。

(2) 降低背景亮度,尽可能消除杂散光的影响。

(3) 提高光源的电源电压，尽量增强光源发光的强度。

如果被观察物体的光照过强或不均匀，则其所在的像的亮度也不理想，也会产生不好的效果。因此为使像的亮度适中，必须注意用光。

（二）视差

在调节光学仪器或各种光路过程中，常需判断两个像的位置或比较像和物(如叉丝)的位置是否重合，这时如果用眼睛直接观察，往往不可靠，可利用无视差的方法进行判断。如果视差存在，将眼睛左右(上下)移动时，物、像之间将存在相对位移。这时必须反复调节，直至消除视差，使两像或物像完全重合。对于望远镜，消除视差的方法是改变物镜与叉丝(包括目镜)之间的距离；而对于显微镜，则是改变显微镜相对于被观察物体的距离。

（三）调焦

实验中往往发现成像平面进退一段距离时，像的清晰度没有发生显著的变化，因而不易判断像的准确位置，这时可将成像平面(或透镜)进退几次，找出像开始出现模糊的两个临界位置，取其中点，多调节几次，即能得到准确的结果。

（四）光学系统各部件的共轴性

对于多个透镜元件组成的光路，应使各光学元件的主光轴重合，否则将严重影响成像质量。利用同轴等高的调节方法可达到此要求。

（五）注意

使用显微镜时，应注意使鼓轮沿一个方向缓慢转动，中途不能进进退退，以避免由于空程带来的误差。

轻拿轻放仪器，使用前必须先了解仪器的结构、正确使用方法和操作要求。操作时动作要轻，缓慢动可动零件部位，切忌用力过大、速度过快。对于狭缝等精密零件，要注意保护刀口。

除实验室的规定外，不允许任何溶液接触光学表面。

五、实验室常用的光源

（一）白炽灯

白炽灯是具有热辐射连续光谱的复色光源。根据不同的使用要求，白炽灯又分为普通灯泡、汽车灯泡等。它们有各自所需的额定电压和功率，应按规定使用。

(二) 汞灯

汞灯也称为水银灯，是一种利用汞蒸气放电发光的气体放电光源。汞灯点燃稳定后，发出绿白色光，在可见光范围内的光谱成分是几条分离的谱线。按其工作时汞蒸气压的高低，可将汞灯分为低压、高压、超高三种。汞灯点燃后，一般需经 5～15 分钟后，发光才能稳定。汞灯点燃后，如遇突然断电，灯管温度仍然很高，如果立即接通电源往往不能重新点燃。必须等灯管温度下降，汞蒸气压降低到一定程度后，才能再度点燃，一般约需等 10 分钟。

汞灯除发出可见光外，还辐射较强的紫外线。为防止眼睛受伤，必须注意：不要用眼睛直接注视点燃的汞灯。

(三) 钠光灯

钠光灯也是一种气体放电光源。在可见光范围内，钠光灯发出两条波长非常接近的强谱线，通常取它们的中心近似值 589.3 nm 作为黄光的标准参考波长。它是实验室内常用的单色光源。

钠光灯与汞灯类似，使用时在线路中必须串入一个符合管要求的扼流圈。

(四) 激光器

实验室中最常用的是氦-氖激光器，是气体激光器的一种，激光波长为 632.8 nm。激光电源为高压电源，所需管压降为几千伏。为了保护放电的稳定性，必须串入镇流电阻。一般电源输出电压 3～4 kV，其最佳工作电流根据管长而定，使用时电流太大或太小都会影响光功率。

高压电源的电路中，一般都有大电容，所以切断电源后，必须输出端短接放电，否则高压会维持相当一段时间，有造成触电的危险。接线时，注意判定管子的正负极，不要接错。使用时，不要用眼睛直接注视未经扩束的激光束，以免损伤眼睛。

§4 设计性实验基本知识

一、开设设计性实验的教学目的和任务

开设设计性实验的教学目的，是使学生在具有一定实验能力的基础上，把所学到的物理知识、电子技术以及微机应用知识和技能运用到解决问题或实际测量问题的解决中。通过独立分析问题、解决问题，使学生把知识转化为能力，为今后的毕业设计、科研成果报告、学术论文以及科学实验研究的开展作基础训练。设计性实验是衡量和考查学生掌握物理实验基本功的有效

手段，也是培养和提高学生发现问题、解决问题能力的重要途径。学生在设计及实施实验的过程中，要查阅大量的有关资料，比较若干不同的方案，自己动脑设计出符合实验逻辑和物理原理的操作步骤等，从而将真正体会到学以致用的乐趣。

进行设计性实验时，首先要做好三点预备工作：实验方案的选择、实验仪器的选配和实验条件的选取。

二、设计性实验的一般程序

设计性实验是在学生有一定的基础训练后，对学生进行的介于基本教学实验与实际科学实验之间的、具有对科学实验全过程进行初步训练特点的教学实验。这类实验课题一般由实验室提出，具有以前做过实验的延续性，具有综合性、典型性、探索性和部分设计性任务。要求学生自行推导有关理论，确定实验方法，选择配套的仪器设备（实验室也帮助选择和确定）进行实验，最后写出比较完整的实验报告。

设计性实验的核心是设计，选择实验方案，并在实验中检验方案的正确性与合理性。设计时一般包括：根据研究的要求、实验精度的要求以及现有的主要仪器，确定应用原理，选择实验方法与测量方法，选择测量条件与配套仪器以及测量数据的合理处理等。

在进行设计性实验时，应考虑各种误差出现的可能性，分析其产生的原因，从众多的测量数据中发现和检验系统误差的存在，估计其大小，并消除或减小系统误差的影响，这需要较深的误差理论知识和实验知识。设计性实验的一般程序如图 1.4.14 所示。

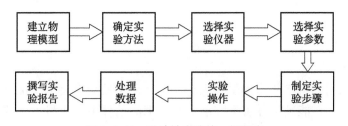

图 1.4.14　设计性实验的一般程序

三、设计性实验方案的选择

实验方案的选择一般包括：实验方法和测量方法的选择、测量仪器和测量条件的选择、数据处理方法的选择、进行综合分析和误差估算等。

(一) 实验方法的选择

根据实验课题所要研究的对象，收集各种可能的实验方法，即根据一定的物理原理，确定被测量与可测量之间关系的各种可能方法。然后比较各种方法能达到的实验准确度、适用条件及实施的现实可能性，以确定"最佳实验方法"。

例如，测本地区的重力加速度，可用单摆法、复摆法、自由落体法、气垫导轨法等，各种方法都有各自的优缺点，因此要进行综合分析并加以比较。另外，要分析各种方法可能引入的系统误差以及消除误差的方法，对被测物理量要确定具体的测量方法，并确定数据处理的方法，必要时还可进行初步实践，然后选择最佳实验方法。

(二) 测量方法的选择

实验方法选定后，为使各物理量测量结果的误差最小，需要进行误差来源及误差传递的分析，并结合可能提供的仪器，确定合适的具体测量方法。因为测量同一个物理量，往往有好几种测量方法可供选择。例如，在用自由落体法测重力加速度实验中，对于时间的测量，可以用光电计时法、火花打点计时法和频闪照相法或用秒表等多种具体方法。

在仪器已确定的情况下，对某一物理量，若有几种测量方法可供选择时，则应先选择测量结果误差最小的那种方法。

(三) 测量仪器的选择

选择测量仪器时，一般需考虑以下四个因素：
① 分辨率；
② 准确率；
③ 量程；
④ 价格。

量程的选择由待测物理量的大小决定，在满足测量要求情况下，应选较小的量程。在能满足分辨率和准确率要求的条件下，应尽可能选择价格较低的仪器。

(四) 测量条件的选择

确定测量的最有利条件，也就是确定在什么条件下进行测量引起的误差最小。这个条件可以由各自变量对误差函数求导并令其为零而得到。

(五) 数据处理方法的选择

选择数据处理方法时，可参阅有关的数据处理方法，选用一种既能充分利用测量数据，又符合客观实际的数据处理方法。

四、实验仪器的配套

实验中需要使用多种仪器时，仪器的合理配套问题比较复杂。一般规定各仪器的分误差对总误差的影响都相同，即按等作用原理选择配套仪器。

由于物理实验的内容十分广泛，实验的方法和技巧非常丰富，同时还由于误差的影响是错综复杂的，是各种因素相互影响的综合结果，因此，要概括地分析或总结出一套实验方案选择和系统误差分析普遍适用的方法是不现实的。通过设计性实验的实践、积累和总结，逐步培养学生进行科学实验的能力，提高进行科学实验的素质。

五、设计性实验的要求

为了保证设计性实验的顺利进行，首先要求学生在进入实验室前认真准备，查阅文献资料，按实验设计要求写好"实验方案"。"实验方案"的主要内容有以下几点：

(1) 确定实验项目或题目(项目不宜过大过多，应在实验时间段内能够完成)，拟出具体实验方法，阐述实验原理，画出必要的原理图，推证有关理论公式，估算出相关参数。

(2) 本方案所用实验仪器(不应超出"可供选择实验仪器"范围)。

(3) 设计出合适的测量方案，并拟出初步的实验步骤(尽可能详细)。

(4) 实验注意事项。

(5) 列出数据，记录表格。

(6) 提出数据处理方法。

在进入实验室开始实验之前，必须按照实验室要求的时间提前将设计方案提交到指导教师处进行审核，并与指导教师讨论，经同意后再自行完成实验，并在实验中检验和完善自己的设计。

最后，写出完整的设计性实验报告。报告格式仍与前面一致，其内容包含如下：

(1) 设计性实验题目；

(2) 实验目的；

(3) 实验原理(含原理图和理论公式)；

(4) 实验仪器；

(5) 实验内容与步骤；

(6) 实验数据记录及处理；

(7) 分析讨论，对实验结果进行分析评估，并总结进行简单的设计性实验的体会；

(8) 参考资料，列出设计实验方案时参考的所有资料。

设计性实验报告的重点应放在实验原理、实验仪器的选择以及对最后结果的分析讨论上。

六、科学实验设计应遵循的原则

科学实验设计的各个环节应遵循如下原则。

(1) 实验方案的选择——最优化原则；

(2) 测量方法的选择——误差最小原则和最小代价率原则；

(3) 测量仪器的选择——误差均分原则；

(4) 测量条件的选择——最有利原则。

第二部分

基础性实验

实验 1

液体比热容的测量

一、实验目的

(1) 用冷却法测定液体的比热容,并了解比较法的优点和条件;
(2) 用最小二乘法求经验公式中直线的斜率;
(3) 用实验的方法考察热学系统的冷却速率同系统与环境间温度差的关系。

二、仪器及用具

液体比热容实验仪。

三、实验原理

由牛顿冷却定律知,一个表面温度为 θ 的物体,在温度为 θ_0 的环境中自然冷却($\theta > \theta_0$),在单位时间里物体散失的热量 $\delta q/\delta t$ 与温度差 $(\theta - \theta_0)$ 有下列关系:

$$\frac{\delta q}{\delta t} = k(\theta - \theta_0) \tag{1}$$

当物体温度的变化是准静态过程时,式(1)可改写为:

$$\frac{\delta \theta}{\delta t} = \frac{k}{C_S}(\theta - \theta_0) \tag{2}$$

式(2)中,$\frac{\delta \theta}{\delta t}$ 为物体的冷却速率;C_S 为物质的热容;k 为物体的散热常数,它与物体的表面性质、表面积、物体周围介质的性质和状态以及物体表面温度等许多因素有关;θ 和 θ_0 分别为物体的温度和环境的温度,当 k 为负数时,$(\theta - \theta_0)$ 的数值应该很小,在 10℃ ~ 15℃ 之间。

如果在实验中使环境温度 θ_0 保持恒定(即 θ_0 的变化比物体温度 θ 的变化小很多),则可以认为 θ_0 是常量,对式(2)进行数学处理,可以得到下述公式:

$$\ln(\theta - \theta_0) = \frac{k}{C_S}t + b \quad (b \text{ 为积分常数}) \tag{3}$$

可以将式(3)看成两个变量的线性方程形式,其中自变量为 t,因变量为 $\ln(\theta - \theta_0)$,直线斜率为 k/C_S。

本实验利用式(3)进行测量,实验方法是:通过比较两次冷却过程,其中一次含有待测液体,另一次含有已知热容的标准液体样品,并使这两次冷却过程的实验条件完全相同,从而测量式(3)中未知液体的比热容。

在上述实验过程中,使实验系统进行自然冷却,测出系统冷却过程中温度随时间的变化关系,并从中测定未知热学参量的方法,叫作冷却法;对两个实验系统在相同的实验条件下进行对比,从而确定未知物理量的方法,叫作比较法。比较法作为一种实验方法,有广泛的应用。

利用冷却法和比较法来测定待测液体(如饱和食盐水)热容的具体方法如下。

利用式(3)分别写出对已知标准液体(即水)和待测液体(即饱和食盐水)进行冷却的公式,如下:

$$\ln(\theta - \theta_0)_W = \frac{k'}{C_S'}t + b' \tag{4}$$

$$\ln(\theta - \theta_0)_S = \frac{k''}{C_S''}t + b'' \tag{5}$$

以上两式中 C_S' 和 C_S'' 分别是系统盛水和饱和食盐水时的热容。如果能保证在实验中用同一个容器分别盛水和饱和食盐水,并保持在这两种情况下系统的初始温度、表面积和环境温度等基本相同,则系统盛水和盐水时的系数 k' 与 k'' 相等,即

$$k' = k'' = k$$

令 S' 和 S'' 分别代表由式(4)和式(5)画出的两条直线的斜率,则由 $S' = \frac{k}{C_S'}$, $S'' = \frac{k}{C_S''}$ 可得:

$$S'C_S' = S''C_S'' \tag{6}$$

式中 S' 和 S'' 的值可由最小二乘法得出,热容 C_S' 和 C_S'' 分别为

$$C_S' = m'c' + m_1c_1 + m_2c_2 + \delta C'$$

$$C_S'' = m''c_X + m_1c_1 + m_2c_2 + \delta C''$$

其中,m',m'',c',c_X 分别为水和盐水的质量及比热容;m_1,m_2,c_1,c_2 分别为量热器内筒和搅拌器的质量及比热容;$\delta C'$ 和 $\delta C''$ 分别为温度计浸入已知液体和待测液体部分的等效热容。由于数字温度计测温时按着浸入液体部分的等效热容相对系统的很小,故可以忽略不计,利用式(6)可得:

$$c_X = \frac{1}{m''}\left[\frac{S'}{S''}(m'c' + m_1c_1 + m_2c_2) - (m_1c_1 + m_2c_2)\right]$$

其中水的比热容为：
$$c' = 4.18 \times 10^3 \text{J}/(\text{kg} \cdot \text{K})$$
量热器内筒和搅拌器通常用金属铜制作，其比热容为：
$$c_1 = c_2 = 3.89 \times 10^2 \text{J}/(\text{kg} \cdot \text{K})$$

四、仪器介绍

（一）仪器构成

仪器主要由测试仪和实验容器组成，如图2.1.1所示。实验容器是具有内、外筒的专用量热器。外筒是一个很大的有机玻璃筒，外筒及其中水的热容量比量热器热容量大得多，加上辅助内筒，使装有待测液体的内筒周围环境保持恒温，并以此作为实验的环境。内筒是用金属铜制作的，内盛待测液体(或已知液体)。内筒和液体(或已知液体)组成我们所要考虑的系统。该装置基本上满足了实验系统需在温度恒定环境中冷却的条件。

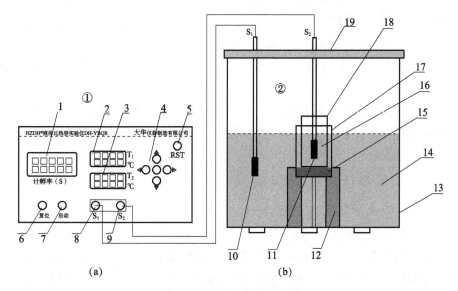

图2.1.1 实验装置示意图

(a)测试仪；(b)实验容器

1—计时表；2—温度显示表 T_1；3—温度显示表 T_2；4—功能按键；
5—复位键(测温系统复位)；6—计时表复位；7—计时表开启或停止；
8—温度传感器 S_1 接口；9—温度传感器 S_2 接口；10—温度传感器 S_1；
11—温度传感器 S_2；12—实验内筒支架；13—实验外筒；14—环境水；15—绝热块；
16—待测液体；17—隔离筒；18—实验内筒(量热器内筒，放置待测液体)；19—外筒盖

(二) 液体比热容测试仪使用说明

测试仪主要由两部分组成：一部分为计时表功能，另外一部分为测温功能。其主要操作说明如下：

(1) 按计时表下方的复位键清零计时表。

(2) 按计时表下方的启/停按键，开始计时，计时表动态显示计时值，若再次按此键将显示最终计时时间长度(与通用秒表功能一致)。

(3) 温度传感器接口 S_1 和 S_2 用于连接 DS18b20 数字温度传感器，对应的温度显示表为 T_1 和 T_2，单位为℃。

(4) 测试仪上主要功能键为 K1～K6，如图 2.1.2 所示。键 K6 为复位键，按 K6 键测温系统将复位；K1、K2 为左右移位或数据查询键，K3、K4 为功能键，K5 为确认键。

(5) 连接温度传感器 S_1 和 S_2，开启电源，测试仪显示开始界面如下：

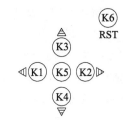

图 2.1.2　测试仪主要功能键

$\boxed{StAt}$：第一排数码管 T_1 显示 StAt，表示开始的意思；第二排数码管 T_2 不显示。系统复位后也将显示上面的开始界面。

(6) 关于自动测量时采集时间间隔和采集数据个数设定，目的是为了自动测量温度并保存数据。按 K4 键出现如下所示的自动测量采集时间间隔设定界面：

$\boxed{ttt.\,s}$：采集时间间隔设置功能，时间单位为 s(秒)；

$\boxed{060}$：默认采集时间间隔为 60 s。

此时按中间的确认键 K5，将进入时间设定修改界面。若 T_2 显示表最低位上的数码管闪烁，表示该位可以修改。若此时按 K3 键，数字将加 1，按 K4 键数字将减 1。如果按 K1 键，将使得更改位左移，一直可以移动到最高位；如果按 K2 键，将使得更改位右移，一直可以移动到最低位。当设定完采集时间间隔的参数后，按确认键完成设定，并退出修改界面。

按 K3 键出现如下所示的采集数据个数设定界面：

$\boxed{nns.}$：采集数据个数设置功能；

$\boxed{20}$：显示默认的采集数据个数为 20 组。

此时按中间的确认键 K5，将进入时间设定修改界面。若 T_2 显示表最低位上的数码管闪烁，表示该位可以修改。若此时按 K3 键，数字将加 1，按 K4

键数字将减 1。如果按 K1 键，将使得更改位左移，一直可以移动到最高位；如果按 K2 键，将使得更改位右移，一直可以移动到最低位。当设定好采集数据个数后，按确认键完成设定，并退出修改界面。

功能界面的切换按 K3 和 K4 键。设定完采集时间间隔和采集数据个数等参数后，切换到 StAt 界面，按确认键 K5，开始测量。此时，上面的数码管将显示 T1 温度传感器的值，下面的数码管将显示 T2 温度传感器的值，该温度为动态实时测量值，实验者可以通过计时表的帮助定时记录温度数据，此时显示情况如下：

$\boxed{45.2C}$ ℃：T1 温度显示；

$\boxed{25.1C}$ ℃：T2 温度显示。

系统将按照之前设定的采集时间间隔和采集数据个数进行采集，直到采集完成。

如果在系统采集数据没有完成的时候，按 K3 或者 K4 键，系统显示如下界面：

$\boxed{\text{Stop}}$：停止界面，按确认键系统进入数据查询界面。

在上述 Stop 界面下，按确认键 K5，系统将进入数据查询界面，此时，系统只会显示出已经测试完成的温度数据。

数据显示格式如下：

$\underline{1}$33.5；T1 = 33.5℃；

$\underline{2}$33.2；T2 = 33.2℃。

在数据查询界面上，按 K1 或者 K2 键可查看其他温度数据。

在查看界面中，按确认键 K5，将显示一个 rtn 菜单界面：

$\boxed{\text{rtn}}$：返回实时温度显示。

在上述返回查询界面下，按确认键 K5 将返回实时温度显示界面；若按 K3 或者 K4 键将切换到 rst 菜单界面：

rst：系统数据复位。

在 rst 菜单界面下，按确认键 K5 将使系统数据复位，清除之前所有的记录，并重新开始，系统自动返回到开机界面 StAt。

如果在系统采集数据没有完成的时候按确认键，将会退出实时温度显示界面，返回到 StAt 开机界面，此时按 K3 或者 K4 键可以选择参数设定界面，并修改。此时温度测试依然会进行，当测试完成时系统自动进入测试完成数据显示界面。

当系统按照设定的参数，测量完所有的温度数据后，系统将弹出数据查

询界面。首先显示的是最后一组数据,此时可以按 K1 键往前翻,按 K2 键往后翻。显示格式为:

1̲33.5;T1 = 33.5℃;
2̲33.2;T2 = 33.2℃

此状态下按 K3 或者 K4 键都是无效的。此时按 K5 键,系统将弹出 rtn 菜单界面。

注意:

(1) 设备复位 RST 键会使得设备完全恢复到出厂设定,而菜单选项中的 RST 只是清除之前测量的数据,之前修改的参数依然有效。

(2) 如果温度传感器出现故障或者断开,对应的温度显示将是 Err。

五、实验内容与步骤

1. 用冷却法测定饱和食盐水的热容

(1) 将外筒冷却水加至适当高度(要求外筒冷却水的温度 θ_0 的波动幅度不超过 0.5℃)。

(2) 用内部干燥的量热器内筒取纯净水。

要求:纯净水体积约占内筒的 2/3 体积,纯净水温度 θ 比 θ_0 高 10℃ ~ 15℃。称其质量后,放入隔离筒,开始实验。每隔 1 分钟分别记录一次 θ 和 θ_0,共测 20 分钟。

(3) 用清洗过的内筒盛取饱和食盐水。

要求:饱和食盐水的体积约占内筒的 2/3 体积,饱和食盐水的初温与纯净水初温之差不超过 1℃。称其质量后,放入隔离筒,开始实验。每隔 1 分钟分别记录一次饱和食盐水温度 θ 和外筒冷却水的温度 θ_0,共测 20 分钟。

2. 数据处理

(1) 在同一张直角坐标纸中,对纯净水及饱和盐水分别作"$\ln(\theta - \theta_0)$—t"图,检验得到的图像是否为一条直线。如果是,则可以认为验证了公式(3),并间接验证了公式(2)。也就是说,被研究系统的冷却速率同系统与环境之间的温度差成正比。

(2) 对水和饱和盐水分别取 $\ln(\theta - \theta_0)$ 及相应的 t 的数据,用最小二乘法分别求出两条直线的斜率 S' 和 S'',并由此得出未知饱和食盐水的比热容 c_X。

实验 2

液体电导率的测定

一、实验目的

(1) 了解互感式液体电导率传感器的工作原理;
(2) 测量室温下饱和食盐水溶液的电导率;
(3) 测量饱和食盐水溶液电导率与温度的变化。

二、仪器及用具

电导率测量实验仪、交流信号源、游标卡尺、三位半数字交流电压表、电子天平、传感器、单刀双掷开关、交流标准电阻器、量杯、食盐和连接导线。

三、实验原理

互感式液体电导率传感器的内部是由两个半径相同的软铁基合金环电感线圈组成,每个环各绕有一组线圈,两组线圈的匝数相同,如图 2.2.1 所示。两合金环同轴紧密排列并密封安装成中空圆柱体,如图 2.2.2 所示。

图 2.2.1　互感式液体电导率传感器内部　图 2.2.2　互感式液体电导率传感器外观

测量时,将该传感器浸没在待测的液体中。线圈 11′接正弦信号发生器,频率约为 2.5 kHz。信号发生器的信号输出 V_i 的幅度可能存在慢漂移,漂移量如果超过某一规定范围,就要及时调整,保持输出幅度相同。线圈 22′接交流电压表,测量感应的信号电压 V_o,根据输入电压和输出电压的大小即可计算出待测液体的电导率。

这种液体电导率测量装置的主要工作原理是：由信号发生器输出的正弦交变电流在绕组11′环内产生正弦交变磁场，该磁场在导电液体中产生正弦交变的感生电流，该感生电流在绕组22′环内产生交变的磁场，该磁场在绕组22′内又产生感生电动势，成为传感器的输出信号。

忽略磁滞效应，输出电压 V_o 是输入电压 V_i 的单调函数。在一定的输入电压 V_i 范围内，并且液体的电导率 σ 处于一定范围内时，σ 与 $\dfrac{V_o}{V_i}$ 成正比关系：

$$\sigma = K \frac{V_o}{V_i} \tag{1}$$

式中，K 为比例系数。

在测量装置中，盛放待测液体的容器很大，圆柱体外面液体的电阻很小，V_o 的大小主要与传感器中空圆柱体内的液体(简称液体柱)有关，因此可由液体柱来计算液体的电导率。液体柱电阻为：

$$R = \frac{1}{\sigma}\frac{L}{S}, \text{ 或 } \sigma = \frac{1}{R}\frac{L}{S} \tag{2}$$

式中，L 为液体柱的长度，S 为液体柱的截面积。比较式(1)和式(2)可得到：

$$\frac{V_o}{V_i} = \frac{1}{K}\frac{L}{S}\frac{1}{R} = B\frac{1}{R} \tag{3}$$

式中，$B = \dfrac{1}{K}\dfrac{L}{S}$，为比例常数，也可写成 $K = \dfrac{1}{B}\dfrac{L}{S}$。

代入式(2)可得到：

$$\sigma = \frac{1}{B}\frac{L}{S}\frac{V_o}{V_i} \tag{4}$$

由式(4)可知，σ 与中空圆柱体长度 L、截面积 S 和比例常数 B 有关。

注意：实验时，为了精确确定比例常数 K 及 B，本来需要配置多种 σ 已知的液体，但是这种操作比较困难。为此，可以用外接标准电阻来替代已知 σ 的液体，使实验方便准确。具体方法是将传感器置于空气中，将一根导线穿过传感器的中空圆柱体，接在测试仪上标准电阻两端构成电阻回路，如图 2.2.3 所示。改变不同的电阻 R，测量对应的 $\dfrac{V_o}{V_i}$，作关系曲线，求出 B 和 K。

实验证明，标准液体的电导率受温度的影响较大，所以实际应用中都不用标准盐水进行定标。采用标准电阻器校准法可以将校准误差控制在 0.1% 以内。

注意：校准用的标准电阻器为交流标准电阻，非普通精密直流电阻。

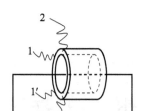

图 2.2.3　外接标准电阻替代液体测量电路

四、实验内容及步骤

（1）绘制液体电导率传感器定标的实验线路图，参考图 2.2.3；要求使用仪器面板上的选择开关，切换测量输入电压 V_i 和输出电压 V_o。

（2）给定传感器的输入电压 V_i 在 1.7~1.9 V 之间的某一固定值，改变校准用的标准电阻值，记录对应的传感器输出电压 V_o，记录数据。

（3）根据记录的数据，绘制 $\dfrac{V_o}{V_i} - \dfrac{1}{R}$ 曲线，选择线性部分作曲线拟合，得到直线部分斜率 B。

（4）测量传感器的相关尺寸，计算 $K = \dfrac{1}{B}\dfrac{L}{S}$，写出测量液体电导率的计算公式和相对不确定度公式。

（5）根据校准的 K 值，测量常温下饱和食盐水溶液的电导率。

五、回答问题

（1）什么叫作溶液的电导率？
（2）影响溶液电导率的因素有哪些？

六、注意事项

（1）实验时，传感器输入电压 V_i 取值范围推荐为 1.7~1.9V。
（2）测量饱和食盐水在某一温度下的电导率时，待盐充分溶解后再开始实验。
（3）常用食盐均加碘，其溶液与标准 NaCl 溶液有区别。
（4）传感器中空液体柱外非无限大盐水溶液，存在一定的电阻。
（5）实验完成后，需将传感器清洗干净并擦干，以防止腐蚀。

实验 3

扭　　摆

一、实验目的

(1) 用扭摆测定弹簧的扭转常数；
(2) 用扭摆测定几种不同形状物体的转动惯量，并与理论值进行比较；
(3) 验证转动惯量平行轴定理。

二、仪器及用具

扭摆、转动惯量测量仪、待测样品。

三、实验原理

将物体在水平面内转过一角度 θ 后，在弹簧的恢复力矩作用下，物体就开始绕垂直轴作往返扭转运动。根据胡克定律可知，弹簧受扭转而产生的恢复力矩 M 与所转过的角度 θ 成正比，即：

$$M = -k\theta \tag{1}$$

式中，k 为弹簧的扭转常数。根据转动定律：

$$M = I\beta \tag{2}$$

式中，I 为物体绕转轴的转动惯量，β 为角加速度，由式(1)和式(2)可得：

$$\beta = \frac{d^2\theta}{dt^2} = -\frac{k}{I}\theta \tag{3}$$

令 $\omega^2 = k/I$，忽略轴承的摩擦阻力矩，式(3)即可写成：

$$\beta = \frac{d^2\theta}{dt^2} = -\omega^2\theta \tag{4}$$

式(4)表示扭摆运动具有角简谐振动的特性，角加速度与角位移成正比，且方向相反，此方程的解为：

$$\theta = A\cos(\omega t + \varphi) \tag{5}$$

式中，A 为简谐振动的角振幅，φ 为初相位角，ω 为角速度，则扭摆的振动周期为：

$$T = \frac{2\pi}{\omega} = 2\pi\sqrt{\frac{I}{k}} \tag{6}$$

由式(6)可知，只要通过实验测量出物体扭摆的摆动周期，并当 I 和 k 中有一个量为已知时，即可计算出另一个量。

本实验用一个几何形状规则的物体，它的转动惯量 I 可以根据它的质量和几何尺寸用理论公式直接计算得到，再算出转动惯量测量仪弹簧的 k 值。若要测定其他形状物体的转动惯量，只要将待测物体安放在转动惯量测量仪顶部的各种夹具上，测定其摆动周期，由式(6)即可算出该物体绕转动轴的转动惯量。

四、实验内容及步骤

（1）熟悉扭摆的构造、使用方法以及转动惯量测试仪的使用方法。

（2）测定弹簧的扭转常数 k，测定塑料圆柱、金属圆筒、木球以及金属细长杆的转动惯量，并与理论值比较，求百分差。具体步骤如下：

① 测出塑料圆柱体的外径，金属圆筒的内外径、木球的直径、金属细长杆的长度及各物体的质量，各量均测五次。实验测量数据填入表格 2.3.1 中。

② 调整扭摆基座底脚的螺丝，使水准泡中的气泡居中。

③ 装上金属载物盘，并调整光电探头的位置，使载物盘上挡光杆处于其缺口中央且能遮住发射、接收红外光线的小孔，测定摆动周期 T_0。

④ 将塑料圆柱体垂直放在载物盘上，测定摆动周期 T_1。

⑤ 用金属圆筒代替塑料圆柱体，测定摆动周期 T_2。

⑥ 取下金属载物盘，装上木球，测定摆动周期 T_3。

⑦ 取下球，装上金属细杆，金属细杆中心必须与转轴重合，测定摆动周期 T_4。

注：在计算木球和金属细杆的转动惯量时，应扣除支架的转动惯量。

（3）验证转动惯量平行轴定理。

将滑块对称放置在细杆两边的凹槽内，让滑块质心离转轴的距离分别为 5.00, 10.00, 15.00, 20.00, 25.00 cm，测定摆动周期，并将测量结果填入表 2.3.1 和表 2.3.2 中。

表 2.3.1　转动惯量平行轴定理数据

物体名称	质量/kg	几何尺寸/($\times 10^{-2}$ m)	周期/s	转动惯量理论值/($\times 10^{-4}$ kg·m²)	实验值/($\times 10^{-4}$ kg·m²)	百分差/%
金属载物盘			T_0 $\bar{T}_0$		$I_0 = \dfrac{I'_1 \bar{T}_0^2}{\bar{T}_1^2 - \bar{T}_0^2}$	$\dfrac{实-理}{理} \times 100\%$
塑料圆柱		D_1 $\bar{D}_1$	T_1 $\bar{T}_1$	$I'_1 = \dfrac{1}{2} m \bar{D}_1^2$	$I_1 = \dfrac{K \bar{T}_1^2}{4\pi^2} - I_0$	
金属圆筒		$D_外$ $\bar{D}_外$ $D_内$ $\bar{D}_内$	T_2 $\bar{T}_2$	$I'_2 = \dfrac{1}{8} m (\bar{D}_外^2 + \bar{D}_内^2)$	$I_2 = \dfrac{K \bar{T}_2^2}{4\pi^2} - I_0$	
木球		$D_直$	T_3 $\bar{T}_3$	$I'_3 = \dfrac{1}{10} m D_直^2$	$I_3 = \dfrac{K}{4\pi^2} \bar{T}_3^2 - I_{支座}$	
金属细杆		L	T_4 $\bar{T}_4$	$I'_4 = \dfrac{1}{12} m L^2$	$I_4 = \dfrac{K}{4\pi^2} \bar{T}_4^2 - I_{夹具}$	

表 2.3.2　测量结果

$X/(\times 10^{-2}\text{m})$	5.00	10.00	15.00	20.00	25.00
摆动周期 T/s					
$\overline{T}/\text{s}$					
实验值 $/(\times 10^{-2}\text{kg}\cdot\text{m}^2)$ $I=\dfrac{k}{4\pi^2}T^2$					
理论值 $/(\times 10^{-2}\text{kg}\cdot\text{m}^2)$ $I'=L_4+2mx^2+L_5$					
百分差/%					

$I_{支座}=1.87\times10^{-5}\text{kg}\cdot\text{m}^2$，$I_{夹具}=3.21\times10^{-5}\text{kg}\cdot\text{m}^2$

$K=3.567\times10^{-2}\text{kg}\cdot\text{m}^2$

五、回答问题

（1）扭摆的摆动周期与哪些因素有关？

（2）用扭摆测转动惯量时摆角多大最合适？请实际操作试一试。

实验 4

杨氏模量的测量

一、实验目的

(1) 学会用拉伸法测金属丝的杨氏模量;
(2) 掌握用光杠杆法测量微小长度的变化;
(3) 学会用逐差法处理数据。

二、仪器及用具

杨氏模量测定仪、游标卡尺、千分尺、米尺、砝码、待测金属丝。

三、实验原理

(一) 材料的杨氏模量

设有长为 L、截面积为 S 的金属丝。若沿 L 的方向受到力 F 的作用,金属丝伸长(或缩短) ΔL,比值 F/S 称为胁强,$\Delta L/L$ 称为胁变。实验发现,在弹性限度内,有如下关系:

$$\frac{F}{S} = E\frac{\Delta L}{L}, \quad \text{或} \quad E = \frac{F/S}{\Delta L/L} \tag{1}$$

式(1)中,E 称为金属的杨氏模量,它的大小表征金属丝抗形变能力的强弱。杨氏模量与所施外力、物体长度、材料截面积的大小无关,是反映固体材料本身性质的一个重要物理量,单位为牛顿每平方米(N/m^2)。

由式(1)可见,只要测出 F、S、L、ΔL,就会得到杨氏模量 E 值。F、S、L 各量易用一般的测量仪器测得,ΔL 通常很小,用一般仪器和方法测量较为困难,本实验采用光杠杆法测量 ΔL。

(二) 利用光杠杆法测量微小长度变化量

光杠杆由平面全反射镜、主杠支脚和前足组成,如图 2.4.1 所示。镜面倾角及主杠尖脚到前足间距离均可调。测量微小长度变化量的原理图如图 2.4.2 所示。

实验4　杨氏模量的测量

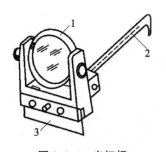
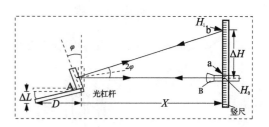

图 2.4.1　光杠杆
1—平面全反射镜；2—主杠支脚；3—前足

图 2.4.2　原理图
A—平面全反射镜；B—尺读望远镜；
D—主杠尖脚至前足间距离；
X—光杠杆镜面到望远镜叉丝的距离

假定平面全反射镜 A 的法线与望远镜光轴在同一直线上，且望远镜光轴和刻度尺垂直，刻度尺上 a 点发出的光线经平面镜反射进入望远镜，可以在望远镜十字叉丝处读得 a 的刻度，设为 H_0。若主杠尖脚绕前足位移 ΔL，平面全反射镜 A 绕前足转过角度 φ 时，平面全反射镜法线也将转过角度 φ。根据反射定律可知，反射线转过角度 2φ。

此时在望远镜十字叉丝处可见刻度 b 处的像设为 H_i。

因 ΔL 很小，且 $\Delta L \ll D$，φ 也很小，故有：

$$\Delta L/D = \tan\varphi \approx \varphi \tag{2}$$

又因 $H_i - H_0 = \Delta H \ll X$，则：

$$\frac{\Delta H}{X} = \tan 2\varphi \approx 2\varphi \tag{3}$$

由式(2)、式(3)消去 φ，则 $\frac{2\Delta L}{D} = \frac{\Delta H}{X}$，得：

$$\Delta L = \frac{D}{2X}\Delta H \tag{4}$$

可见，利用光杠杆装置测量微小变化量的实质是：将微小长度的变化量 ΔL 经光杠杆装置转变为微小角度的变化，再经尺读望远镜转变为刻度尺上较大范围的读数变化量 ΔH。通过测量 ΔH，从而实现对微小长度变化量 ΔL 的计量。

将 $S = \dfrac{\pi d^2}{4}$ 和式(4)代入式(1)中有：

$$E = \frac{8XFL}{\pi d^2 D \Delta H} \tag{5}$$

式中，d 为金属丝的直径。

四、实验内容及步骤

本实验所用 YMC-1 型杨氏模量测定仪如图 2.4.3 所示。

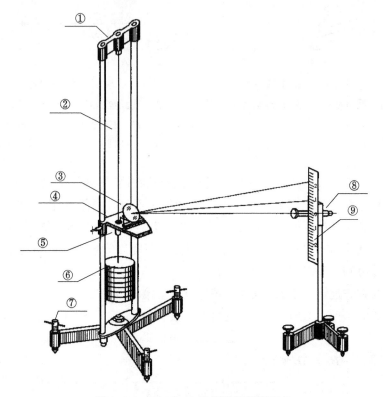

图 2.4.3　YMC-1 型杨氏模量测定仪
①—A 支架；②—金属丝；③—光杠杆；④—G 固定平台；⑤—E 圆柱体夹具；
⑥—砝码；⑦—水平螺钉；⑧—望远镜；⑨—标尺

金属丝上端固定在支架 A 处，下端用一圆柱形夹具 E 夹紧。E 可在平台 G 中间的圆孔内上下自由移动，夹具下端挂有砝码钩。光杠杆前足放在平台 G 的凹槽内，光杠杆的主杠尖脚放在 E 上。杨氏模量测定仪还配有用来判断平台 G 水平与否的水准仪，调整测定仪支架底部三颗调整水平螺钉可使平台水平。

当增加(或减少)砝码时，金属丝将伸长(或缩短)ΔL，光杠杆的主杠尖脚也将随夹具 E 一起下降(或上升)ΔL，平面全反射镜因此转过角度 φ，在望远镜中可观察记录到由此变化而引起刻度尺的变化量 ΔH。

尺读望远镜由刻度尺和望远镜组成。转动望远镜目镜可清楚地看到十字叉丝像。调整望远镜调焦手轮并通过光杠杆的平面全反射镜可以看到刻度尺的像。可通过望远镜轴线调整螺钉调整望远镜的轴线,松开望远镜和刻度尺紧固螺钉,望远镜和刻度尺能够分别沿立柱上下移动。

(一) 仪器调节

(1) 调整杨氏模量测定仪下部的三颗水平调整螺钉使立柱铅直。

(2) 将光杠杆按要求放在平台 G 上,目视检查其主杠是否水平,如不水平,可上下移动夹具。待主杠水平后旋紧夹具,并检查夹具 E 能否在平台圆孔内上下自由移动,调整光杠杆平面全反射镜使镜面位于铅直面内。

(3) 在金属丝下端钩上挂初始砝码(又称本底砝码,它不应计入之后所加的力 F 之内),拉直金属丝(不同规格的金属丝所加的本底砝码不同,对 $d = 0.8$ mm 的钢丝每次可加 $1 \sim 2$ kg 砝码)。

(4) 在光杠杆平面全反射镜前 $1.5 \sim 2$m 处放置尺读望远镜,调整望远镜使其和光杠杆等高、刻度尺面与平面全反射镜镜面平行。

(5) 调节目镜看清十字叉丝,调整望远镜调焦手轮看清刻度尺中间读数。

为了尽快找到刻度尺的像,建议先在望远镜外沿其缺口和准星成一条直线时观察,并据反射定律上下左右移动望远镜寻找,一旦在光杠杆平面全反射镜中发现刻度尺的像再将眼睛移入望远镜。仔细调整望远镜调焦手轮直至可以清楚地观察到刻度尺的读数且无视差为止。若发现视场内刻度尺读数上下清晰度不一样,可通过调望远镜轴线解决。

(二) 测量

(1) 记录十字叉丝处刻度尺读数 H_0。

(2) 依次在砝码钩上加挂砝码(每次 1 kg),待砝码稳定后,记下相应十字叉丝处读数 $H_i(i = 1, 2, \cdots, 7)$。

依次减少砝码(每次 1 kg),待砝码稳定后,记下十字叉丝处相应读数值 $H_i'(i = 7, 6, \cdots, 0)$。

将以上数据记入到表格中。

(3) 用米尺测量金属丝长度 L,光杠杆平面全反射镜到标尺的距离 X。

(4) 用千分尺测量金属丝直径 d(不同处测量 5 次)。

(5) 取下光杠杆,将前足及主杠尖脚印在纸上,用游标卡尺测量主杠尖脚至前足间距离 D。

五、数据处理

要求用逐差法处理数据:

(1) 用逐差法计算对应 4 kg 负荷时金属丝的伸长量;

$$\Delta H_i = \bar{H}_{i+4} - \bar{H}_i, \quad i = 0, 1, 2, 3$$

$$\Delta \bar{H} = \frac{1}{4} \sum_{i=0}^{3} \Delta H_i$$

(2) 对于直接测量的量要用不确定度表示最后结果。

(3) 计算出杨氏模量 E，并按传递公式计算不确定度 $u_{c(\bar{E})}$。

(4) 结果表示：

$$E = \bar{E} \pm u_{c(\bar{E})}$$

相对不确定度：

$$\frac{u_{c(\bar{E})}}{\bar{E}} \times 100\%$$

六、回答问题

(1) 材料相同，但粗细、长度不同的两根金属丝，它们的杨氏模量是否相同？

(2) 光杠杆法有什么特点？怎样才能提高光杠杆法测量微小长度变化量的灵敏度？

(3) 本实验中，哪一个量的测量误差对结果影响最大？如何改进？

(4) 如何用作图法求杨氏模量？

实验 5

固体线热膨胀系数的测量

一、实验目的

(1) 了解 DH4608A 金属热膨胀系数实验仪的基本结构和工作原理;
(2) 掌握千分表和温度控制仪的使用方法;
(3) 掌握测量金属线热膨胀系数的基本原理;
(4) 测量不锈钢管、紫铜管等的线膨胀系数;
(5) 学会用热电偶测量温度;
(6) 学会用图解图示法处理实验数据,并分析实验误差。

二、实验仪器及用具

DH4608A 金属热膨胀系数实验仪、恒温水浴锅、千分表、待测样品、实验架。

三、实验仪器介绍

实验架结构图如图 2.5.1 所示。

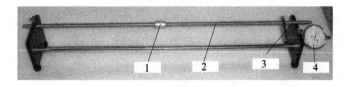

图 2.5.1 实验架结构图
1—热电偶安装座;2—待测样品;3—挡板;4—千分表

通常热电偶安装座安装在待测样品中间位置,即挡板和左侧固定点的中间。安装座的一侧有一小孔,将热电偶涂上导热硅脂插在小孔中,实验仪上显示的是热电偶的热电势,查找铜-康铜热电偶分度表可以得出温度值。

千分表与挡板的位置要安装合适,既要保证二者间没有间隙,又要保证千分表有足够的伸长空间。待测样品的一端用硅胶管与恒温水浴锅的出水口相连,一端与恒温水浴锅的进水口相连。在水浴锅没有和样品连接好的情况下不要将水泵电源打开,在打开水浴锅电源之前应仔细检查连接是否正确。控制温度设定值不要超过 80℃,实验过程中防止水浴锅干烧。另外,在实验过程中也不能振动仪器和桌子,否则会影响千分表的读数。千分表是精密仪表,不能用力挤压。

四、实验原理

在一定温度范围内,原长为 L_0(在 $t_0 = 0℃$ 时的长度)的物体受热温度升高,一般固体会由于原子的热运动加剧而发生膨胀,在 t(单位℃)温度时,伸长量 ΔL,它与温度的增加量 Δt ($\Delta t = t - t_0$) 近似成正比,与原长 L_0 也成正比,即

$$\Delta L = \alpha \times L_0 \times \Delta t \tag{1}$$

此时的总长是:

$$L_t = L_0 + \Delta L \tag{2}$$

式(1)中,α 为固体的线膨胀系数,它是固体材料的热学性质之一。在温度变化不大时,α 是一个常数,可由式(1)和式(2)得:

$$\alpha = \frac{L_t - L_0}{L_0 t} = \frac{\Delta L}{L_0} \cdot \frac{1}{t} \tag{3}$$

由上式可见,α 的物理意义:当温度每升高 1℃ 时,物体的伸长量 ΔL 与它在 0℃ 时的长度之比。α 是一个很小的量,本书的附录中列有几种常见固体材料的 α 值。当温度变化较大时,α 可用 t 的多项式来描述:

$$\alpha = A + Bt + Ct^2 + \cdots \tag{4}$$

式中 A,B,C 均为常数。

在实际的测量中,通常测得的是固体材料在室温 t_1 下的长度 L_1 及其在温度 t_1 至 t_2 之间的伸长量,就可以得到热膨胀系数,这样得到的热膨胀系数是平均热膨胀系数 $\bar{\alpha}$:

$$\bar{\alpha} \approx \frac{L_2 - L_1}{L_1(t_2 - t_1)} = \frac{\Delta L_{21}}{L_1(t_2 - t_1)} \tag{5}$$

式中,L_1 和 L_2 分别为物体在 t_1 和 t_2 下的长度,$\Delta L_{21} = L_2 - L_1$ 是长度为 L_1 的物体在温度从 t_1 升至 t_2 的伸长量。在实验中需要直接测量的物理量是 ΔL_{21},L_1,t_1 和 t_2。

为了得到精确的测量结果,需要得到精确的 $\bar{\alpha}$,这样不仅要对 ΔL_{21},t_1 和 t_2 进行精确的测量,还要扩大到对 ΔL_{i1} 和相应的温度 t_i 的测量。即

$$\Delta L_{i1} = \bar{\alpha} L_1 (t_i - t_1) \qquad i = 1, 2, 3, \cdots \tag{6}$$

在实验中等间隔地设置加热温度（如等间隔5℃或10℃），从而测量对应的一系列 ΔL_{i1}。将所得到的测量数据采用最小二乘法进行直线拟合处理，从直线的斜率可得到一定温度范围内的平均热膨胀系数 $\bar{\alpha}$。

五、实验内容及步骤

（1）将待测样品固定在实验架上，拧紧锁紧螺钉，注意挡板要正对着千分表。

（2）调节千分表和挡板的相对位置，既要保证二者间没有间隙，又要保证千分表有足够的伸长空间。

（3）调节热电偶安装座的位置，使其处在待测样品的中间。

（4）将热电偶涂上导热硅脂，插在热电偶安装座的小孔中，热电偶传感器的插头和实验仪上的插座相连。

（5）待测样品的一端用硅胶管与恒温水浴锅的出水口相连，一端与恒温水浴锅的进水口相连。

（6）关闭水泵电源。

（7）确保水浴锅内有足够的水。

（8）检查仪器连接是否正确，仪器各部分的相对位置是否摆放合适。

（9）打开仪器电源。

（10）打开水泵开关。

（11）每10℃设定一个控温点，记录样品上的实测温度和千分表上的变化值。

（12）根据数据 ΔL 和 Δt。通过公式

$$\alpha = \frac{\Delta L}{L \Delta t}$$

计算线热膨胀系数并画出 Δt（作 x 轴）- ΔL（作 y 轴）的曲线图，观察其线性。

（13）换用不同的金属棒样品，分别测量并计算各自的线热膨胀系数，然后与附录提供的参考值进行比较，分析测量误差。

六、回答问题

（1）对于一种材料来说，线膨胀系数是否一定是一个常数？为什么？

（2）引起测量误差的主要因素是什么？

实验 6

液体表面张力系数的测定

一、实验目的

(1) 学习硅压阻力敏传感器(又称半导体应变计)的原理；
(2) 掌握液体表面张力系数的测量方法。

二、实验仪器

FD – NST – I 型液体表面张力系数测定仪

三、实验原理

一个金属环固定在传感器上，将该环浸没于液体中，并渐渐拉起圆环，当它从液面拉脱瞬间，传感器受到的拉力差值 f 为：

$$f = \pi(D_1 + D_2)\alpha \tag{1}$$

式中，D_1，D_2 分别为圆环的外径和内径，α 为液体表面张力系数，所以液体表面张力系数为：

$$\alpha = f/[\pi(D_1 + D_2)] \tag{2}$$

根据测量结果可得液体表面张力为：

$$f = (U_1 - U_2)/B \tag{3}$$

式中，B 为力敏传感器灵敏度，单位 V/N；U_1，U_2 分别为即将拉断水柱时数字电压表的读数以及拉断水柱时数字电压表的读数。

液体表面张力系数还与杂质和温度有关。实验证明，液体的温度越高，表面张力系数值越小；所含杂质越多，表面张力系数值也越小。但只要这些条件保持一定，表面张力系数值就是一个常数。

四、仪器简介

FD – NST – I 型液体表面张力系数测定仪是一种新型拉脱法液体表面张力系数测定仪，具有以下三个优点：

(1) 用硅压阻力敏传感器测量液体与金属相接触的表面张力，该传感器灵敏度高，线性和稳定性好，以数字式电压表输出显示。

（2）用一定高度的薄金属环及金属片替代原细铂丝环或铂丝刀口，新的吊环不易变形，可反复使用且不易损坏或遗失。

（3）吊环的外形尺寸经专门设计和实验，对直接测量结果一般不需要校正，可得到较准确可靠的结果。

液体表面张力系数测定仪主要由实验装置和数字电压表组成，如图2.6.1所示。

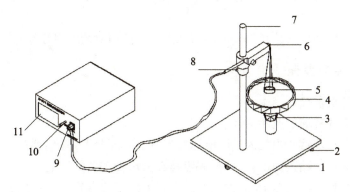

图 2.6.1　液体表面张力系数测定仪

1—底座；2—调节螺丝；3—升降螺丝；4—玻璃器皿；5—吊环；6—硅压阻力敏传感器；
7—支架；8—固定螺丝；9—航空插头；10—调零旋钮；11—数字电压表

硅压阻力敏传感器技术指标：

（1）受力量程：$0 \sim 0.098$N。

（2）灵敏度：约 3.00V/N（用砝码质量作单位定标）。

（3）非线性误差：$\leqslant 0.2\%$。

（4）供电电压：直流 $5 \sim 12$V。

五、实验内容

（1）用砝码对硅压阻力敏传感器进行定标，计算该传感器的灵敏度，学习传感器的定标方法。

（2）观察用拉脱法测液体表面张力的物理过程和物理现象，并用物理学基本概念和定律进行分析和研究，加深对物理规律的认识。

（3）测量纯水的表面张力系数。

六、注意事项

（1）应调节吊环处于水平位置。注意偏差 $1°$ 时，测量结果引入误差为 0.5%；偏差 $2°$ 时，则测量结果引入误差为 1.6%。

(2) 仪器开机需预热 15 分钟。

(3) 在旋转升降平台时，尽量使液体的波动要小。

(4) 工作室不宜风力较大，以免吊环摆动致使零点波动，从而使所测系数不准确。

(5) 若液体为纯净水，在实验过程中防止灰尘和油污及其他杂质污染。特别注意手指不要接触被测液体。

(6) 使用力敏传感器时用力不宜大于 0.098 N。过大的拉力容易损坏传感器。

(7) 实验结束后须将吊环用清洁纸擦干，并用清洁纸包好放入干燥缸。

七、实验步骤

(1) 开机预热。

(2) 清洗玻璃器皿和吊环。

(3) 在玻璃器皿内放入被测液体并安放在升降台上(玻璃器皿底部可用双面胶与升降台面贴紧固定)，将砝码盘挂在力敏传感器的钩上。

(4) 若整机已预热 15 分钟以上，可对力敏传感器定标。在加砝码前应首先对数字电压表调零，安放砝码时应尽量轻。在砝码盘上加 0.500 g 砝码，以后每次增加 0.500 g 砝码，直至加到 3.000 g。每改变一次砝码，测出一个相应的输出电压。用分组求差法求出传感器灵敏度 B。

(5) 挂上吊环，在测定液体表面张力系数过程中，可观察到液体产生浮力与张力的现象。以顺时针转动升降台大螺帽时液体液面上升，当吊环下沿部分均匀浸入液体中时，改为逆时针转动该螺帽，这时液面往下降(或者说相对液面吊环往上提拉)，观察吊环浸入液体中及从液体中拉起时的物理过程和现象。应特别注意记下吊环即将拉断液柱前一瞬间数字电压表的读数值 U_1 以及拉断时数字电压表的读数值 U_2，并按以上步骤重复六次。

(6) 用游标卡尺测出金属环的内径和外径，注意要在不同位置各测五次记入表格。

(7) 记录室温，求出表面张力系数及不确定度。

八、思考题

(1) 分析吊环即将拉断液柱前一瞬间数字电压表的读数值由大变小的原因。

(2) 对实验的系统误差和偶然误差进行分析，提出减小误差改进实验的方法措施。

实验 7

直流单臂电桥

一、实验目的

(1) 掌握用惠斯通电桥测电阻的原理和方法；
(2) 了解电桥灵敏度的概念；
(3) 学会用不确定度理论处理实验数据，表示测量结果。

二、实验仪器及用具

直流电源、电阻箱、检流计、待测电阻、开关、导线。

三、实验原理

(一) 什么是电桥

电桥是利用比较法进行电磁测量的一种电路连接方式，它不仅可以测量很多电学量，如电阻、电容、电感等，而且配合不同的传感器件，可以测量很多的非电学量，如温度、压力等。实验室里常用的电桥有惠斯通电桥(单臂电桥)和开尔文电桥(双臂电桥)两种。前者一般用于测量中高值电阻；后者用于测量 1Ω 以下的低值或超低值电阻。惠斯通电桥是一种平衡电桥，其原理如图 2.7.1 所示。R_1、R_2、R_x、R_0 组成一个四边形，

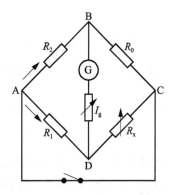

图 2.7.1 惠斯通电桥原理图

每个边称为电桥的一个臂，其中 R_x 为待测电阻，R_0 称比较臂电阻，R_1 和 R_2 称为比率臂电阻。A、C 两端加一恒定电压，B、D 之间接一检流计 G。所谓"桥"就是指 BD 这条对角线，它的作用是将"桥"的两个端点的电位直接进行比较。当 BD 两点的电位相等时，检流计中无电流通过，称作电桥平衡。这时有下面等式成立：

当 $I_g = 0$ 时，有 $V_B = V_D$，
所以 $I_2 = I_0$，$I_1 = I_x$

即 $I_1R_1 = I_2R_2$, $I_xR_x = I_0R_0$

则 $\dfrac{R_1}{R_2} = \dfrac{R_x}{R_0}$，因此可得：

$$R_x = \dfrac{R_1}{R_2}R_0 = kR_0 \tag{1}$$

式中，$k = R_1/R_2$ 称为比率系数。一般为方便测量和计算，k 值取 0.1，1，10，100，1 000 等数值。已知 R_1、R_2 和 R_0 就可以求出 R_x。

（二）电桥的灵敏度

式(1)是在电桥平衡时推导出来的，而电桥是否平衡实际上是看检流计是否指零来判断的。检流计的灵敏度总是有限的，不可能绝对精准。因此在实际测量中，当调整 R_0 直至主观判断检流计指零时，桥路电流并不一定真正为零，等式(1)并不一定成立，只是接近成立而已。显然这个因素可以引起测量的不确定性。因此有必要了解电桥的灵敏度。灵敏度越高，测量的结果越精确；灵敏度越低，测量结果的不确定度越大。在已经平衡的电桥里，当比较臂电阻 R_0 变动某值 ΔR_0 时，检流计的指针离开零位偏转 Δn 格，则电桥灵敏度 S 定义为：

$$S = \dfrac{\Delta n}{\Delta R_0/R_0}(\text{格}) \tag{2}$$

显然 S 越大，意味着电桥灵敏度越高，带来的测量误差就小。例如 $S = 100$ 格 = 1 格/$\dfrac{1}{100}$。也就是说电桥平衡后，R_0 只要改变 1%，检流计就会偏转 1 格。通常我们能觉察 $\dfrac{1}{10}$ 格，即说明电桥平衡后，只改变 R_0 的 0.1% 我们就可以觉察出来。考虑到电桥的平衡状态是由于臂电阻的分压比相等才出现的，因此假如 R_x 也变化了相同比例，电桥的不平衡度应该是一样的。即当 R_x 也变化 1% 时，检流计也应该偏转 1 格。可见电桥灵敏度 S 的大小可以评价测量结果由于检流计灵敏度有限这个因素而带来的不确定度的大小。

（三）电桥的主要特点

用电桥测电阻容易达到比较高的灵敏度，这是因为：

（1）电桥的实质是将未知电阻和标准电阻相比较，而制造较高精度的标准电阻并不困难。当电桥灵敏度足够高时，被测电阻 R_x 的准确度取决于 R_0 和 R_1/R_2 的准确度，且采用交换法的技巧可以消除 R_1 和 R_2 的误差，这样，误差的主要来源就只有 R_0 了。因此测量精度可以达到 R_0 的精度等级。

（2）电桥中的检流计只用来判断有无电流，并不需要提供读数，所以检流计只要求有高的灵敏度,其他方面并无很高的要求。

四、实验内容及步骤

(1) 按照原理图接线。

(2) 根据被测电阻的大致数值(可参看标称值或用万用表粗测),选择恰当的 k 值,确定 R_1 和 R_2 的大小。为保证精确度,R_1 和 R_2 不应太小。R_h 为保护电阻,初始状态应设置为较大值(R_0 和 R_h 用万位电阻)。调好各阻值的大小后再次检查电路。

(3) 合上电源开关,观察检流计平衡情况,调节 R_0 减小检流计偏转,进行粗调,直至检流计基本指零。

(4) 把保护电阻 R_h 的阻值调节成零,提高电桥灵敏度。然后进一步微调 R_0,直至检流计指零。

(5) 当电桥平衡最佳时,读出 R_0。

(6) 在平衡状态下改变 R_0,观察检流计的偏转,记录 Δn 和 ΔR_0 用于计算电桥灵敏度 S。

(7) 数据处理:将数据整理成一张表格,计算 $\bar{R}_x$ 和电桥灵敏度 S。利用不确定度理论分析实验结果的不确定度,并写出最终的科学结果:

$$R_x = \bar{R}_x \pm u_{c\,(\bar{R}_x)}$$

五、注意事项

(1) 使用检流计时首先打开锁钮,使指针自由活动,用完后重新锁上。使用中不能使检流计长时间过载。

(2) 开始操作时电桥一般处于很不平衡的状态。为防止检流计电流过载应把保护电阻 R_h 调成较大阻值。随着电桥逐渐接近平衡,R_h 也调节到零。

(3) 若实验中出现了检流计严重的打表情况,则意味着存在线路故障或各阻值初设不正确的情况,此时应该仔细检查线路排查故障。

(4) 严格防止电源短路,接线要工整规范,防止认错桥臂烧毁仪器。

六、回答问题

(1) 有哪些因素影响电桥灵敏度?

(2) 电桥电路连接无误,合上开关调节比较臂电阻,若:①无论如何调节,检流计指针都不动,电路中什么地方可能有故障?

②无论如何调节,检流计指针始终向一边偏转,电路中什么地方可能有故障?

(3) R_h 在实验中有什么作用？若将 R_h 并联在检流计上，在测电阻时应怎样使用它？

七、附录：用双臂电桥测低电阻

双臂电桥是测量电阻的又一种方法。电阻按阻值的大小来分，大致可以分为三类：在 1 Ω 以下的为低电阻；在 $1 \sim 10^6$ Ω 之间的为中电阻；10^6 Ω 以上的为高电阻。电阻的阻值不同，它们的测量方法也不相同，且不同的测量方法本身都有特殊的问题。例如，用惠斯通电桥测中电阻时，会忽略导线本身的电阻和接点处接触电阻（总称附加电阻）的影响，但用它测低电阻时，就不能忽略了。一般来说，附加电阻约为 0.001 Ω。若所测低电阻为 0.01 Ω，则附加电阻的影响可达 10%。若所测低电阻在 0.001 Ω 以下，就无法得出测量结果了。对惠斯通电桥加以改进而成的双臂电桥消除了附加电阻的影响，一般用来测量 $10^{-5} \sim 10$ Ω 之间的低电阻。双臂电桥的原理图如图 2.7.2 所示，其在惠斯通电桥的基础上增加了两个电阻 R_3 和 R_4，并使 R_3 和 R_4 分别与原有臂 R_1 和 R_2 相同。

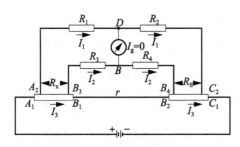

图 2.7.2　双臂电桥原理图

实验 8

示波器的调整与使用

一、实验目的

(1) 熟悉数字示波器与模拟示波器的基本使用方法，学会用示波器测量波形的电压幅度和频率；

(2) 掌握利用李萨如图形测正弦信号频率的原理及方法。

二、实验仪器及用具

模拟示波器、数字示波器、信号发生器。

三、模拟示波器的工作原理

（一）扫描信号

示波器显示电信号波形的核心器件是示波管，它分为三部分：电子枪，x、y轴偏转板，荧光屏，如图 2.8.1 所示。

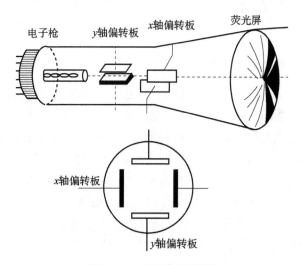

图 2.8.1 示波管结构图

在 x 轴偏转板加上锯齿形电压,如图 2.8.2 所示。锯齿形电压的特点是:电压从负开始($t=t_0$)随时间成正比地增加到正($t_0<t<t_1$);然后又突然回到负($t=t_1$),在从此开始与时间成正比地增加($t_1<t<t_2$)……这时电子束在荧光屏上的亮点就会作相应的运动,亮点由左($t=t_0$)均匀地向右运动($t_0<t<t_1$),到右端后马上回到左端($t=t_0$),然后再从左匀速地向右运动($t_1<t<t_2$)……亮点只沿横向运动,在荧光屏上看到的是一条水平线,如图 2.8.3 所示。

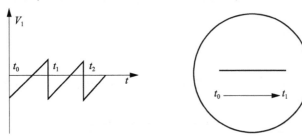

图 2.8.2　锯齿形电压　　　图 2.8.3　荧光屏上显示的水平线

(二) 扫描和整步作用

如果在 y 轴偏转板上加正弦电压,如图 2.8.4 所示,而 x 轴偏转板上不加任何电压,则电子束的亮点纵方向随时间作正弦式振荡,在横方向不动(因没有电压作用),看到的是一条垂直的亮线,如图 2.8.5 所示。

图 2.8.4　正弦电压　　　图 2.8.5　显示屏上显示的垂直线

如果在 y 轴偏转板上加正弦电压,又在 x 轴偏转板上加锯齿形电压,则荧光屏上的亮点将同时进行方向相互垂直的两种位移,我们看见的是亮点的合成位移,即正弦图形,如图 2.8.6 所示。对于正弦电压的 a 点,对应着锯齿形电压的是负值 a' 点,亮点在荧光屏上 a'' 处;对于正弦电压的 b 点,对应着 b' 点,亮点在 b'' 处,……,故亮点由 a'',b'',c'',d'' 到 e'' 时,描出正弦图形。如果正弦波的周期与锯齿波的相同,则正弦波电压到 e 时,锯齿波电压也刚好到 e',从而亮点描完整个正弦曲线。由于锯齿形电压这时马上变负,故亮点又回到左边,重复上述过程,亮点第二次在同一位置上描出同一根线……,这时我们将看到正弦曲线稳定地停在荧光屏上。如果正弦波与锯齿波的周期稍不同,则第二次扫描出的曲线和第一次曲线的位置稍微错开,在荧光屏上将看见的是不稳定的图形。由以上分析可得出如下结论：

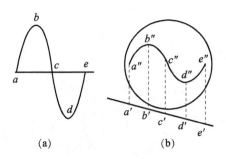

图 2.8.6　正弦图形
(a)正弦电压；(b)正弦图形

(1) 要看见 y 轴偏转板上电压的图形，必须加上 x 轴偏转板上电压，把 y 轴偏转板上电压产生的垂直亮线"展开"，这个展开过程称为"扫描"。如果扫描电压与时间成正比变化(锯齿形扫描波)，则称为线性扫描，线性扫描能把 y 轴偏转板上电压波形如实地描绘出来。

(2) 只有 y 轴偏转板上电压与 x 轴偏转板上电压频率严格相同，或前者是后者的整数倍，图形才会简单而稳定，用公式表示为：

$$f_y/f_x = n, \quad n = 1, 2, 3, \cdots \tag{1}$$

由于 y 轴偏转板上电压和 x 轴偏转板上电压的振荡源是相互独立的振荡源，它们之间的频率比不会自动满足简单的整数比，所以示波器中的锯齿扫描电压的频率必须可调。细心调节锯齿扫描电压的频率，可以从大体上满足整数比关系，但要准确地满足，光靠人工调节还是不够的，特别是待测电压的频率越高，问题就越突出。为了解决这一问题，在示波器内部加装了自动频率跟踪装置，称为"整步"，在人工调节到接近整数倍时，再加上"整步"作用，扫描电压的周期就能准确地等于待测电压周期的整数倍，从而获得稳定的图形。

四、利用李萨如图形测频率和相位差

(一) 利用李萨如图形测频率

如果 y 轴偏转板上加正弦电压，x 轴偏转板上也加正弦电压，当这两个正弦电压的频率成简单整数比时，可以得到一稳定闭合的合成轨迹，在示波器上便可显示出如图 2.8.7 所示的图形，称为李萨如图形。图中 f_x、f_y 分别代表 y 轴偏转板上和 x 轴偏转板上电压的频率，令 n_x 代表 x 方向切线对图形的切点数，n_y 代表 y 方向切线对图形的切点数，则有：

$$\frac{f_y}{f_x} = \frac{n_x}{n_y} \tag{2}$$

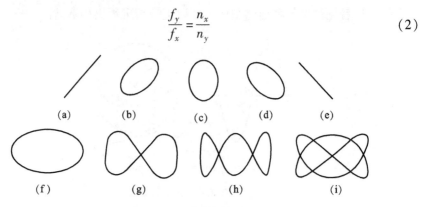

图 2.8.7 李萨如图形

(a)$\varphi=0$; (b)$\varphi=\pi/4$; (c)$\varphi=\pi/2$; $f_y=f_x$; (d)$\varphi=3\pi/4$; (e)$\varphi=\pi$;
(f)$\varphi=f_1/f_x=1/1$; (g)$\varphi=f_y=f_x$; (h)$\varphi=f_y/f_x=3/1$; (i)$\varphi=f_y/f_x=3/2$

如果已知 f_y，则可由式(2)求出 f_x。

(二) 利用李萨如图形测相位差

设有频率相同、相位差为 φ 的两个正弦信号分别为

$$x = A\sin\omega t \tag{3}$$
$$y = B\sin(\omega t + \varphi) \tag{4}$$

将这两个信号分别输入示波器的 x、y 轴，得到如图 2.8.8 所示的李萨如图形。

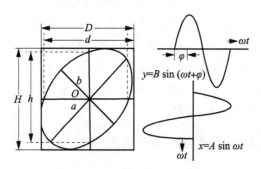

图 2.8.8 李萨如图形测相位差

根据式(3)和式(4)可知，在 $\omega t = 0$ 时，$x = 0$，$y = B\sin\varphi$，故 $\sin\varphi = y/B = 2y/2B$，令 $2y = h$，$2B = H$，则 $\sin\varphi = h/H$，而有

$$\varphi = \arcsin\frac{h}{H} \tag{5}$$

根据式(5)可知，在示波器荧光屏上测得椭圆在 y 轴上的截距 h 和垂直方

向的高度 H，即可求得 φ 值。

用同样的方法可以得到：

$$\varphi = \arcsin\frac{d}{D} \tag{6}$$

式中，d 为椭圆在 x 轴上的截距，D 为椭圆在水平方向上的宽度。根据式(6)在示波器上测得截距 d 和宽度 D，即可求得 φ 的值。

五、实验内容

（1）熟悉示波器、信号发生器的使用方法，接通电源，预热一分钟后，调整示波器、信号发生器正常工作。

（2）观察波形，并测量波形的电压幅度和频率。

① 从信号发生器取出频率为 100Hz、500Hz、1 000Hz、10 000Hz……的正弦信号，调出稳定的波形并观察。

② 从信号发生器取出方波、锯齿波、半波、全波波形，调稳定并观察。

（3）利用李萨如图形测频率。

调出 f_y/f_x = 1:1、2:1、3:1、3:2、4:3、5:2 的李萨如图形，测未知信号的频率。

（4）* 利用李萨如图形测相位差。

（5）* 观察晶体二极管的伏安特性曲线。

提示：按图 2.8.9 所示的原理图连接线路。

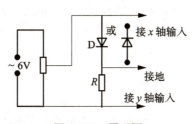

图 2.8.9　原理图

六、回答问题

（1）若在模拟示波器上观察到正弦图形不断向右跑，试说明锯齿波扫描信号的频率是偏高还是偏低。实际操作试一试。

（2）用李萨如图形测频率时，模拟示波器的扫描和扫描微调旋钮是否起作用？为什么？

（3）模拟示波器和数字示波器有何异同？

实验 9

螺线管磁场的测量

一、实验目的

(1) 掌握测试霍尔元件工作特性的方法;
(2) 学会霍尔效应测量磁场的原理和方法;
(3) 学习用霍尔元件测绘长直螺线管的轴向磁场分布。

二、实验仪器及用具

螺线管磁场测定实验仪。

三、实验原理

(一) 载流长直螺线管内的磁感应强度分布

螺线管是由绕在圆柱面上的导线构成的,对于密绕的螺线管,可以看成是一列有共同轴线的圆形线圈的并列组合。因此一个载流长直螺线管轴线上某点的磁感应强度,可以从对各圆形电流在轴线上该点所产生的磁感应强度进行积分求和得到。对于一有限长的螺线管,中心点磁感应强度为最大且公式为:

$$B_0 = \mu_0 \cdot n I_M \tag{1}$$

式中,μ_0 为真空磁导率,n 为螺线管单位长度的线圈匝数,I_M 为线圈的励磁电流。

长直螺线管的磁力线分布如图 2.9.1 所示。其内腔中部磁力线是平行于轴线的直线,在渐近两端口这些直线变为从两端口离散的曲线。这说明其内部磁场是均匀的,仅在两端才出现明显的不均匀性。根据理论计算可知,长直螺线管一端的磁感应强度为内腔中部磁感应强度的一半。

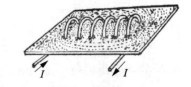

图 2.9.1 长直螺线管的磁力线分布

（二）霍尔效应法测量磁场的原理

霍尔效应是一种磁电效应，是德国物理学家霍尔于 1879 年研究载流导体在磁场中受力的性质时发现的。根据霍尔效应，人们用半导体材料制成霍尔元件，它具有对磁场敏感、结构简单、体积小、频率响应宽、输出电压变化大和使用寿命长等优点，因此，在测量、自动化、计算机和信息技术等领域得到广泛的应用。

霍尔效应从本质上讲是运动的带电粒子在磁场中受洛伦兹力作用而引起的偏转。如图 2.9.2 所示，将一个半导体薄片放在垂直于它的磁场中（磁场 B 的方向沿 z 轴方向），当在沿 y 方向的电极 A、A' 上施加电流 I 时，薄片内定向移动的载流子（设平均速率为 u）受到洛伦兹力 F_B 的作用，即

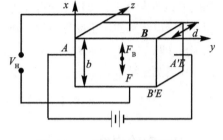

图 2.9.2　霍尔效应原理图

$$F_B = quB \tag{2}$$

无论载流子是负电荷还是正电荷，F_B 的方向均沿着 x 方向。在磁场力的作用下，载流子发生偏移，产生电荷积累，从而在薄片 B、B' 两侧产生一个电位差 V_H，形成一个电场 E。电场使载流子又受到一个与 F_B 方向相反的电场力 F_E，即

$$F_E = eE = eV_H/b \tag{3}$$

式中，b 为薄片宽度。F_E 随着电荷累积而增大，当达到稳定状态时 $F_E = F_B$，即

$$euB = eV_H/b \tag{4}$$

这时在 B、B' 两侧建立的电场称为霍尔电场，相应的电压 V_H 称为霍尔电压，电极 B、B' 称为霍尔电极。

另一方面，设载流子浓度为 n，薄片厚度为 d，则电流强度 I_s 与 u 的关系为：

$$I_s = neubd \tag{5}$$

由(3)(4)两式可知：

$$V_H = E_H b = \frac{1}{ne}\frac{I_s B}{d} = R_H \frac{I_s B}{d} \tag{6}$$

式中，R_H 称为霍尔系数，它体现了材料的霍尔效应大小。根据霍尔效应制作的元件称为霍尔元件。对于成品霍尔元件，由于 R_H 和 d 都已知，因此在实用上就将式(6)写成：

$$V_H = K_H I_s B \tag{7}$$

式中，K_H 称为霍尔元件灵敏度，I_s 称为控制电流。根据式(7)，K_H 已知，I_s 由实验给出，所以只要测出 V_H 就可以求得磁感应强度 B，即

$$B = \frac{V_H}{K_H I_s} \tag{8}$$

(三) 霍尔电压 V_H 的测量方法

在霍尔效应建立的同时还会伴有其他附加效应的产生，在霍尔元件上测得的电压是各种附加电压叠加的结果。附加电压：不等位电势、厄廷毫森效应、能斯特效应和里纪 – 勒杜克效应，它们相应的电压的正负与工作电流 I 和磁感应强度 B 的方向有关，可以通过改变 I_s 和磁场 B 的方向消除大多数负效应。具体来说在规定电流和磁场正反方向后，分别测量下列四组不同方向的 I_s 和磁场 B 组合的 V_H，即 $U_1(+I_s, +B)$、$U_2(+I_s, -B)$、$U_3(-I_s, -B)$ 和 $U_4(-I_s, +B)$ 霍尔电压的测量结果为：

$$V_H = \frac{1}{4}(U_1 - U_2 + U_3 - U_4) \tag{9}$$

四、实验内容

(一) 测量霍尔元件输出特性

将螺线管磁场测定实验仪上 I_M 输出、I_s 输出和 V_H 输入三对接线柱分别与实验台上对应的接线柱连接，一定要注意不要把励磁恒流源 I_M 输出误接到霍尔元件工作恒流源 I_s 上，否则一旦通电，霍尔元件即损坏。经教师检查无误后，打开螺线管磁场测定实验仪电源开关，利用霍尔元件探杆支架将霍尔元件移动到螺线管的中心位置，预热数分钟后开始实验。

1. 测绘 $V_H - I_s$ 曲线

取 $I_M = 0.800$ A，并在测试过程中保持不变，依次按表 2.9.1 所列的数据调节 I_s，用对称测量法测出相应的 U_1、U_2、U_3、U_4，数据记入表 2.9.1 中，并绘制 $V_H - I_s$ 曲线。

表 2.9.1 $V_H - I_s$ 数据 ($I_M = 0.800$ A)

I_s/mA	U_1/mV $+I_s, +B$	U_2/mV $+I_s, -B$	U_3/mV $-I_s, -B$	U_4/mV $-I_s, +B$	$V_H = \dfrac{(U_1 - U_2 + U_3 - U_4)}{4}$/mV
4.00					
5.00					
6.00					
7.00					
8.00					
9.00					
10.00					

2. 测绘 $V_H - I_M$ 曲线

取 $I_s = 8.00$ mA，调节 $x_1 = 14.0$，$x_2 = 0.0$，并在测试过程中保持不变，依次按表 2.9.2 所列的数据调节 I_1，用对称测量法测出相应的 U_1、U_2、U_3、U_4，数据记入表 2.9.2 中，并绘制 $V_H - I_M$ 曲线。

表 2.9.2 $V_H - I_M (I_s = 8.00\text{mA})$

I_M/mA	U_1/mV $+I_s, +B$	U_2/mV $+I_s, -B$	U_3/mV $-I_s, -B$	U_4/mV $-I_s, +B$	$V_H = \dfrac{(U_1 - U_2 + U_3 - U_4)}{4}$ /mV
0.300					
0.400					
0.500					
0.600					
0.700					
0.800					
0.900					
1.000					

（二）测绘螺线管轴线上的磁感应强度分布规律

取 $I_s = 8.00$mA，$I_M = 0.800$A，并在测试过程中保持不变，x_1、x_2 位置按表 2.9.3 变化。先调节 x_1 旋钮，保持 $x_2 = 0.0$ cm，当 $x_1 = 14$ cm 时保持 x_1 不变，再调节 x_2 旋钮，按对称测量法将数据填入表 2.9.3 中。

绘制 $B - X$ 曲线，验证螺线管端口处磁感应强度为中心位置磁感应强度的一半。

表 2.9.3 磁感就强度分布规律数据 ($I_s = 8.00\text{mA}$，$I_M = 0.800\text{A}$，$x = 14 - x_1 - x_2$)

x_1/cm	x_2/cm	X/cm	U_1/mV $+I_s, +B$	U_2/mV $+I_s, -B$	U_3/mV $-I_s, -B$	U_4/mV $-I_s, +B$	V_H/mV	B/T
0.0	0.0							
0.5	0.0							
1.0	0.0							
1.5	0.0							
2.0	0.0							
2.5	0.0							

续表

x_1/cm	x_2/cm	X/cm	U_1/mV $+I_s$, $+B$	U_2/mV $+I_s$, $-B$	U_3/mV $-I_s$, $-B$	U_4/mV $-I_s$, $+B$	V_H/mV	B/T
5.0	0.0							
8.0	0.0							
11.0	0.0							
14.0	0.0							
14.0	3.0							
14.0	6.0							
14.0	9.0							
14.0	11.5							
14.0	12.0							
14.0	12.5							
14.0	13.0							
14.0	13.5							
14.0	14.0							

调螺线管磁场测定实验仪上的 Y，测距尺分别离螺线管中心轴上、下各一半，测出另外两条磁感应强度分布曲线。

五、回答问题

若螺线管中通以交变电流，能否用本实验的方法去测量磁感应强度？如不能，应该采用什么方法？

实验 10

三维亥姆霍兹线圈磁场实验

一、实验目的

（1）测量单个通电圆线圈中三维磁感应强度；
（2）测量亥姆霍兹线圈轴线上各点的三维磁感应强度；
（3）测量两个通电圆线圈不同间距时的线圈轴线上各点的三维磁感应强度；
（4）测量通电圆线圈轴线外各点的三维磁感应强度。

二、实验仪器及用具

DH4501S 型三维亥姆霍兹线圈磁场实验仪。

三、实验原理

（一）霍尔效应

霍尔效应是导电材料中的电流与磁场相互作用而产生电动势的效应。1879 年，美国霍普金斯大学研究生霍尔在研究金属导电机理时发现了这种电磁现象，故称霍尔效应。后来曾有人利用霍尔效应制成测量磁场的磁传感器，但因金属的霍尔效应太弱而未能得到实际应用。

随着半导体材料和制造工艺的发展，人们又利用半导体材料制成霍尔元件，它由于霍尔效应显著而得到使用和发展，现在广泛用于非电量的测量、电动控制、电磁测量和计算装置方面。在电流体中的霍尔效应也是目前在研究中的"磁流体发电"的理论基础。

近年来，霍尔效应实验不断有新发现。1980 年，原西德物理学家冯·克利青研究二维电子气系统的输运特性，在低温和强磁场下发现了量子霍尔效应，这是凝聚态物理领域最重要的发现之一。

目前对量子霍尔效应也在进行深入研究，并取得了重要应用，例如用于确定电阻的自然基准，可以极为精确地测量光谱精细结构常数等。

在磁场、磁路等磁现象的研究和应用中，霍尔效应及其元件是不可缺少的,利用霍尔效应观测磁场直观、干扰小、灵敏度高、效果明显。

(二) 载流圆线圈磁场

根据毕奥—萨伐尔定律,载流圆线圈在轴线(通过圆心并与线圈平面垂直的直线)上某点的磁感应强度为:

$$B = \frac{\mu_0 R^2}{2(R^2 + x^2)^{3/2}} NI \tag{1}$$

式中,I 为通过线圈的励磁电流强度,N 为线圈的匝数,R 为线圈平均半径,x 为圆心到该点的距离,μ_0 为真空磁导率。因此,圆心处的磁感应强度 B_0 为:

$$B_0 = \frac{\mu_0}{2R} NI \tag{2}$$

轴线外的磁场分布计算公式较复杂,这里简略。

亥姆霍兹线圈是一对匝数和半径相同的共轴平行放置的圆线圈,两线圈间的距离 d 正好等于圆形线圈的半径 R。这种线圈的特点是能在其公共轴线中点附近产生较广的均匀磁场区,故在生产和科研中有较大的实用价值。亥姆霍兹线圈磁场分布图如图2.10.1所示。

根据霍尔效应可知,探测头置于磁场中,运动的电荷受洛仑兹力,运动方向发生偏转,在偏向的一侧会有电荷积累,这样两侧就形成电势差,通过测电势差就可知道其磁场的大小。

当两通电线圈的通电电流方向一致时,线圈内部形成的磁场方向也一致,这样两线圈之间的部分就形成均匀磁场,当探头测在磁场内运动时其测量的数值几乎不变。当两通电线圈电流方向不同时,在两线圈中心的磁场应为0。

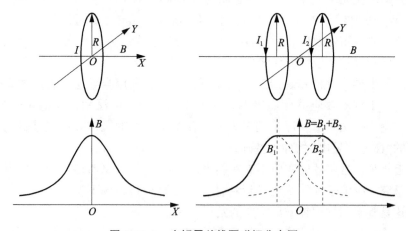

图 2.10.1 亥姆霍兹线圈磁场分布图

设 Z 为亥姆霍兹线圈中轴线上某点离中心点 O 处的距离,则亥姆霍兹线

圈轴线上任意一点的磁感应强度为:

$$B' = \frac{1}{2}\mu_0 NIR^2 \left\{ \left[R^2 + \left(\frac{R}{2} + Z \right)^2 \right]^{-3/2} + \left[R^2 + \left(\frac{R}{2} - Z \right)^2 \right]^{-3/2} \right\} \quad (3)$$

而在亥姆霍兹线圈轴线上中心点 O 处的磁感应强度 B_0 为:

$$B'_O = \frac{\mu_0 NI}{R} \times \frac{8}{5^{3/2}} \quad (4)$$

在 $I = 0.5$ A、$N = 500$、$R = 0.100$ m 的实验条件下,单个线圈圆心处的磁场强度为:

$$B_0 = \frac{\mu_0}{2R} NI = 4\pi \times 10^{-7} \times 500 \times 0.5/(2 \times 0.100) = 1.57 \,(\text{mT})$$

当两圆线圈间的距离 d 正好等于圆线圈的半径 R,组成亥姆霍兹线圈时,轴线上中心点 O 处的磁感应强度 B_0 为:

$$B'_O = \frac{\mu_0 NI}{R} \times \frac{8}{5^{3/2}} = \frac{4\pi \times 10^{-7} \times 500 \times 0.5}{0.100} \times \frac{8}{5^{3/2}} = 2.25 \,(\text{mT})$$

当两圆线圈间的距离 d 不等于圆线圈的半径 R 时,轴线上中心点 O 处的磁感应强度 B_0 按本实验所述的公式(3)计算。在 d 分别等于 $1/2R$、R、$2R$ 时,相应的曲线见图 2.10.2。

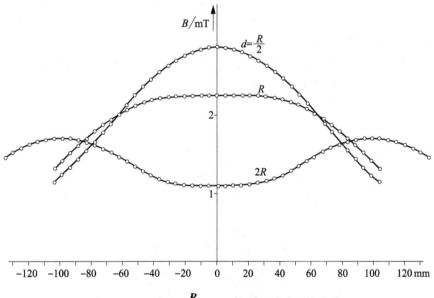

图 2.10.2 当 $d = \frac{R}{2}$、R、$2R$ 时磁感应强度曲线

由于霍尔元件的灵敏度受温度及其他因素的影响较大,所以实验仪器提供的灵敏度仅供参考。根据实验的结果可以求得霍尔元件的实际灵敏度为:

$$K_H = \frac{V_{H0}}{I_s B_0}$$

其中，V_{H0} 为 $I_s = 0.500$ A、$N = 500$、$R = 0.100$ m 的实验条件下，$B_0 = 1.57$ mT 时的霍尔电压。

可以测量出不同三维位置时的 V_H 值，这样再根据公式 $V_H = K_H I_s B \cos\theta = K_H I_s B$ 可知：

$$B = \frac{V_H}{K_H I_s} \tag{5}$$

从而求得不同三维位置的磁感应强度 B。

一半径为 R、通以电流 I 的圆线圈，轴线上磁场的公式为：

$$B = \frac{\mu_0 N_0 I R^2}{2(R^2 + X^2)^{3/2}} \tag{6}$$

式中，N_0 为圆线圈的匝数，X 为轴上某一点到圆心 O 的距离。$\mu_0 = 4\pi \times 10^{-7}$ (H/m)，本实验取 $N_0 = 500$ 匝，$I = 500$ mA，$R = 100$ mm，圆心 O 处 $X = 0$，可算得圆电流线圈的磁感应强度 $B = 1.57$ mT。

（三）霍尔效应法测量原理

将通有电流 I 的导体置于磁场中，则在垂直于电流 I 和磁场 B 方向上将产生一个附加电位差 E_H，这一现象是霍尔于1879年首先发现，故称霍尔效应。电位差 U_H 称为霍尔电压。

霍尔效应从本质上讲，是运动的带电粒子在磁场中受洛仑兹力的作用而引起的偏转。当带电粒子（电子或空穴）被约束在固体材料中时，这种偏转就导致在垂直电流和磁场的方向上产生正负电荷在不同侧的聚积，从而形成附加的横向电场。如图 2.10.3 所示，磁场 B 位于 Z 的正向，在与之垂直的半导体薄片上沿 X 正向通以电流 I_s（称为工作电流），假设载流子为电子（N 型半导体材料），则它沿着与电流 I_s 相反的 X 负向运动。

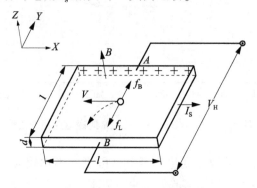

图 2.10.3 霍尔效应原理图

由于洛伦兹力 f_L 作用，电子即向图中所示虚线箭头所指的位于 Y 轴负方向的 B 侧偏转，并使 B 侧形成电子积累，而相对的 A 侧形成正电荷积累。与此同时，运动的电子还受到由于两种积累的异种电荷形成的反向电场力 f_E 的作用。随着电荷积累的增加，f_E 增大，当两力大小相等（方向相反）时，$f_L = -f_E$，则电子积累便达到动态平衡。这时在 A，B 两端面之间建立的电场称为霍尔电场 E_H，相应的电势差称为霍尔电势 V_H。

设电子按均一速度 $\bar{V}$，向图示的 X 负方向运动，则在磁感应强度 B 作用下，所受洛伦兹力为：

$$f_L = -e\bar{V}B$$

式中，e 为电子电量，$\bar{V}$ 为电子漂移平均速度，B 为磁感应强度。

同时，电场作用于电子的力为：

$$f_E = -eE_H = -eV_H/l \tag{7}$$

式中，E_H 为霍尔电场强度，V_H 为霍尔电势，l 为霍尔元件宽度。

当达到动态平衡时，有：

$$f_L = -f_E$$
$$\bar{V}B = V_H/l \tag{8}$$

设霍尔元件宽度为 l，厚度为 d，载流子浓度为 n，则霍尔元件的工作电流为：

$$I_s = ne\bar{V}ld \tag{9}$$

由式(8)、式(9)两式可得：

$$V_H = E_H l = \frac{1}{ne}\frac{I_s B}{d} = R_H \frac{I_s B}{d} \tag{10}$$

即霍尔电势 V_H（A，B 间电压）与 I_s、B 的乘积成正比，与霍尔元件的厚度成反比，比例系数 $R_H = 1/ne$ 称为霍尔系数，它反映了材料霍尔效应的强弱。

当霍尔元件的材料和厚度确定时，设：

$$K_H = R_H/d = l/ned \tag{11}$$

将式(11)代入式(10)中得：

$$V_H = K_H I_s B \tag{12}$$

式中，K_H 称为霍尔元件的灵敏度，它表示霍尔元件在单位磁感应强度和单位控制电流下的霍尔电势大小，其单位是[mV/mA·T]，一般要求 K_H 越大越好。由于金属的电子浓度 n 很高，所以它的 R_H 或 K_H 都不大，因此不适宜作霍尔元件。此外，霍尔元件厚度 d 越薄，K_H 越高，所以制作时，往往采用减少 d 的办法来增加霍尔元件的灵敏度，但不能认为 d 越薄越好，因为此时霍尔元件的输入和输出电阻将会增加，这对霍尔元件的特性是不利的。

由此可见，当 I 为常数时，有 $V_H = K_H IB = k_0 B$，通过测量霍尔电势 V_H，

就可计算出未知磁场强度 B。

四、仪器介绍

DH4501S 型三维亥姆霍兹线圈磁场实验仪由两部分组成：三维亥姆霍兹线圈磁场实验仪前面板部分和三维亥姆霍兹线圈磁场实验仪测试架部分。

（一）三维亥姆霍兹线圈磁场实验仪

DH4501S 型三维亥姆霍兹线圈磁场实验仪前面板如图 2.10.4 所示。

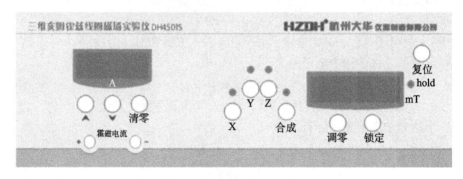

图 2.10.4　DH4501S 型三维亥姆霍兹线圈磁场实验仪前面板

1. 数控恒流源

（1）数控恒流源提供的励磁电流输出 0～1.000A；调节步进 1mA，稳定精度 ±1mA；3 位半恒流表显示，具有过流保护功能。当按增加键"▲"，设定的电流大于数控电流源所能输出的电流值时，数控恒流源进行过流保护，并自动输出数控恒流源所能提供的最大输出励磁电流。

（2）增加键"▲"：按一下，励磁电流增加 1mA，长按不放，随着时间的增加，励磁电流增加的速度会越来越快。

（3）减少键"▼"：按一下，励磁电流减少 1mA，长按不放，随着时间的增加，励磁电流减少的速度会越来越快。

（4）励磁电流清零按键"清零"：按下"清零"按键，励磁电流清零，励磁电流输出为零。

2. 三维磁场测量

（1）"X"按键：表示测量 X 轴向的磁场强度，按一下"X"按键，对应的"X"指示灯亮，测量显示 X 轴向的磁场强度。

（2）"Y"按键：表示测量 Y 轴向的磁场强度，按一下"Y"按键，对应的"Y"指示灯亮，测量显示 Y 轴向的磁场强度。

（3）"Z"按键：表示测量 Z 轴向的磁场强度，按一下"Z"按键，对应的

"Z"指示灯亮,测量显示 Z 轴向的磁场强度。

(4)"合成"按键:表示测量 X,Y,Z 轴向的正交矢量合成磁场强度;按一下"合成"按键,对应的"合成"指示灯亮,测量显示 X,Y,Z 轴向的正交矢量合成磁场强度。

(5)"调零"按键:在测量显示 X,Y,Z 轴向或矢量合成方向的磁场强度时,按一下"调零"按键,对应的轴向指示灯会熄灭,待完全清零后重新点亮,测量显示 X,Y,Z 轴向或矢量合成方向的某一磁场强度为零。

(6)"锁定"按键:在测量显示 X,Y,Z 轴向或矢量合成方向的磁场强度时,按一下"锁定"按键,对应的"hold"指示灯会亮,测量显示 X,Y,Z 轴向或矢量合成方向的磁场强度为单次采样锁定值,不会改变;当再一次按下"锁定"按键时,对应的"hold"指示灯会熄灭,才能继续动态测量显示 X,Y,Z 轴向或矢量合成方向的某一磁场强度。

(7)"复位"按键:按下"复位"键,系统复位,重新开始测量。

(二)三维亥姆霍兹线圈磁场实验仪测试架

三维亥姆霍兹线圈磁场实验仪测试架结构图如图 2.10.5 所示

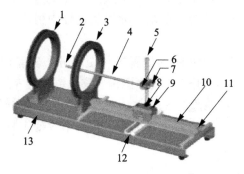

图 2.10.5　DH4501S 型三维亥姆霍兹线圈磁场实验仪测试架

1—移动的亥姆霍兹线圈;2—三维传感器探头;3—固定的亥姆霍兹线圈;
4—传感器固定铜杆;5—标杆;6—固定杆紧固帽;7—标杆移动/固定滑块;8—移动滑块;
9—滑块紧固帽;10—移动导轨;11—限位轩;12—标尺固定条;13—测试架底板;

1. 亥姆霍兹线圈

(1)固定的亥姆霍兹线圈和移动的亥姆霍兹线圈分别安装于底板上,其中移动的亥姆霍兹线圈可以沿底板移动,移动范围为 50~200 mm。

(2)松开固定的亥姆霍兹圆线圈在底座上的紧固螺钉,就可以用双手均匀地移动线圈,从而改变两个圆线圈的位置,移到所需的位置后,再拧紧紧固螺钉。

(3)励磁电流通过圆线圈后面的插孔接入,可以做单个和双个线圈的磁场分布。

2. 三维可移动装置

(1)滑块可以沿导轨左右移动,用于改变霍尔元件 X 方向的位置。移动时,用力要轻,速度不可过快,如果滑块移动时阻力太大或松动,则应适当调节滑块上的滑块坚固帽的紧度。左右移动时不可沿前后方向即 Y 向用力,以免改变 Y 向位置。必要时,可以锁紧导轨右端的限位杆,以防止改变 Y 向位置。

(2)轻推滑块沿导轨标尺固定条均匀移动导轨,可改变霍尔元件 Y 方向的位置。这时,导轨右端的限位杆应处于松开状态。注意:这时不可左右方向用力,以免改变霍尔元件的 X 向位置。

(3)松开标杆移动/固定滑块,铜杆可以沿标杆上下移动,移到所需的位置后,再拧紧标杆移动/固定滑块,用于改变霍尔元件 Z 方向的位置。

(4)装置的 X、Y、Z 轴向均配有位置标尺,在三维测量磁场时,可以方便地测量空间磁场的三维坐标。

3. 霍尔元件

装置采用优质砷化镓霍尔元件,特点是灵敏度高、温度漂移小。三维霍尔元件的探头安装于铜杆的左前端,导线从铜杆中引出,连接到测试架后面板上的专用插座。

改变移动的亥姆霍兹线圈的位置进行磁场分布实验时,为了读数方便,应该改变铜杆的位置。松开固定杆紧固帽,移动铜杆至 R、$2R$ 或 $R/2$ 的位置,对应于移动的亥姆霍兹线圈在 R、$2R$ 或 $R/2$ 的位置,这样做的优点是移动滑块时,X 向的读数是以 0 位置为对称的。如果不改变铜杆的位置,则应对 X 向位置读数进行修正。

五、实验内容与步骤

(一)测量单个通电圆线圈轴线上的磁感应强度

测量前将亥姆霍兹线圈的距离设为 R,即 100 mm 处;并将铜杆位置移至 R 处。Y 向导轨、Z 向标杆均置于 0,并紧固相应的螺母,这样可使霍尔元件位于亥姆霍兹线圈轴线上。

1. 测量单个通电固定的亥姆霍兹线圈中圆线圈 1 磁感应强度

用连接线将励磁电流 I_M 输出端连接到圆线圈 1,霍尔传感器的信号插头连接到测试架后面板的专用插座,并将其他连接线一一对应连接好。

(1)测量圆线圈 X 轴向的三维磁感应强度。

调节励磁电流 $I_M = 0.5$ A,移动 X 向滑块,测量单个固定的亥姆霍兹线圈通电时，轴线上的各点处 X，Y 和 Z 轴向的三维磁场强度，可以每隔 10 mm 测量一个数据。

将测量的数据记录在表格 2.10.1 中，再根据公式(1)计算出各点的磁感应强度 B，并绘出 $B_{(1)} - X$ 图，即圆线圈轴线上 B 的分布图。

与理论公式(1)计算的结果相比较。

表 2.10.1　$B_{(1)} - X$　($I_M = 500$ mA)

X/mm	$B_{X(1)}$/mT	$B_{Y(1)}$/mT	$B_{Z(1)}$/mT	$B_{合成(1)}$/mT
…				
-40				
-30				
-20				
-10				
0				
10				
20				
30				
40				
…				

(2) 测量圆线圈 Y 轴向的三维磁感强度。

调节励磁电流 $I_M = 0.5$ A，移动 Y 向导轨，测量单个固定的亥姆霍兹线圈通电时轴线上的各点处 X，Y 和 Z 轴向的三维磁场强度，可以每隔 10mm 测量一个数据。

将测量的数据记录在表格 2.10.2 中，再根据公式(1)计算出各点的磁感应强度 B，并绘出 $B_{(1)} - Y$ 图，即圆线圈轴线上 B 的分布图。

将测得的圆线圈轴线上(Y 轴向)各点的三维磁感应强度。

表 2.10.2　$B_{(1)} - Y$　($I_M = 500$ mA)

Y/mm	$B_{X(1)}$/mT	$B_{Y(1)}$/mT	$B_{Z(1)}$/mT	$B_{合成(1)}$/mT
…				
-40				

续表

Y/mm	$B_{X(1)}$/mT	$B_{Y(1)}$/mT	$B_{Z(1)}$/mT	$B_{合成(1)}$/mT
−30				
−20				
−10				
0				
10				
20				
30				
40				
…				

(3) 测量圆线圈 Z 轴向的三维磁感应强度。

调节励磁电流 $I_M = 0.5$A，移动 Z 向滑动，测量单个固定的亥姆霍兹线圈通电时轴线上的各点处 X、Y 和 Z 轴向的三维磁场强度，可以每隔 10 mm 测量一个数据。

将测量的数据记录在表格 2.10.3 中，再根据公式(1)计算出各点的磁感应强度 B，并绘出 $B_{(1)} - Z$ 图，即圆线圈轴线上 B 的分布图。

与理论公式(1)计算的结果相比较。

表 2.10.3　$B_{(1)} - Z$　($I_M = 500$mA)

Z/mm	$B_{X(1)}$/mT	$B_{Y(1)}$/mT	$B_{Z(1)}$/mT	$B_{合成(1)}$/mT
…				
−40				
−30				
−20				
−10				
0				
10				
20				
30				
40				
…				

2. 测量单个通电移动的亥姆霍兹线圈轴线上的磁感应强度

用连接线将励磁电流 I_M 输出端连接到移动的亥姆霍兹线圈,霍尔传感器的信号插头连接到测试架后面板的专用插座,并将其他连接线一一对应连接好。

(1) 测量圆线圈 X 轴向的三维磁感应强度。

调节励磁电流 $I_\mathrm{M}=0.5\mathrm{A}$,移动 X 向滑块,测量单个移动的亥姆霍兹线圈通电时轴线上的各点处 X,Y 和 Z 轴向的三维磁场强度,可以每隔 10 mm 测量一个数据。

将测量的数据记录在表格 2.10.4 中,再根据公式(1)计算出各点的磁感应强度 B,并绘出 $B_{(2)}-X$ 图,即圆线圈轴线上 B 的分布图。

与理论公式(1)计算的结果相比较。

表 2.10.4　$B_{(2)}-X$　($I_\mathrm{M}=500$ mA)

X/mm	$B_{X(2)}/\mathrm{mT}$	$B_{Y(2)}/\mathrm{mT}$	$B_{Z(2)}/\mathrm{mT}$	$B_{合成(2)}/\mathrm{mT}$
…				
−40				
−30				
−20				
−10				
0				
10				
20				
30				
40				
…				

(2) 测量圆线圈 Y 轴向的三维磁感应强度。

调节励磁电流 $I_\mathrm{M}=0.5\mathrm{A}$,移动 Y 向导轨,测量单个移动的亥姆霍兹线圈通电时,轴线上的各点处 X,Y 和 Z 轴向的三维磁场强度,可以每隔 10 mm 测量一个数据。

将测量的数据记录在表格 2.10.5 中,再根据公式(1)计算出各点的磁感应强度 B,并绘出 $B_{(2)}-Y$ 图,即圆线圈轴线上 B 的分布图。

与理论公式(1)计算的结果相比较。

表 2.10.5　$B_{(2)} - Y$　($I_M = 500$ mA)

Y/mm	$B_{X(2)}$/mT	$B_{Y(2)}$/mT	$B_{Z(2)}$/mT	$B_{合成(2)}$/mT
…				
-40				
-30				
-20				
-10				
0				
10				
20				
30				
40				
…				

(3) 测量圆线圈 Z 轴向的三维磁感应强度。

调节励磁电流 $I_M = 0.5$ A，移动 Z 向滑块，测量单个移动的亥姆霍兹线圈通电时，轴线上的各点处 X，Y 和 Z 轴向的三维磁场强度，可以每隔 10 mm 测量一个数据。

将测量的数据记录在表格 2.10.6 中，再根据公式(1)计算出各点的磁感应强度 B，并绘出 $B_{(2)} - Z$ 图，即圆线圈轴线上 B 的分布图。

与理论公式(1)计算的结果相比较。

表 2.10.6　$B_{(2)} - Z$　($I_M = 500$ mA)

Z/mm	$B_{X(2)}$/mT	$B_{Y(2)}$/mT	$B_{Z(2)}$/mT	$B_{合成(2)}$/mT
…				
-40				
-30				
-20				
-10				
0				
10				
20				

续表

Z/mm	$B_{X_{(2)}}$/mT	$B_{Y_{(2)}}$/mT	$B_{Z_{(2)}}$/mT	$B_{合成(2)}$/mT
30				
40				
…				

(二) 测量亥姆霍兹线圈轴线上各点的磁感应强度

测量前将亥姆霍兹线圈的距离分别设为 $R/2$，R，$2R$ 处（即 50mm、100mm 和 200mm 处），并将铜杆分别安置至 $R/2$，R，$2R$ 处；Y 向导轨、Z 向标杆均置于 0，并紧固相应的螺母，这样可使霍尔元件位于亥姆霍兹线圈轴线上。

用连接线将移动的亥姆霍兹线圈和固定的亥姆霍兹线圈同向串联，连接到信号源励磁电流 I_M 输出端。其他连接线一一对应连接好。

调节励磁电流 $I_M = 0.5$ A，移动 X 向滑块测量亥姆霍兹线圈通电时轴线上的各点处的霍尔电压，可以每隔 10 mm 测量一个数据。

将测量的数据记录在表格 2.10.7 中，再根据公式(1)计算出各点的磁感应强度 B，并绘出 $B_{(R)} - X$ 图，即亥姆霍兹线圈轴线上 B 的分布图。

将测得的亥姆霍兹线圈轴线上各点的磁感应强度与理论公式(1)计算的结果相比较。

表 2.10.7　$B_{(R)} - X$　（$I_M = 500$ mA）

X/mm	$B_{X_{(R/2)}}$/mT	$B_{X_{(R)}}$/mT	$B_{X_{(2R)}}$/mT
…			
−40			
−30			
−20			
−10			
0			
10			
20			
30			
40			
…			

六、注意事项

在距离轴线较远及亥姆霍兹线圈外侧位置处，由于霍尔元件与 B 并不完全垂直，存在角度偏差，所以会引入测量误差。

实验 11

分光计的调整与使用

一、实验目的

(1) 了解分光计的结构、作用和工作原理;
(2) 掌握分光计的调整要求和调整方法;
(3) 学习用分光计测量角度。

二、仪器及用具

分光计、三棱镜。

三、仪器介绍

(1) 分光计是一种分光测角光学实验仪器,在利用光的反射、折射、衍射、干涉和偏振原理的各项实验中测量角度,如图 2.11.1 所示。

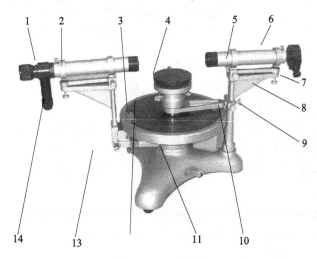

图 2.11.1 分光计

1—螺丝 F;2—望远镜;3—刻度圆;4—载物台;5—平行光;6—螺丝 C;7—螺丝 B;
8—螺丝 A;9—螺丝 J;10—螺丝 I;11—螺丝 D;12—螺丝 H;13—螺丝 E;14—螺丝 G;

(2) 望远镜结构部分如图 2.11.2 所示。望远镜由物镜和目镜组成。为了调节和测量，物镜与目镜之间装有分划板，分划板固定在 B 筒上，目镜装在 B 筒里并可沿 B 筒前后滑动，以改变目镜与分划板的距离，使分划板能调到目镜的焦平面上。物镜固定在 A 筒另一端，本身是消色差的复合透镜。调整螺丝 F，B 筒可沿 A 筒滑动，以改变分划板与物镜的距离，从而使分划板既能调到目镜的焦平面上，又同时能调到物镜的焦平面上。目镜由场镜和接目镜组成。在目镜与分划板之间装一反射小三棱镜。光线经小三棱镜反射，将分划板十字照亮。由目镜望去，这个小三棱镜将分划板下部遮住，故只能看到分划板上部。望远镜下面的螺丝 G 可用来调整望远镜光轴的高低。转动螺丝 E 可对望远镜进行微调。当固定螺丝 J，放松螺丝 D 时，望远镜与度盘一起转动，任一位置都可在游标盘上读出角度值。

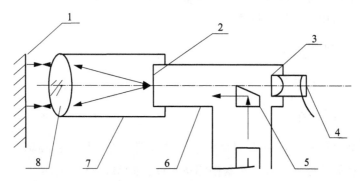

图 2.11.2 望远镜结构

1—反射镜；2—分划板；3—场镜；4—接目镜；5—小三棱镜；6—B 筒；7—A 筒；8—物镜

(3) 载物台：放松载物台锁紧螺丝 H 时，载物台可根据需要升高或降低。调到所需位置后，再把锁紧螺丝 H 旋紧。载物台有三个调平螺丝，可用来调节载物台，使台面与旋转中心线垂直。

(4) 平行光管：平行光管安装在立柱上，平行光管的光轴位置可以通过立柱上的调节螺丝 A 和螺丝 J 进行微调整。平行光管带有一狭缝装置，调整螺丝 C 可沿光轴移动和转动。调整螺丝 B，狭缝的宽度可在 0.02～2.00mm 范围内调节。

(5) 刻度盘：度盘上刻有 720 等分的刻线，每一格的格值为 30′，对径方向设有两个游标读数装置。测量时，读出两个读数值，然后取平均值，这样可以消除偏心引起的误差。

四、仪器的调整

(1) 目镜调焦：目镜调焦的目的是使眼睛通过目镜能很清楚地看到目镜

中心分划板上的刻线。调焦方法：先把目镜调焦手轮旋出，然后一边旋进一边从目镜中观察，直到观察到分划板上的刻线成像清晰。

（2）望远镜调焦：望远镜调焦的目的是将目镜分划板上的亮十字线调整到物镜的焦平面上，也就是望远镜对无穷远调焦。调焦方法：接通电源，把望远镜调节螺丝F、G调到适中位置；在载物台的中央位置上放上平板玻璃（小镜子），反射面对着望远镜，且与望远镜光轴大致垂直；通过调节载物台的调平螺丝和转动载物台，使望远镜的反射像落在望远镜视场内；从目镜中观察，此时可以看到一亮斑；前后移动目镜，对望远镜进行调焦，直至使亮十字成像清晰。

（3）调整望远镜的光轴垂直于旋转主轴。

① 调整望远镜光轴的上下位置，调节螺丝G，使光学附件平板玻璃（小镜子）反射回来的亮十字精确地成像在分划板上方的十字线上。

② 把游标盘连同载物台平行平板玻璃旋转180°时，观察到亮十字与上方十字线叉丝有一个垂直方向的位移，表明亮十字可能偏高或偏低。

③ 调节载物台调平螺丝，先使垂直方向位移减小一半，然后调整望远镜光轴上下位置的调节螺丝G，使垂直方向的位移完全消除（亮十字和分划板上方的十字线叉丝完全重合），这种方法叫"各半调节法"。

④ 按照以上调法②③反复多次，直到两个小镜面反射的亮十字像都和分划板上方的十字线叉丝重合（如图2.11.3、图2.11.4所示）。调好后，在以后的实验中就不能再调节望远镜光轴上下位置的调节螺丝G了。

图 2.11.3　反射的亮十字像与十字线叉点未重合　　图 2.11.4　反射的亮十字像与十字线叉点重合

（4）将分划板十字线调成水平和垂直。

当转动游标台盘时，在望远镜中观察分划板的水平刻线与反射回来的亮十字线的移动方向不平行，松开目镜的锁紧螺丝F，转动B筒上的目镜，使亮十字的移动方向与分划板的水平线平行（注意不要破坏望远镜的调焦），然后将目镜的锁紧螺丝F旋紧。

（5）平行光管的调焦。

目的是把狭缝调整到平行光管物镜的焦平面上。步骤是：首先去掉望远镜目镜照明器上的光源（即关上分光计电源），调整螺丝B，打开狭缝，用漫反射光照明狭缝，调整螺丝C，前后移动狭缝装置，使狭缝清晰地成像在望远镜分划板的平面上。然后把平行光管左右位置的调节螺丝J调整到适中位置。从望远镜目镜中观察，调节望远镜光轴的水平调节螺丝和平行光管上下位置的螺丝 A，使狭缝位于视场中心。旋转狭缝装置，使狭缝与目镜分划板的垂直刻线平行。注意在调节时不要破坏平行光管的调焦。最后再将狭缝装置的锁紧螺丝 C 旋紧。

五、实验内容及步骤

（1）实验内容：用分光计测量三棱镜的顶角。

（2）实验步骤。

① 调整分光计(见前面分光计调节步骤)。

要求三棱镜的主截面垂直于分光计的转轴，然后把三棱镜按图 2.11.5 所示放在载物台上。

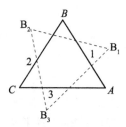

图 2.11.5　三棱镜放置形状

调节待测顶角的两个侧面与仪器的转轴平行，即与已调好的望远镜光轴垂直。为了便于调节可以将三棱镜三个边垂直于载物台平台下的三个螺丝的连线，如图 2.11.6 所示。转动平台使 AB 面对准望远镜时，调节螺丝 B_1 使 AB 面与望远镜光轴垂直(不能再调望远镜上下调节螺丝 G，否则失去标准)，然后将 AC 面对准望远镜，调节载物台螺丝 B_3 使 AC 面与望远镜光轴垂直，直到由两个侧面(AB, AC)反射回来的亮十字与分划板上方的十字叉丝线重合为止。这样三棱镜光学面 AB 和 AC 面就与分光计转轴平行，也就是三棱镜的主截面垂直于仪器的转轴了。

② 测三棱镜的顶角 A。

利用望远镜自身产生的平行光，用灯光照亮十字。如图 2.11.6 所示，转动游标台面，先使棱镜面 AB 面反射的亮十字与望远镜分划板上方的十字叉丝重合，固定载物台，记下刻度盘上两边的游标读数 θ_1 和 θ_2。然后松开载物台，并转动它，使棱镜 AC 面反射的亮十字与分划板上方的十字叉丝重合，固定载物台，记下两游标指示的读数 θ'_1 和 θ'_2（注意 θ_1 和 θ_2 不能颠倒）。

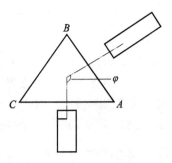

图 2.11.6 三棱镜顶点的位置

则

$$\varphi = \frac{1}{2}(\varphi_1 + \varphi_2) = \frac{1}{2}[\ |\theta_1 - \theta'_1|\ +\ |\theta_2 - \theta'_2|\ ]$$

再由图 2.11.6 可知棱镜顶角:

$$A = 180° - \varphi$$

按上述方法,测量 5 次。

③ 固定载物台,转动望远镜,按上面的要求测量,然后求出三棱镜的顶角。

分光计的游标如图 2.11.7 所示。

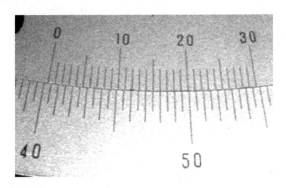

图 2.11.7 分光计的游标

圆盘(台盘)的刻度盘分为 360°,最小分格值为 30′。游标盘被等分为 30 个格,最小分格值为 1′。

角度的读法以角游标的零线为准,从刻度盘上找到与游标零线相对应的地方,读出"度"数,再找游标上与刻度盘刻线刚好重合的刻线,读出"分"数。为正确判断是与哪一根游标线重合,需要借助放大镜,同时判断 3~5 根游标线。举例如下:

如图 2.11.7 所示,游标的零线超过 40°0′,游标上的刻线 15 与刻度盘上的刻线重合,故读为 40°15′。但当游标尺上的零线过了刻度的半度线时,读数便为 40°45′(因半度等于 30′)。

注意:因为在测量中关注的是游标转动的角度为多少,所以利用同一游标在刻度盘上两次读数的差值,一般情况下可以表达游标转动的角度。但是当游标在两次测量过程中转过刻度盘零度时(即过 360°),会导致两刻度差值与实际转动角度不符,其关系为 $\Delta\theta = 360° - |\theta_i - \theta_i'|$。因此在 θ_1 或 θ_2 产生过零情况时,应用上式计算其实际转动角度。本实验当 θ_1 过 0°时,$\varphi = \frac{1}{2}[360° - |\theta_1 - \theta_1'| + |\theta_2 - \theta_2'|]$;当 θ_2 过 0°时,$\varphi = \frac{1}{2}[|\theta_1 - \theta_1'| + 360° - |\theta_2 - \theta_2'|]$。

六、回答问题

(1) 如何调整,才能使分光计迅速达到使用要求?

(2) 当调好望远镜光轴与仪器转轴垂直后,拧载物台的螺丝,会不会破坏这种垂直性?

(3) 调整望远镜光轴与仪器转轴垂直时,观察到的现象是:平面全反射镜反射的叉丝像在叉丝上方距叉丝交点距离为 a,平面全反射镜绕仪器转轴转 180°后像仍在上方,但距叉丝为 $5a$,试问:

① 平面全反射镜是否平行于转轴?

② 望远镜是否垂直于转轴?

实验 12

利用双棱镜测定光波波长

一、实验目的

观察双棱镜干涉现象及测定光波波长。

二、实验原理

利用光的干涉现象进行光波波长的测量,首先要获得两束相干光,使之重叠形成干涉,干涉条纹的空间分布既跟条纹与相干光源之间的相对位置有关,又跟光波波长有关,因此利用它们之间的关系式可测出光波波长。

本实验利用双棱镜获得两束相干光,如图 2.12.1 所示,双棱镜是由两块底边相接、折射棱角 $\alpha < 1°$ 的直角棱镜组成的。从单缝 S 发出的单色光的波阵面,经双棱镜折射后形成两束互相重叠的光束,它们相当于从狭缝 S 的两个虚像 S_1 和 S_2 分别射出的两束相干光。因此在波束重叠的区域内产生了干涉,在该区域内放置的屏上可以观测到干涉条纹。

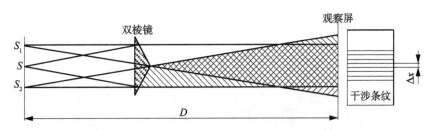

图 2.12.1　利用双棱镜测定光波的原理图

如图 2.12.2 所示,设 S_1 与 S_2 的间距为 d,狭缝 S 至观察屏的距离为 D,O 为观察屏上距 S_1 和 S_2 等距的点。由 S_1 和 S_2 射来的两束光在 O 点的光程差为零,故在 O 点处两光波互相加强形成零级亮条纹,而在 O 点两侧,则排列着明暗相间的等距干涉条纹。

对于屏上距 O 点为 x 的 P 点,当 $D \gg d$,$D \gg x$ 时,有 $\dfrac{\delta}{d} = \dfrac{x}{SP}$

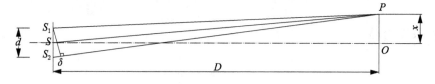

图 2.12.2　测光波波长原理图

因为 $\overline{SP} \approx D$

故 $\dfrac{\delta}{d} \approx \dfrac{x}{D}$，即 $\delta = \dfrac{xd}{D}$

根据相干条件可知，当光程差 δ 满足：

（1）$\delta = 2k\dfrac{\lambda}{2}$ 时，即在 $x = \dfrac{D}{d}k\lambda$（$k = 0，1，2，\cdots$）处，产生亮条纹。

（2）$\delta = (2k-1)\dfrac{\lambda}{2}$ 时，即在 $x = \dfrac{D}{d}(2k-1)\dfrac{\lambda}{2}$（$k = 0，1，2，\cdots$）处，产生暗条纹。

因此，两相邻亮条纹（或暗条纹）间的距离为：

$$\Delta x = x_{k+1} - x_k = \dfrac{D}{d}\lambda \tag{1}$$

式中，d——两个狭缝中心的间距；

λ——单色光波波长；

D——狭缝屏到观测屏（测微目镜焦平面）的距离。

从实验中测得 D、d 以及 Δx，即可由式（1）算出波长 λ。

三、仪器实物图及原理图

本实验的仪器实物图及原理图如图 2.12.3 所示。

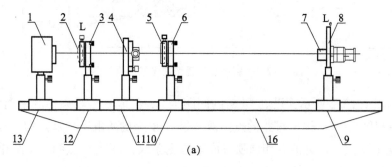

图 2.12.3　仪器实物图原理图

（a）仪器实物图；（b）原理图

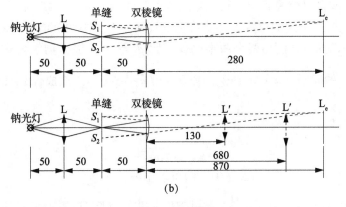

图 2.12.3(续)

(1) 钠光灯(可加圆孔光阑);
(2) 凸透镜 L:f = 50 mm;
(3) 单面可调狭缝:SZ – 22;
(4) 菲涅尔双棱镜;
(5) 测微目镜 L_e(去掉其物镜头的读数显微镜);
(6) 读数显微镜架:SZ – 38;
(7) 凸透镜 L':f = 150 mm;
(8) 二维调整架:SZ – 07(固定凸透镜 L'用,图中未画出);
(9) 滑座 1(固定二维调整架用,图中未画出);
(10) 导轨。

四、实验步骤

(1) 把全部仪器按照图 2.12.3 所示的顺序在导轨上摆放好(图上数值均为参考数值),并调成共轴系统。钠光灯(可加圆孔光阑)经透镜 L 聚焦于狭缝上。调节狭缝和双棱镜的棱脊大致平行,将白屏放在测微目镜和双棱镜之间观察图像,调节狭缝射出的光对称地照在棱脊的两侧。

(2) 拿掉白屏,开始观察测微目镜中的图像。调节狭缝宽度(由宽向窄),并调节狭缝和棱脊的平行度,最终使干涉条纹最清晰。双棱镜干涉图样应为等间隔的明暗相间的干涉条纹。

(3) 用测微目镜测出干涉条纹的间距 Δx,测出单缝到测微目镜叉丝分划板的距离 D。

(4) 用二次成像法测出两个虚光源的间距 d。

二次成像法:保持图中狭缝和双棱镜的位置不动,加入一已知焦距 f =

150 的透镜放在双棱镜后,使狭缝与测微目镜间的距离 $D > 4f$。移动透镜成像时,可以在两个不同的位置上,从目镜中看到一大一小两个清晰的缝像(即虚光源 S_1、S_2 的像),测出两个清晰的像间距 d_1 及 d_2。根据物像公式可知,虚光源 S_1、S_2 的间距 $d = \frac{s_1}{s'_1}d_1$(第一成像);$d = \frac{s_2}{s'_2}d_2$(第二次成像)。而 $s_1 = s'_2$,$s'_1 = s_2$,故 $d^2 = \frac{s_1 s_2}{s'_1 s'_2}d_1 d_2$。

即
$$d = \sqrt{d_1 d_2} \tag{2}$$

将式(2)代入公式 $\lambda = \Delta x d / D$,即可求出波长 λ。

(5) 由 $\Delta x = x_{k+1} - x_k = \frac{D}{d}\lambda$ 便可求出光波的波长 λ,并与钠灯波长的实际值比较,分析误差原因。

五、数据的基本处理

1. 用平均值法计算条纹间距

将测量数据记入表 2.12.1 中。

表 2.12.1　计算条纹间距

I	1	2	3	4	5	6	7	8	9	10
X_i/mm										
$X_i + 10$/mm										
$10\Delta X$/mm										
ΔX/mm										

2. 由测量值计算 d_1 与 d_2

将测量数据记入表 2.12.2 中。

表 2.12.2　测量结果计算

	左	右	间距
d_1/mm			
d_2/mm			

实验 13

光栅的衍射

一、实验目的

（1）观察光栅衍射光谱，进一步了解光的波动特征；
（2）会用透射光栅测光栅常数及光波波长；
（3）进一步熟悉分光计的调整和使用。

二、实验仪器及用具

分光计、光源（汞灯或钠灯）、光栅。

三、实验原理

光栅（衍射光栅）是一种由许许多多等宽度、等距离的平行单缝组成的光学元件，可分成透射光栅和反射光栅两种。通常的光栅是在玻璃上刻上很多等宽度、等距离的平行刻痕形成的。刻痕处不透光，而刻痕之间为狭缝。其狭缝宽度 a 和刻痕宽度 b 之和 $(a+b)$ 称为光栅常数，用 d 表示，即 $a+b=d$，如图 2.13.1 所示。光栅是根据多缝衍射原理制成的一种分光元件。它能把各种波长的混合光分解成单色光。当平行光垂直照到一块光栅上时，它将在每个狭缝处都发生衍射。

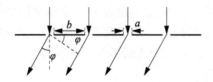

图 2.13.1　光栅结构

在衍射角 φ 的方向上，来自两个相邻狭缝相对应的衍射光的光程差为 Δ，则 $\Delta=d\sin\varphi$。当 $\Delta=k\lambda$（$k=0$，±1，±2，…）时，干涉出现极大值，从而有 $d\sin\varphi=k\lambda$，称为光栅方程，式中 φ 是衍射角，$d=(a+b)$ 是缝距，称为光栅常数，k 是光谱级数。如果用会聚透镜把这些衍射后的平行光会聚起来，则在透镜的焦面上将出现亮线，称为谱线。在 $\varphi_k = 0$ 方向上可观察到中央极强，称为零级谱线。其他级数的谱线对称地分布在零级谱线的两侧。如果入射光不是单色光，则由光栅方程 $(a+b)\sin\varphi_k = k\lambda$ ($k = 0$，± 1，± 2，…) 可知，λ 不同，φ_k 也不相同，于是复色光将分解。而在中央明条纹 $k = 0$，$\varphi_k = 0$ 处，各色光仍重叠在一起。在中央明条纹两侧对称地分布 $k = 1$，2，…级光谱，各级谱线都按波长由小到大依次排成一级彩色谱线，如图 2.13.2 所示，根据式：$(a+b)\sin\varphi_k = k\lambda$ 可知，如能测出 k 级谱线的衍射角 φ_k，则再根据已知级数和波长，就可以算出光栅常数 d；反之，若已知光栅常数 d，则可算出波长 λ。

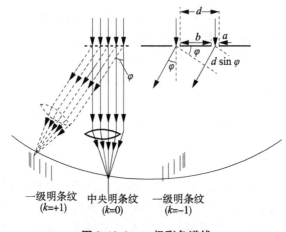

图 2.13.2　一级彩色谱线

四、实验内容及步骤

（一）光栅常数的测定

实验在分光计上进行，要使实验满足夫琅和费衍射的条件，且保证测量的准确性，入射光应是平行光，而衍射后应用望远镜观察测量。所以要调整好分光计，具体调节方法参照分光计的调整与使用。

（1）调整好分光计。

（2）放置和调整光栅。

要求入射光垂直照射光栅表面，并且平行光管的狭缝与光栅条纹平行，否则公式 $d\sin\varphi = k\lambda$ 不适用，其方法为：

① 将光栅按图 2.13.3 所示放在载物台上，先目视，使光栅平面和平行光管的轴线大致垂直，然后以光栅面作为反射面，调节 B_1、B_2 直到光栅面与望远镜轴线垂直，然后调节光栅支架或载物台螺钉 B_1、B_2，使得光栅的两个面

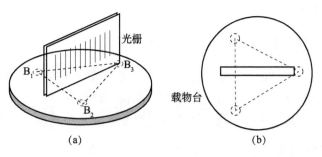

图 2.13.3 放置调整光栅

反射回来的亮十字像都与望远镜筒中上方的叉丝线重合。至此光栅平面与望远镜轴线垂直，并垂直于平行光管，然后再固定载物台所在的游标盘。

② 调节光栅的刻痕使其与转轴平行。使平行光管光轴对准汞灯，用汞灯照亮平行光管的狭缝，以保证有足够的光照射到光栅上。然后转动望远镜，一般可以看到一级和二级谱线的正负分别位于零级两侧。注意观察叉丝交点是否在各条谱线中央，如果不是，可调节图 2.13.3 中的螺钉 B_3，注意不要再动螺钉 B_1 和 B_2 了。调好后再检查光栅平面是否仍保持和转轴平行，如果有了改变，就要反复多次，直到上面两个要求都满足为止。

转动望远镜观察整个衍射光谱是否在同一水平线上，如有变化，说明狭缝与光栅刻痕不平行，调节螺钉 B_3。

因为衍射光谱对中央明条纹是对称的，所以为了提高测量准确度，测量 k 级谱线时，应测出 $+k$ 级和 $-k$ 级谱线的位置，两角位置之差 φ 的一半即为 φ_k。为消除分光仪刻度的偏心误差，测量时从两个游标上读数值。所以 k 级谱线的衍射角为：

$$\varphi_k = \frac{\varphi}{2} = \frac{1}{4}[(|\theta_1 - \theta_1'|) + (|\theta_2 - \theta_2'|)] \tag{1}$$

测量时，可将望远镜移到光谱的一端。如从 $\cdots$，$+3$，$+2$，$+1$ 到 -1，-2，-3，$\cdots$ 级，依次测量，并根据式(1)计算出各级衍射角，再根据 $d\sin\varphi_k = k\lambda$ 计算出光栅常数 d。本实验以汞灯为光源，只测 ±1 级光谱，重复测五次波长为 546.07 nm 绿光的衍射角 φ_k，代入光栅方程求出光栅常数 d。应注意 +1 与 -1 级的衍射角相差不能超过几分，否则应重新检查入射角 i 是否为零。

（二）测定光波的波长

（1）测量汞灯或某一光源某一条谱线的衍射角。

方法同上。本实验测汞灯的 $k = \pm 1$ 级时的两条黄线或紫线波长的衍射角 φ_k。

（2）由测出的 d，k，φ_k（此处 k 取 1 级）代入光栅方程中，求出两条黄线的波长或者紫线的波长。

五、注意事项

（1）在测量各级谱线衍射角的过程中，要经常查看中央明条纹与亮十字线及叉丝是否重合，若不重合，则需要重新调整载物台。

（2）为了提高灵敏度，狭缝宽度应适当地调窄一些。

六、回答问题

（1）为什么测量时必须使光栅平面与平行光管轴线相垂直？

（2）光栅光谱与棱镜光谱有哪些不同？

（3）由光栅方程测 d 应保证什么条件？

（4）按图 2.13.3 所示的方法放置光栅有什么好处？

（5）如果光栅平面和转轴平行，但刻痕线和转轴不平行，那么光谱有什么异常？对测量结果有无影响？

实验 14

光的偏振

一、实验目的

(1) 学习起偏和检偏的方法；
(2) 利用分光计测量平面玻璃的布儒斯特角及玻璃的折射率。

二、实验仪器及用具

分光计、玻璃堆、白炽灯、检偏器、人造偏振片、电源。

三、实验原理

光的干涉与衍射现象证明光是一种波，是一种电磁波，但不能确定是横波还是纵波，而光的偏振现象进一步证明了光是横波。

(1) 光波是电磁波，电磁波是横波，光波中的电矢量与波的传播方向垂直。通常用电矢量(也称为光矢量)代表光的振动方向，并将电矢量和光的传播方向所构成的平面称为光振动面。在传播过程中电矢量的振动方向始终在某一确定方向上的光，称为平面偏振光或线偏振光。单个原子或分子所发射的光是偏振的。一般光源发射的光是大量分子和原子辐射构成的，而每个分子或原子的运动和辐射具有随机性，所以大量分子或原子发射的光的振动面和取向出现在垂直于光传播方向平面上的各方向的概率是相同的。通常在10^{-6}s 内各个方向电矢量对时间的平均值是相等的，故对外不显现出偏振性质，称为自然光。在发光过程中，有些光的振动面在某个特定方向出现的概率大于其他方向，即在较长时间内电矢量在某一方向上较强，这样的光称为部分偏振光。

(2) 三种光。一般光源如太阳发出的光，在垂直于传播方向的平面内，所有方向都有振动，且振幅都相等，如图 2.14.1(a)所示，这就是自然光。在垂直于传播方向的平面内，虽然各方向都有振动，但某一方向振幅大，如图 2.14.1(b)叫部分偏振光。只能在一个固定确定方向有振动，这种光称为全偏振光或线偏振光，如图 2.14.1(c)所示。

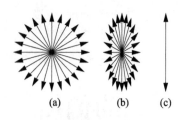

图 2.14.1 三种光

(a)自然光；(b)部分偏振光；(c)线偏振光

(3) 线偏振光的常用获得方法。

① 各向异性晶体(如方解石)产生双折射，这两束光都是线偏振光。它们的振动方向互相垂直，其中一束光满足折射定律叫 e 光，另一束光不满足折射定律叫 e 光，如图 2.14.2 所示。

② 利用双折射晶体制成的偏振棱镜，例如尼科尔棱镜，如图 2.14.3 所示。

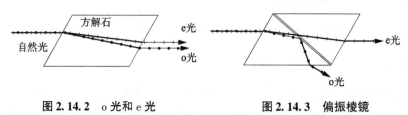

图 2.14.2 o 光和 e 光　　　　　　图 2.14.3 偏振棱镜

③ 人造偏振片。在两块塑料片或玻璃片之间夹着一层含有二色晶体(如硫酸碘宁)的薄膜。这种晶体对某一方向的振动光吸收很少，而对其他方向的光振动吸收得特别强烈。因此利用它制成的偏振片几乎只允许某一特定振动方向的光通过，如图 2.14.4 所示。

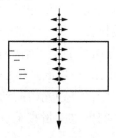

图 2.14.4 人造偏振片

④ 反射与折射产生的偏振光。自然光在两种各向同性的非金属界面上的反射，例如阳光从空气照射到玻璃或水等界面上，其反射光一般只是部分偏振光，其偏振程度与入射角有关。当自然光以 $\varphi_0 = \arctan n$ 的入射角照射在折射率为 n 的非金属表面上时，反射光则为偏振光，其振动面垂直入射面，此

时的入射角 φ_0 称为布儒斯特角(玻璃的 $\varphi_0 \approx 57°$)。当入射角等于布儒斯特角时，反射光为全偏振光。此时折射光偏振化程度最强，但不是全偏振光，如图 2.14.5 所示。但当多层玻璃叠成玻璃堆，再当自然光以布儒斯特角 φ_0 入射到玻璃堆上时，各层反射光全部是振动面垂直入射面的偏振光。而折射光因逐渐失去垂直振动部分光而成为部分偏振光，玻璃片越多则折射光越接近线偏振光。当玻璃片为八、九片时，则可近似地把透过玻璃堆的光看成为平行入射面的线偏振光。

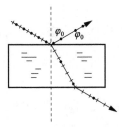

图 2.14.5　入射角为布儒斯特角

(4) 布儒斯特角的测定以及求玻璃折射率。

由反射法产生偏振光，反射光的偏振程度与入射角有关。实验证明也与相对折射率有关。当它们满足下列关系时，即 $\tan\varphi_0 = n_{21}$ 时，反射光为全偏振光。这时入射角称为起偏振角(又称布儒斯特角)。此线偏振光的振动方向垂直入射面，这个定律称为布儒斯特定律。由布儒斯特定律可推出，当入射角等于布儒斯特角时，反射光线与折射光线互相垂直。所以用反射法产生偏振光，必须同时满足：

① $\tan\varphi_0 = \dfrac{n_2}{n_1} = n_{21}$；

② 反射光垂直折射光；

③ 满足反射定律。

反射光线的偏振状态可用一偏振片来检验。旋转偏振片，如果有明暗变化，但没有全黑的位置，此时反射光是部分偏振光。当旋转偏振片时，有最亮和全黑的位置，说明反射光已是全偏振光。这时入射角就是布儒斯特角。测出布儒斯特角，再由布儒斯特定律就可求出玻璃的折射率。

四、内容与步骤

(1) 按图 2.14.6(a)所示摆好玻璃堆。

(2) 调节好分光计。参考分光计调整与使用实验进行调节。

(3) 把平行光管的狭缝调到适当宽度，点亮白炽灯照亮狭缝，让平行光管发出的光线照到玻璃堆上。然后在望远镜中找到反射光的像,调节平行光管使狭缝的像最清晰。

(4) 在望远镜的物镜上套上偏振片 L,旋转偏振片 L 使其处于较暗的位置。旋转刻度盘以改变入射角 φ_0,同时转动望远镜,使玻璃堆 P 反射的光线总是射入望远镜中,在望远镜中观察反射光亮度的改变,可见到亮度逐渐变弱。当转到某一角度时,亮度最弱,接近全暗。然后再旋转一下偏振片,如果亮度由黑变亮,再变黑,则说明此时反射光已是线偏振光。记下望远镜位置 T_1 的两个读数($\theta_{反}$,$\theta'_{反}$)。

(5) 游标盘锁上不动。转望远镜到玻璃堆法线位置 T_2,记下此时望远镜位置的两个读数($\theta_{法}$,$\theta'_{法}$)。

(6) 布儒斯特角为:

$$\varphi_0 = T_1 - T_2 = \frac{1}{2}[(\theta_{反} - \theta_{法}) + (\theta'_{反} - \theta'_{法})]$$

如图 2.14.6(b)所示。

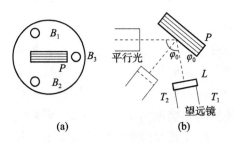

图 2.14.6 布儒斯特角原理图
(a)玻璃堆摆放位置;(b)用分光计测量布儒斯特角的原理图

(7) 重复测 5 次,将数据记入表格中。

(8) 计算玻璃的折射率。

(9) 测出反射光位置后,不测玻璃堆的法线,而是拿掉玻璃堆,直接测入射光的位置 T_2,如图 2.14.7 所示。从图中可以看到:

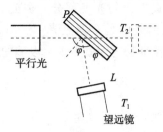

图 2.14.7 撤掉玻璃堆,测入射光的位置

$$|T_2 - T_1| = 180° - 2\varphi_0$$

$$\varphi_0 = \frac{1}{2}[180° - |T_2 - T_1|]$$

同样可以测出 φ_0 的值。

五、回答问题

（1）实验的关键步骤是什么？

（2）如果让光从折射率高的一侧射到交界面上（例如从玻璃到空气），反射光可否产生直线偏振光？为什么？

（3）如何能获得三种光中的线偏振光和部分偏振光？如何检验三种光？

实验 15

牛顿环测球面曲率半径与用劈尖测量微小厚度

一、实验目的

(1) 学习利用牛顿环测量曲率半径；
(2) 利用空气劈尖测微小厚度；
(3) 学习使用读数显微镜；
(4) 加深对等厚干涉现象的理解。

二、实验仪器及用具

读数显微镜、牛顿环、空气劈尖、钠光灯。

三、实验原理

(1) 牛顿环测球面的曲率半径原理

牛顿环是等厚干涉的现象之一。在一块平面玻璃 CD 上放一平凸透镜 AOB，如图 2.15.1(a) 所示，形成一个从中心 O 向四周逐渐增厚的空气层。当单色光垂直入射时，则其中一部分光线在 AOB 表面反射，还有一部分在 CD 表面反射。这两部分光是相干的，因而在它们相重叠的地方(透镜凸面附近)产生干涉。由于透镜的 AOB 表面是球面，与接触点 O 等距离的各点的空气膜厚度都相同，因此干涉图样是以 O 为圆心的明暗相间的同心圆环，称为牛顿环，如图 2.15.1(b) 所示，对反射光其中心为暗点，向外明暗相间，越远离中心点 O，条纹越窄越密。

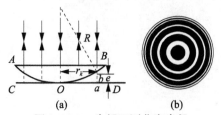

图 2.15.1 牛顿环测曲率半径

(a) 牛顿环测曲率半径原理图；(b) 牛顿环

下面求出干涉条纹(圆环)的半径 r、光波波长 λ、透镜曲率半径 R 三者间的关系。如图 2.15.1(a)中所示,光线在空气层(厚度为 e)的上下 b、a 两点反射的光程差(考虑到 a 点反射产生半波损失):

$$\delta = 2e + \frac{\lambda}{2} \tag{1}$$

如果 b 点正好是第 k 级干涉圆环的位置,则从图中几何关系可知:
$r_k^2 = R^2 - (R-e)^2 = 2eR - e^2$,因为 $R \gg e$,上式中 e^2 可忽略,所以:

$$r_k^2 = 2eR \tag{2}$$

又根据干涉条件可知:

$$\delta = \begin{cases} k\lambda & (k=1,2,3,\cdots)\text{明环} \tag{3} \\ (2k+1)\dfrac{\lambda}{2} & (k=0,1,2,3,\cdots)\text{暗环} \tag{4} \end{cases}$$

由于暗环较窄,便于找准位置,所以实验中采取对暗环进行测量。下面仅就暗环的条件进行讨论。对于第 k 级暗环,由(1)和(4)式可得:

$$e = \frac{1}{2}k\lambda$$

把 e 的表达式代入式(2)得:

$$r_k^2 = kR\lambda \tag{5}$$

原则上,若 λ 已知,测出第 k 级暗环半径 r_k,即可根据式(5)求出透镜曲率半径 R。反之,若 R 已知,测出 r_k,可算出 λ。

但是,由于透镜和平面玻璃很难只以一点接触,因此中心暗点不是一点,而是一个圆斑。故很难估计干涉条纹的级数,而且也不易找准牛顿环的中心。

所以在实际测量时,常常将式(5)变换成如下形式:

$$R = \frac{r_m^2 - r_n^2}{(m-n)\lambda}$$

或者:

$$R = \frac{D_m^2 - D_n^2}{4(m-n)\lambda} \tag{6}$$

式中,D_m 和 D_n 分别为 $k=m$ 和 $k=n$ 级的暗环直径。

从式(6)可知,只要数出所测各环的环数差 $(m-n)$,而无须确定各环的准确级数。而且不难证明,任意两环直径的平方差等于弦的平方差,因此也可以不必准确确定圆环的中心,从而避免了实验过程中所遇到的级数及圆环中心无法确定的两个困难。

2. 用空气劈尖测量微小厚度的原理

劈尖也是等厚干涉的现象之一。

当两块很平的玻璃(称为平晶)叠合在一起,使其一端互相叠合,另一端夹薄纸片时,两玻璃片之间形成一空气劈尖,如图 2.15.2 所示。

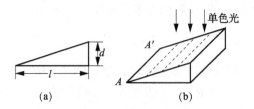

图 2.15.2 空气劈尖测微小厚度的原理图

当单色光垂直入射时,在空气劈尖的上下表面反射后的两束光是相干的,它们在劈尖的表面相遇时发生干涉,产生了平行于 AA' 边的、间隔相等的、明暗相间的干涉条纹。

由干涉条件可知,相邻的两明(或暗)条纹所对应的空气劈尖的厚度相差半个波长($\lambda/2$,λ 为单色光波波长)。薄纸片到空气劈尖顶线 AA' 的距离为 l,在这段距离中共有 N 个条纹,则薄纸的厚度 d 可由下式求出:

$$d = N\frac{\lambda}{2} \tag{7}$$

在实际测量时,由于条纹数很多,一条一条数容易出错,所以一般常测出单位长度的干涉条纹数 n_0(线密度)和薄纸片到空气劈尖顶线 AA' 的距离 l,则 $N = n_0 l$,代入到式(7)得:

$$d = n_0 \cdot l \cdot \frac{\lambda}{2} \tag{8}$$

所以只要知道单色光波的波长,再测出干涉条纹的线密度 n_0 和待测物到劈尖顶线 AA' 的距离 l,就可求出待测物的厚度 d。

读数显微镜如图 2.15.3 所示,具体如何使用请参照读数显微镜的使用。

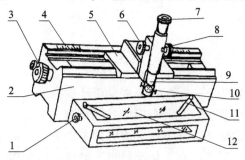

图 2.15.3 读数显微镜

1—反光镜旋钮;2—导轨座;3—测微鼓轮;4—标尺;5—溜板;6—调焦手轮;
7—目镜;8—锁紧螺钉;9—物镜;10—45°反光镜;11—载物台面玻璃;12—压簧片

目镜用锁紧圈和锁紧螺钉紧固于镜筒内;物镜用丝扣拧入镜筒内;调焦手轮可使镜筒上下移动,以达到调焦目的;测微鼓轮是一测微螺旋,旋转可使镜筒支架带动镜筒沿垂直于镜筒方向移动,移动距离可从标尺和测微鼓轮上读出;溜板可将测量定位;载物台面玻璃是放置被测物的台面;反光镜旋钮转动它可把光源发出的光利用反射镜照射到载物台面玻璃上。

在使用读数显微镜时,首先必须将被测物体照明,然后利用测微鼓轮移动显微镜筒使其对准物体,并借助十字叉丝进行瞄准。从标尺和测微鼓轮上即可读出物体的位置。

读数显微镜的调整和使用方法如下:

(1) 照明待测物体。

(2) 从目镜中观察十字叉丝是否清晰。若不够清晰,可旋转目镜,使其对叉丝调焦,直到看清为止。若叉丝方向不正,可松开锁紧螺钉,旋转目镜镜筒,调好叉丝方位,然后再拧紧锁紧螺钉。

(3) 旋转调焦手轮,将显微镜镜筒旋到最低点。但需千万注意,不可触及被测物体,以免损伤物镜。用眼睛在显微镜外初步估测,使被测物体对准显微镜的物镜。

(4) 从目镜视场中观察,并旋转调焦手轮将镜筒慢慢升高,使其对被测物调焦,直到看清物体为止。

(5) 旋转测微鼓轮使镜筒左右移,准确对准待测物体,并检查被测长度是否与镜筒移动方向平行。

(6) 将十字叉丝对准物体的一端,记下测微装置的读数。然后转动测微鼓轮使叉丝对准物体的另一端,则两次读数之差,即为该物体的长度。实际测量时,为了避免鼓轮可能空转而引起误差,测量要在一个方向进行(即鼓轮要往一个方向旋转)。一般是将镜筒移到物体一端,并使十字叉丝稍过一些,然后再反向旋转测微鼓轮,使十字叉丝退到这一端进行测量,而且要继续沿这个方向旋转测微鼓轮,使十字叉丝移至另一端。

测微鼓轮旋转一周,可使镜筒移动 1 mm。鼓轮的圆周被分为 100 小格,所以每一格相当于镜筒移动 1/100 mm。读数可估计到 1/2 小格,即可估计到 5/1 000 mm。

四、实验内容及步骤

1. 用牛顿环测球面的曲率半径

(1) 熟悉读数显微镜的使用方法。

(2) 用眼睛直接观察牛顿环,可见中央有一针孔大小的黑点,此即凸透镜与平板玻璃的接触点——中央暗斑(牛顿环仪已调好,勿乱拧环上三个螺丝)。将牛顿环仪放在载物台上,如图 2.15.4 所示,用眼睛初步估计,使显微镜尽量对准此黑点。

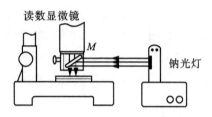

图 2.15.4　牛顿环的放置

(3) 调节附在显微物镜下方的平板玻璃反射镜 M(与水平成 45°),使钠光灯的光线经平板玻璃反射后垂直入射到牛顿环仪上,再被牛顿环仪反射后进入到显微镜中。此时从目镜观察,可看到最强的黄光。

(4) 转动调焦手轮,以改变显微筒的上下位置(调焦),直到从目镜中观察到清晰的干涉条纹。

(5) 从显微镜中观察牛顿环的位置,并微微移动牛顿环仪,使显微镜中叉丝的交点尽量接近圆环中心。转动测微鼓轮,定性观察左右 25 环是否清晰且是否都在显微镜的读数范围之内,然后再进行定量测量。当叉丝交点位于暗环的中间时再开始读数。同一级暗环的左右读数之差,即为该级暗环的直径 D。

(6) 具体测暗环直径时,为避免测微鼓轮因空转而引起误差,读数要沿一个方向进行。如图 2.15.5 所示,转动鼓轮使显微镜叉丝往某一方向移动,例如往左移动同时数出移过去的暗环的级数 k。中央暗斑不论多大,都可算作级数的起点,即 $k=0$,四周暗环依次为 $k=1$,2,3,…。当 k 移到 $k=25$ 时,把鼓轮向相反方向转动。当叉丝退回到 20 环时,开始记下显微镜的位置读数(可估计到千分之一毫米)。继续转动鼓轮(往一个方向),使叉丝继续前进,依次测出 $m=20$,19,18,17,16 与 $n=10$,9,8,7,6 各级暗环的位置。继续往一个方向转动鼓轮,使叉丝继续前进。当叉丝经中央暗斑而达到另一边(右边)第 6 级暗环时,开始记录数据,依次记下右边 $n=6$,7,8,9,10 和 $m=16$,17,18,19,20 各级暗环的位置。各级暗环左右读数之差即为该级暗环的直径。

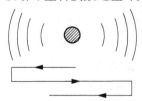

图 2.15.5　测量暗环直径

实验15 牛顿环测球面曲率半径与用劈尖测量微小厚度　129

(7) 将牛顿环仪旋转一个角度(约90°)后重复进行步骤(3)~(6)将数据填入表2.15.1。

(8) 根据公式(6)计算透镜的曲率半径，将数据填入表2.15.2。

表2.15.1　数据记录表

		第一位置			第二位置		
		左侧位置	右侧位置	D	左侧位置	右侧位置	D
m	20						
	19						
	18						
	17						
	16						
n	10						
	9						
	8						
	7						
	6						

表2.15.2　数据记录表

$m-n$	第一位置		第二位置		$\bar{R}$
	$D_m^2 - D_n^2$	R	$D_m^2 - D_n^2$	R	
20-10					
19-9					
18-8					
17-7					
16-6					

2. 用空气劈尖测量微小厚度

(1) 用镜头纸将两块平板玻璃擦净，使在钠光灯下观看时，没有灰尘和细毛。将两块玻璃叠合在一起，一端夹上剪好的纸条，并使纸条垂直于操作者，然后放在读数显微镜的载物台上。

(2) 点燃钠光灯(单色光源，$\lambda=589.3$nm)。为了使单色光垂直照射，在物镜下装有一平板玻璃反射镜M，并调节其与水平成45°，在显微镜中，可看到较强的黄光,如图 2.15.4 所示。

(3) 转动调焦手轮,使显微筒由低向高移动,调到在显微镜中看到条纹。继续调节直到看到清晰的干涉条纹,且使干涉条纹与十字叉丝中的一条平行,并注意待测物的像应在测微装置的量程之内。

(4) 测出 $\Delta n = 10$ 条干涉暗条纹的总长度 Δl,重复测量 3 次,算出单位长度上暗条纹数 n_0(线密度)。可在不同地方往复测量,但每次须按同一方向进行,并将数据填入表 2.15.3、表 2.15.4。

(5) 测出纸条到空气劈尖顶线 AA' 之间的总长度 l,mh 纸片厚度 $d = n_0 l \dfrac{\lambda}{2}$,得:

$$\bar{d} = n_0 \bar{l} \dfrac{\lambda}{2}$$

表 2.15.3 数据记录表

l	$K=0$	$K=N$	l	$\bar{l}$
$\lvert x_N - x_0 \rvert$	x_0	x_N		
1 由左→右				
2 由右→左				
3 由左→右				

表 2.15.4 数据记录表

测量次数	$\Delta n = 10$ 条		Δl	$\Delta \bar{l}$	n_0
	x_1	x_{10}	$\lvert x_{10} - x_1 \rvert$		$\Delta n / \Delta \bar{l}$
1					
2					
3					

(6) 改变薄纸片在两平板玻璃间的位置,观察干涉条纹的变化,并作出解释。

五、回答问题

(1) 试解释两块玻璃的叠合线 AA' 为何是暗条纹。

(2) 若不用反射光而用透射光(例如光线由载物台的毛玻璃下面向上照射)能否看到干涉条纹?若能,这些条纹将是什么样子?

(3) 公式(6)成立的条件是什么?

(4) 试比较牛顿环和劈尖干涉条纹的异同点。

(5) 牛顿环靠近中心的环为什么要比边缘的粗阔(也就是为什么相邻两暗(明)条纹之间的距离靠近中心的要比边缘的大)？

(6) 在本实验中，若遇到下列情况，对实验结果是否有影响？为什么？

① 牛顿环中心是亮斑而非暗斑。

② 测量时，叉丝交点不通过圆环中心，因而测量的是弦，而非真正的直径，如图 2.15.6 所示。

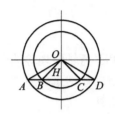

图 2.15.6　测量时叉丝交点不通过圆环中心

(7) 实验中为何测暗纹直径而不测明纹直径？

实验 16

利用三线摆测量转动惯量

一、实验目的

(1) 加深对转动惯量概念和平行轴定理等的理解；
(2) 了解用三线摆和扭摆测转动惯量的原理和方法；
(3) 掌握周期等量的测量方法。

二、实验仪器及用具

三线摆及扭摆实验仪、水准仪、卷尺、游标卡尺(自备)、物理天平(自备)及待测物体等。

三、实验原理

(一) 三线摆实验

图 2.16.1 所示为三线摆示意图。上、下圆盘均处于水平，且悬挂在横梁上。横梁由立柱和底座(图中未画出)支承。三根对称分布的等长悬线将两圆盘相连。拨动转动杆就可以使上圆盘小幅度转动，从而带动下圆盘绕中心轴 OO' 作扭摆运动。当下圆盘的摆角 θ 很小，并且忽略空气摩擦阻力和悬线扭力的影

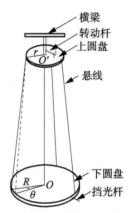

图 2.16.1 三线摆示意图

响时，根据能量守恒定律或者刚体转动定律都可以推出下圆盘绕中心轴 OO' 的转动惯量 J_0 为：

$$J_0 = \frac{m_0 g R r}{4\pi^2 H_0} T_0^2 \tag{1}$$

式中，m_0 为下圆盘的质量；r 和 R 分别为上下悬点离各自圆盘中心的距离；H_0 为平衡时上下圆盘间的垂直距离；T_0 为下圆盘的摆动周期；g 为重力加速度(北京地区的重力加速度为 9.80m/s^2)。

将质量为 m 的待测刚体放在下圆盘上,并使它的质心位于中心轴 OO' 上。测出此时的摆动周期 T 和上下圆盘间的垂直距离 H,则待测刚体和下圆盘对中心轴的总转动惯量 J_1 为:

$$J_1 = \frac{(m_0 + m)gRr}{4\pi^2 H}T_0^2 \tag{2}$$

待测刚体对中心轴的转动惯量 J 与 J_0 和 J_1 的关系为:

$$J = J_1 - J_0 \tag{3}$$

利用三线摆可以验证平行轴定理。平行轴定理指出:如果一刚体对通过质心的某一转轴的转动惯量为 J_c,则这个刚体对平行于该轴,且相距为 d 的另一转轴的转动惯量 J_x 为:

$$J_x = J_c + md^2 \tag{4}$$

式中,m 为刚体的质量。

实验时,将二个同样大小的圆柱体放置在对称分布于半径为 R_1 圆周上的两个孔上,如图 2.16.2 所示。测出二个圆柱体对中心轴 OO' 的转动惯量 J_x。如果测得的 J_x 值与由式(4)等号右边计算的结果比较,得到的相对误差在测量误差允许的范围内(≤5%),则平行轴定理得到验证。

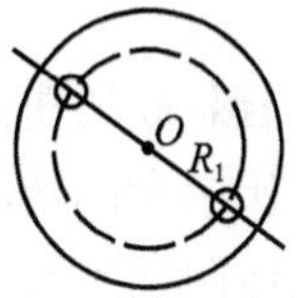

图 2.16.2　实验图

(二) 扭摆实验

如图 2.16.3 所示,将一金属丝上端固定,下端悬挂一刚体就构成扭摆。在圆盘上施加一外力矩,使之扭转一角度 θ。由于悬线上端是固定的,悬线因扭转而产生弹性恢复力矩。当外力矩撤去后,在弹性恢复力矩 M 的作用下圆盘将作往复扭动。忽略空气阻尼力矩的作用,根据刚体转动定理有:

$$M = J_0\ddot{\theta} \tag{5}$$

图 2.16.3　扭摆实验

式中，J_0 为刚体对悬线轴的转动惯量，$\ddot{\theta}$ 为角加速度。弹性恢复力矩 M 与转角 θ 的关系为：

$$M = -K\theta \tag{6}$$

式中，K 称为扭转模量，它与悬线长度 L、悬线直径 d 及悬线材料的切变模量 G 有如下关系：

$$K = \frac{\pi G d^4}{32L} \tag{7}$$

扭摆的运动微分方程为：

$$\ddot{\theta} = \frac{K}{J_0}\theta \tag{8}$$

可见，圆盘作简谐振动，其周期 T_0 为：

$$T_0 = 2\pi\sqrt{\frac{J_0}{K}} \tag{9}$$

若悬线的扭摆模量 K 已知，则测出圆盘的摆动周期 T_0 后，由式(9)就可计算出圆盘的转动惯量。若 K 未知，可将一个对其质心轴的转动惯量 J_1 已知的物体附加到圆盘上，并使其质心位于扭摆悬线上，组成复合体。此复合体对以悬线为轴的转动惯量为 $J_0 + J_1$，摆动周期 T 为：

$$T = 2\pi\sqrt{\frac{J_0 + J_1}{K}} \tag{10}$$

由式(9)和式(10)可得：

$$J_0 = \frac{T_0^2}{T^2 - T_0^2}J_1 \tag{11}$$

$$K = \frac{4\pi^2}{T^2 - T_0^2}J_1 \tag{12}$$

测出 T_0 和 T 后就可以计算圆盘的转动惯量 J_0 和悬线的切变模型 G。

圆环对悬线轴的转动惯量 J_1 为：

$$J_1 = \frac{m_1}{8}(D_1^2 + D_2^2) \tag{13}$$

式中，m_1 为圆环的质量，D_1 和 D_2 分别为圆环的内直径和外直径。

四、实验内容

(1) 用三线摆测定下圆盘对中心轴 OO' 的转动惯量和圆柱体对其质心轴的转动惯量。要求测得的圆柱体的转动惯量值与理论计算值($J = \frac{1}{2}mr_1^2$，r_1 为圆柱体半径)之间的相对误差不大于 5%。

(2) 用三线摆验证平行轴定理。
(3) 用扭摆测定圆盘的转动惯量。

五、回答问题

(1) 三线摆在摆动过程中要受到空气的阻尼，振幅会越来越小，那么它的周期是否会随时间而变？

(2) 在三线摆下的圆盘上加上待测物体后的摆动周期是否一定比不加时的周期长？试根据式(1)和式(2)分析说明。

(3) 如果三线摆的三根悬线与悬点不在上、下圆盘的边缘上，而是在各圆盘内的某一同心圆周上，则式(1)和式(2)中的 r 和 R 各应为何值？

(4) 证明三线摆的机械能为 $\frac{1}{2}J_0\dot{\theta}^2 + \frac{1}{2}\frac{m_0gRr}{H}\theta^2$，并求出运动微分方程，从而推导出式(1)。

六、注意事项

(1) 测量前，根据水准泡的指示，先调整三线摆底座台面的水平，再调整三线摆下圆盘的水平。测量时，摆角 θ 尽可能小些，以满足小角度近似，并防止三线摆和扭摆在摆动时发生晃动，以免影响测量结果。

(2) 测量周期时应合理选取摆动次数。

对于三线摆，测得 R、r、m_0 和 H_0 后，由式(1)推出 J_0 的相对误差公式，以令误差公式中的 $2\Delta T_0/T_0$ 项对 $\Delta J_0/J_0$ 的影响比其他误差项的影响小作为依据来确定摆动次数。估算时，Δm_0 取 0.02 g，时间测量误差 Δt 取 0.03 s，ΔR、Δr 和 ΔH_0 可根据实际情况确定。

对于扭摆，先由式(13)估算 J_1 的相对误差，然后由式(11)推出 J_0 的相对误差公式。根据使 T_0（或 T）的相对误差项对 $\Delta J_0/J_0$ 的贡献比 J_1 的相对误差贡献小的原则，来确定摆动次数。估算时，Δm_1 取 0.02 g，ΔD_1 和 ΔD_2 均取 0.04 mm，J_0 取 400 g·cm^2，Δt 取 0.03 s，T_0 和 T_1 可先大概测出。

实验 17

线性及非线性元件伏安特性的测量

一、实验目的

(1) 测绘线性电阻、灯泡的伏安特性曲线,并对晶体二极管的伏安特性有感性认识;了解线性电阻和非线性电阻的伏安特性。
(2) 掌握用伏安法测电阻时电流表内接、外接的条件。
(3) 掌握电表量程的选择及有效数字的记录。
(4) 学会用作图法处理数据。

二、实验仪器及用具

直流稳压电源、电压表、电流表、碳膜电阻、小灯泡、晶体二极管、导线。

三、实验原理

当一个元件两端加上电压时,元件内就会有电流通过,电压与电流之比,就是该元件的电阻。温度不变的条件下,若元件的伏安特性曲线呈直线,称为线性元件;若呈曲线,称为非线性元件。

一般金属的电阻是线性电阻,加在电阻两端的电压 V 与通过它的电流 I 成正比(忽略电流热效应对阻值的影响)。常用的晶体二极管是非线性电阻,其阻值随加在它两端的电压的变化而变化,而且还与方向有关。若用实验曲线来表示这种特性,线性电阻的 $V - I$ 特性曲线为一直线,此直线斜率的倒数就是其电阻值,如图 2.17.1 所示。而非线性电阻的 $V - I$ 特性曲线如图 2.17.2 所示,不是一条直线,而是一条曲线,曲线上各点的电压与电流的比值,并不是一个定值,它的电阻定义为 $R = dV/dI$,由曲线各点的斜率求得。曲线斜率的变化说明,在不同的工作状态下非线性元件的电阻是变化的。

实验 17 线性及非线性元件伏安特性的测量 137

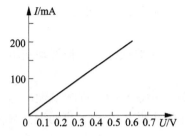

图 2.17.1 线性电阻的 V-I 特性曲线

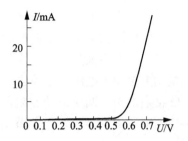

图 2.17.2 非线性电阻的 V-I 特性曲线

用伏安法测电阻的电路接线方式有两种，如图 2.17.3 和图 2.17.4 所示。

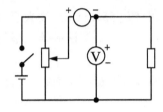

图 2.17.3 电流表内接法

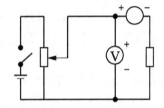

图 2.17.4 电流表外接法

图 2.17.3 所示是电流表内接法，图 2.17.4 所示是电流表外接法。由于电流表和电压表内阻的影响，两种接线方式都有系统误差。在电流表外接电路中，电压表测得的是电阻 R 两端的电压。由于电流表外接，所以电流表测得的就不只是通过电阻 R 的电流，而是通过电压表和电阻的电流之和。当待测电阻远小于电压表内阻时，采用电流表外接法测量电阻，可减小系统误差。在电流表内接电路中，电流表测出的是通过电阻 R 的电流，而电压表读出的却是电阻 R 和电流表上的电压之和。可见在电流表的内阻远小于待测电阻的情况下，用电流表内接电路测电阻，有利于减小系统误差。

由以上分析可知，这两种接线方式都存在系统误差，对于具体的电阻用哪种方式测量精度较高，需要依据电阻阻值与电流表和电压表内阻相比较的大小而定。一般来说测小电阻用电流表外接法，测大电阻用电流表内接法。

四、实验内容

(1) 测量阻值约为 680 Ω 的碳膜电阻的伏安特性曲线。

①按图 2.17.3 所示接好线路，并把滑动变阻器的滑动端调节至输出电压最小的位置。

②接通电源，调整滑动变阻器的滑动头，从零开始，逐步增大电压，读出相应的电流值，0~30 V 电压范围内基本均匀地测 10 个点。自己设计表格并记录数据。

③以电压为横轴、电流为纵轴,绘出电阻的伏安特性曲线。

(2)测绘小灯泡的伏安特性曲线。

①以小灯泡为被测器件,按图 2.17.4 所示接好线路,并把滑动变阻器的滑动端调节至输出电压最小的位置。

②接通电源,调整滑动变阻器的滑动头,从零开始,逐步增大电压,读出相应的电流值,0~5 V 电压范围内基本均匀地测 10 个点。自己设计表格并记录数据。

③以电压为横轴、电流为纵轴,绘出小灯泡的伏安特性曲线。

(3)测绘晶体二极管的伏安特性曲线。

①记录晶体二极管的型号、最大正向电流(55 mA)、最大反向电压(4.5 V)等参数,实验过程中不能超过上述极限参数。辨认晶体二极管的正、负极。

②以晶体二极管为被测器件,用电流表外接法测量其正向特性(注意电流不要超过晶体二极管的最大正向电流)。

③以晶体二极管为被测器件,用电流表内接法测量其反向特性(注意电压不要超过晶体二极管的最大反向电压)。

④以电压为横轴、电流为纵轴,绘出晶体二极管的伏安特性曲线。电流轴上半段和下半段每小格所代表的电流可以不同,但一定要标示清楚。

五、回答问题

(1)测量晶体二极管的伏安特性曲线时为什么正向与反向采用不同的连接方式?

(2)不同亮度时灯泡电阻有无变化?为什么?

(3)如何用万用表判断晶体二极管的正负极性?

实验 18

导热系数的测量

一、实验目的

(1) 了解热传导现象的物理过程；
(2) 学习用稳态平板法测量材料的导热系数；
(3) 学习用作图法求冷却速率；
(4) 掌握一种用热电转换方式进行温度测量的方法。

二、实验仪器及用具

(1) YBF-3 型导热系数测试仪一台；
(2) 冰点补偿装置一台；
(3) 测试样品(硬铝、硅橡胶、胶木板)一组；
(4) 塞尺一把。

三、实验原理

导热系数(热导率)是反映材料热性能的物理量，导热是热交换的三种基本形式(导热、对流和辐射)之一，是工程热物理、材料科学、固体物理及能源、环保等多个研究领域的重要课题之一。要认识导热的本质和特征，需要了解粒子物理，而目前对导热机理的认识大多数来自固体物理的实验。材料的导热机理在很大程度上取决于它的微观结构，热量的传递依靠原子、分子围绕平衡位置的振动以及自由电子的迁移，在金属中电子流起支配作用，在绝缘体和大部分半导体中则以晶格振动为主导。因此，材料的导热系数不仅与构成材料的物质种类密切相关，而且与它的微观结构、温度、压力及杂质含量相关。在科学实验和工程设计中所用材料的导热系数都需要用实验的方法精确地测定(对于粗略的估计，可从热学参数手册或教科书的数据和图表中查寻)。

1882 年，法国科学家 J·傅立叶奠定了热传导理论，目前各种测量导热系数的方法都是建立在傅立叶热传导定律基础之上的。从测量方法来说，可分为两大类：稳态法和动态法。本实验采用的是稳态平板法测量材料的导热系数。

为了测定材料的导热系数，首先从导热系数的定义和它的物理意义入手。热传导定律指出：如果热量是沿着 z 方向传导，那么在 z 轴上任一位置 z_0 处取一个垂直截面积 ds（如图 2.18.1 所示），以 $\dfrac{dT}{dz}$ 表示在该处的温度梯度，以 $\dfrac{dQ}{dt}$ 表示在该处的传热速率（单位时间内通过截面积 ds 的热量），则传热速率与温度梯度及面积成正比。热传导定律可表示成：

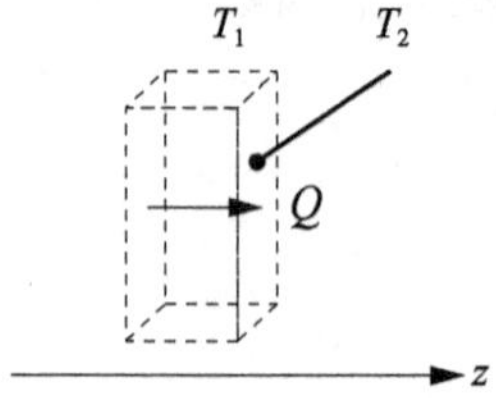

图 2.18.1　热传导定律原理图

$$\dfrac{dQ}{dt} = -\lambda \left(\dfrac{dT}{dz}\right)_{Z_0} ds \tag{1}$$

式中的负号表示热量从高温区向低温区传导（即热传导的方向与温度梯度的方向相反）。式中的比例系数 λ 即为导热系数，可见导热系数的物理意义：在温度梯度为一个单位的情况下，单位时间内垂直通过单位截面积的热量。

利用式(1)测量材料的导热系数 λ，需解决两个关键问题：一个是如何在材料内造成一个温度梯度 $\dfrac{dT}{dz}$，并确定其数值；另一个是如何测量材料内由高温区向低温区的传热速率 $\dfrac{dQ}{dt}$。

1. 关于温度梯度 $\dfrac{dT}{dz}$

为了在样品内建立一个温度的梯度分布，可以把样品加工成平板状，并把它夹在两块良导体——铜板之间（如图 2.18.2 所示），使两块铜板分别保持在恒定温度 T_1 和 T_2，就可能在垂直于样品表面的方向上形成温度的梯度分布。

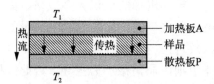

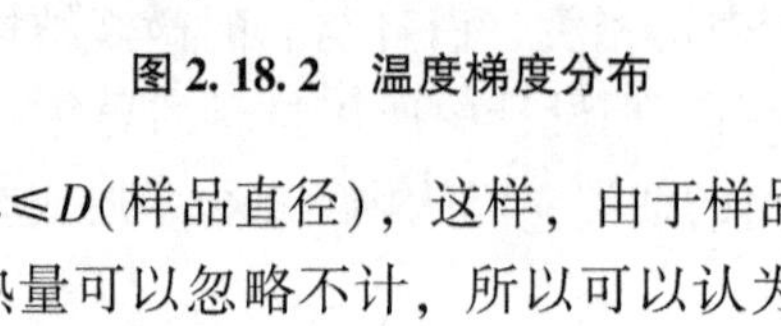

图 2.18.2　温度梯度分布

样品厚度可做成 $h \leqslant D$（样品直径），这样，由于样品侧面积比平板面积小得多，由侧面散去的热量可以忽略不计，所以可以认为热量是沿垂直于样品平面的方向上传导，即只在此方向上有温度梯度。由于铜是热的良导体，在达到平衡时，可以认为同一铜板各处的温度相同，样品内同一平行平面上各处的温度也相同。这样只要测出样品的厚度 h 和两块铜板的温度 T_1、T_2，就可以确定样品内的温度梯度 $(T_2 - T_1)/h$。当然这需要铜板与样品表面的紧密接触(无缝隙)，否则中间的空气层将产生热阻，使得温度梯度测量不准确。

为了保证样品中温度场的分布具有良好的对称性，把样品及两块铜板都加工成等大的圆形。

2. 关于传热速率 $\dfrac{dQ}{dt}$

单位时间内通过一截面积的热量 $\dfrac{dQ}{dt}$ 是一个无法直接测定的量，因此应设法将这个量转化为较为容易测量的量。为了维持一个恒定的温度梯度分布，必须不断地给高温侧铜板加热，热量通过样品传到低温侧铜块，低温侧铜板则要将热量不断地向周围环境散出。当加热速率、传热速率与散热速率相等时，系统就达到一个动态平衡状态，称之为稳态。此时低温侧铜板的散热速率就是样品内的传热速率。这样，只要测量低温侧铜板在稳态温度 T_2 下散热的速率，也就间接测量出了样品内的传热速率。但是，铜板的散热速率也不易测量，还需要进一步作参量转换。由于铜板的散热速率与其冷却速率(温度变化率 $\dfrac{dT}{dt}$)有关，即铜板散失到空气中的热量等于其自身损耗的热量，因此表达式为：

$$\left.\dfrac{dQ}{dt}\right|_{T_2} = -mC\left.\dfrac{dT}{dt}\right|_{T_2} \tag{2}$$

式中，m 为铜板的质量，C 为铜板的比热容，负号表示热量向低温方向传递。因为质量 m 容易直接测量，C 为常量，这样对铜板的散热速率的测量又转化为对低温侧铜板冷却速率的测量。测量铜板的冷却速率可以这样测量：在达到稳态后，移去样品，用加热铜板直接对下金属铜板加热，使其温度高于稳态温度 T_2(大约高出 10℃)，然后再让其在环境中自然冷却，直到温度低于 T_2，测出温度在大于 T_2 到小于 T_2 区间中随时间的变化关系，描绘出 T-t 曲线。曲线在 T_2 处的斜率就是铜板在稳态温度时 T_2 下的冷却速率。

应该注意的是，这样得出的 $\dfrac{dT}{dt}$ 是在铜板表面全部暴露于空气中的冷却速率，其散热面积为 $2\pi R_P^2 + 2\pi R_P h_P$(其中 R_P 和 h_P 分别是下铜板的半径和厚度)。然而在实验中稳态传热时，铜板的上表面(面积为 πR_P^2)是被近乎相同半径的样品覆盖的，由于物体的散热速率与它们的面积成正比，所以稳态时铜板散热速率的表达式应修正为：

$$\dfrac{dQ}{dt} = -mC\dfrac{dT}{dt} \cdot \dfrac{\pi R_P^2 + 2\pi R_P h_P}{2\pi R_P^2 + 2\pi R_P h_P} \tag{3}$$

根据前面的分析，这个量就是样品的传热速率。

将式(3)代入热传导定律表达式，并考虑到 $ds = \pi R^2$，可以得到导热系数：

$$\lambda = mC \frac{R_P + 2h_P}{2R_P + 2h_P} \cdot \frac{1}{\pi R^2} \cdot \frac{h}{T_2 - T_1} \cdot \frac{dT}{dt}\bigg|_{T = T_2} \quad (4)$$

式中，R 为样品的半径，h 为样品的高度，m 为下铜板的质量，C 为铜块的比热容，R_P 和 h_P 分别是下铜板的半径和厚度，右式中的各项均为常量或可通过实验直接测量。

四、实验内容及步骤

(1)用自定量具测量样品、下铜板的几何尺寸和质量等必要的物理量，多次测量，然后取平均值。其中铜板的比热容 $C = 0.385$ kJ/(K·kg)。

(2)加热温度的设定：

①按一下温控器面板上的设定键(S)，此时设定值最后一位数码管开始闪烁。

②根据实验所需温度的大小，再按设定键(S)左右移动到需要设定的位置，然后通过加数键(▲)、减数键(▼)来设定所需的加热温度。

③设定好加热温度后，等待8秒钟，温控器返回至正常显示状态。

(3)圆筒发热盘侧面和散热板 P 侧面，都有供安插热电偶的小孔，安放时此两小孔都应与冰点补偿器在同一侧，以免线路错乱。热电偶插入小孔时，要抹上一些硅脂，并插到洞孔底部，以保证接触良好，热电偶冷端接到冰点补偿器信号输入端。

根据稳态法的原理可知，必须得到稳定的温度分布，这就需要较长的等待时间。获得稳定的温度分布既可以使用手动控温的方法，也可以使用自动 PID 温度控制器进行控温。

手动控温测量导热系数时，控制方式开关打到"手动"。将手动选择开关打到"高"挡，然后根据目标温度的高低，加热一定时间后再打至"低"挡。根据温度的变化情况要手动去控制"高"挡或"低"挡加热。然后每隔5分钟读一下温度示值(具体时间因被测物和温度而异)，如在一段时间内样品上、下表面的温度 T_1、T_2 示值都不变，即可认为已达到稳定状态。

自动 PID 控温测量时，控制方式开关打到"自动"，手动选择开关打到中间一挡，PID 控温表将会使发热盘的温度自动达到设定值。然后每隔5分钟读一下温度示值，如在一段时间内样品上、下表面的温度 T_1、T_2 示值都不变，即可认为已达到稳定状态。

(4) 记录稳态时 T_1、T_2 值后,移去样品,继续对下铜板加热,当下铜盘温度比 T_2 高出 10℃ 左右时,移去圆筒,让下铜盘所有表面均暴露于空气中,使下铜板自然冷却。每隔 30 秒读一次下铜盘的温度示值并记录,直至温度下降到 T_2 以下某一定值。作铜板的 $T-t$ 冷却速率曲线(选取邻近 T_2 的测量数据来求出冷却速率)。

(5) 根据式(4)计算样品的导热系数 λ。

*注:本实验选用铜-康铜热电偶测温度,温差 100℃ 时,其温差电动势约 4.0 mV。由于热电偶在接入冰点补偿器后,测量时热电偶的冷端温度可视为 0℃,其冷热两端温差即为热端的温度(℃),因此,对于一定材料的热电偶而言,当温度变化范围不大时,其温差电动势(mV)将与待测温度 T(℃) 成正比。在用式(4)计算时,该比例系数会在计算中被相除消掉,因此,在本实验中可以直接以热电偶的温差电动势值代表温度值。

五、注意事项

(1) 用稳态平板法测量时,要使温度稳定约要 40 分钟。手动测量时,为缩短时间,可先将热板电源电压打在高挡,一定时间后,毫伏表读数接近目标温度对应的热电偶读数,即可将开关拨至低挡,通过调节手动开关的高挡、低挡及断电挡,使上铜盘热电偶输出的毫伏值在 ±0.03 mV 范围内。同时每隔 30 秒记下上、下圆盘和对应的毫伏读数,待下圆盘的毫伏读数在 3 分钟内不变时即可认为已达到稳定状态,记下此时的 V_{T1} 和 V_{T2} 值。

(2) 测金属的导热系数的稳态值时,金属样品必须厚度较大、直径相对较小才能形成有效的温差,此时为避免金属样品的侧面及散热盘上表面的散热对测量结果造成较大影响,样品的侧面应包裹隔热材料,并在动态平衡传热过程中对散热盘上表面的裸露处铺设绝热材料。此外,热电偶应该插到金属样品上的两侧小孔中。测量散热速率时,热电偶应该重新插到散热盘的小孔中。T_1、T_2 分别为稳态时金属样品上下两侧的温度,此时散热盘的温度为 T_3,因此测量散热盘的冷却速率应为:

$$\left.\frac{\Delta T}{\Delta t}\right|_{T=T_3}$$

其导热系数的计算公式变为:

$$\lambda = mC \frac{R_P + 2h_P}{2R_P + 2h_P} \cdot \frac{1}{\pi R^2} \cdot \frac{h}{T_2 - T_1} \cdot \left.\frac{dT}{dt}\right|_{T=T_3} \tag{5}$$

若测 T_3 值,要在 T_1、T_2 达到稳定时,将测 T_1 或 T_2 的热电偶移下来插到散热盘的小孔中进行测量,高度 h 按金属样品上小孔的中心距离计算。

(3) 样品圆盘 B 和散热盘 P 的几何尺寸,可用游标卡尺多次测量取平均值。散热盘的质量可用物理天平称量。

(4) 当出现异常报警时，温度控制器测量值显示 HHHH，设置值显示 Err。当故障检查并解决后可按设定键(S)复位和加数键(▲)、减数键(▼)重设温度。

六、回答问题

(1) 为什么必须在系统温度达到稳态后才可以开始进行测量？

(2) 温度梯度的正方向是什么方向？

(3) 在测量金属导热系数的稳态传热过程中如不对散热盘的上表面进行隔热处理，应如何修正计算公式才可消除此影响？

七、附录

铜-康铜热电偶分度表

温度/℃	热电势/mV									
	0	1	2	3	4	5	6	7	8	9
−10	−0.383	−0.421	−0.458	−0.496	−0.534	−0.571	−0.608	−0.646	−0.683	−0.720
−0	0.000	−0.039	−0.077	−0.116	−0.154	−0.193	−0.231	−0.269	−0.307	−0.345
0	0.000	0.039	0.078	0.117	0.156	0.195	0.234	0.273	0.312	0.351
10	0.391	0.430	0.470	0.510	0.549	0.589	0.629	0.669	0.709	0.749
20	0.789	0.830	0.870	0.911	0.951	0.992	1.032	1.073	1.114	1.155
30	1.196	1.237	1.279	1.320	1.361	1.403	1.444	1.486	1.528	1.569
40	1.611	1.653	1.695	1.738	1.780	1.882	1.865	1.907	1.950	1.992
50	2.035	2.078	2.121	2.164	2.207	2.250	2.294	2.337	2.380	2.424
60	2.467	2.511	2.555	2.599	2.643	2.687	2.731	2.775	2.819	2.864
70	2.908	2.953	2.997	3.042	3.087	30131	3.176	3.221	3.266	2.312
80	3.357	3.402	3.447	3.493	3.538	3.584	3.630	3.676	3.721	3.767
90	3.813	3.859	3.906	3.952	3.998	4.044	4.091	4.137	4.184	4.231
100	4.277	4.324	4.371	4.418	4.465	4.512	4.559	4.607	4.654	4.701
110	4.749	4.796	4.844	4.891	4.939	4.987	5.035	5.083	5.131	5.179

实验 19

双臂电桥测量低电阻

一、实验目的

(1) 了解四端引线法的意义及双臂电桥的结构；
(2) 学习使用双臂电桥测量低电阻；
(3) 学习测量导体的电阻率。

二、实验仪器及用具

QJ44 型直流双臂电桥、被测电阻、导线、螺旋测微计等。

三、仪器介绍

本实验使用的是 QJ44 型直流双臂电桥，它的主要用途是测量 0.000 1 ~ 11Ω 大小范围内的直流电阻、导线电阻、直流分流器电阻、开关与电器的接触电阻、电动机与变压器的绕线电阻等各类型的低值电阻，也可用于升温实验和金属导体电阻率的测量。

1. QJ44 型直流双臂电桥各工作部件位置图

QJ44 型直流双臂电桥各工作部件位置图如图 2.19.1 所示。

2. 线路和结构

(1) QJ44 型直流双臂电桥比例臂由 ×100、×10、×1、×0.1 和 ×0.01 组成，读数盘由一个十进盘和一个划线盘组成。

(2) 集成运放指零仪包括一个放大器、一个调零电位器、一个调节灵敏度电位器以及一个中心零位的指示表头。指示表头上备有机械调零装置，在测量前，可预先调整零位。当放大器接通电源后，若表针不在中间零位，则可通过调零电位器，调整表针至中央零位。

(3) QJ44 型直流双臂电阻电桥的原理线路如图 2.19.2 所示。

(4) 仪器上有四个接线柱，供接被测电阻。

(5) "G 外"插座，供外接指零仪使用。当外接指零仪插入插座时，内附指零仪即被断开。

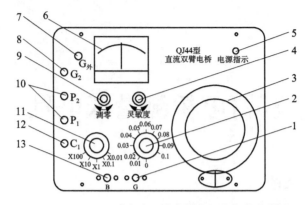

图 2.19.1　QJ44 型直流双臂电桥各工作部件位置图

1—检流计按钮开关；2—步进盘；3—划线读数盘；4—检流计灵敏度调节旋钮；
5—电源指示灯；6—检流计；7—外接指零仪插孔；8，12—被测电阻电流端接线柱；
9—检流计电气调零旋钮；10—被测电阻电位端接线柱；11—倍率开关；
13—电桥工作电源按钮开关

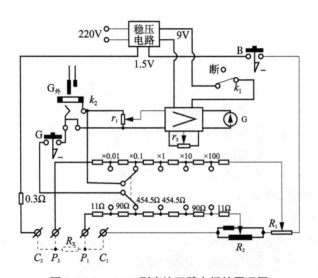

图 2.19.2　QJ44 型直流双臂电桥的原理图

3. 使用方法

(1) 在机箱的后部电源插座内，接入 220V ± 10%、50Hz 交流电，打开旁边的交流电开关，面板上的电源指示灯亮。

(2) 将被测电阻按四端连接法，接在电桥相应的 C_1，P_1，P_2，C_2 的接线柱上，如图 2.19.3 所示，AB 之间为被测电阻。

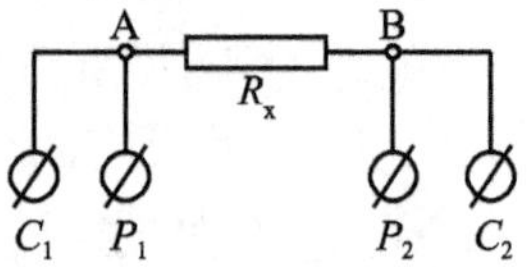

图 2.19.3　四端连接法

(3) 加电后，等待 5 min，调节指零仪指针指在零位上。

(4) 估计被测电阻值大小，选择适当量程，先按下"G"按钮，再按下"B"按钮，调节步进盘和划线读数盘，使指零仪指针指在零位上，电桥平衡，被测电阻按下式计算：

被测电阻值(R_x) = 量程因素读数 ×（步进盘读数 + 滑线盘读数）

(5) 在测量未知电阻时，为保护指零仪指针不被打坏，指零仪的灵敏度调节旋钮应放在最低位置，使电桥初步平衡后再增加指零仪灵敏度。在改变指零仪灵敏度或环境等因素时，有时会引起指零仪指针偏离零位，因此在测量之前，应随时调节指零仪指零。

四、实验原理

用惠斯通电桥测量中等电阻时，忽略了导线电阻和接触电阻的影响，但在测量 1Ω 以下的低电阻时，各引线的电阻和端点的接触电阻相对于被测电阻来说不可忽略，一般情况下，附加电阻为 $10^{-5} \sim 10^{-2}$ Ω。为避免附加电阻的影响，本实验引入了四端引线法，组成了双臂电桥。它是一种常用的测量低电阻的方法，已广泛地应用于科学测量中。

（一）四端引线法

测量中等阻值的电阻，伏安法是比较容易的方法，但它在测量低电阻时发生了困难。惠斯通电桥法是一种精密的测量方法，这是因为引线本身的电阻和引线端点接触电阻的存在。图 2.19.4 所示为伏安法测电阻的线路图，待测电阻 R_x 两侧的接触电阻和导线电阻以等效电阻 r_1、r_2、r_3、r_4 表示。通常电压表内阻较大，r_1 和 r_4 对测量的影响不大，而 r_2、r_3 与 R_x 串联在一起，被测电阻为 $(r_2 + R_x + r_3)$。若 r_2 和 r_3 的数值与 R_x 为同一数量级，或超过 R_x，那么显然不能用此电路来测量 R_x。

若在伏安法测电阻电路的设计上改为如图 2.19.5 所示的电路，将待测低电阻 R_x 两侧的接点分为两个电流接点 $C-C$ 和两个电压接点 $P-P$，$C-C$ 在 $P-P$ 的外侧。显然电压表测量的是 $P-P$ 之间一段低电阻两端的电压，消除了 r_2 和 r_3 对 R_x 测量的影响。这种测量低电阻或低电阻两端电压的方法叫作四端引线法，它已广泛应用于各种测量领域中。例如，为了研究高温超导体在发生正常超导转变时的零电阻现象和迈斯纳效应时，必须测定临界温度 T_c，而其正是通过用四端引线法测量超导样品电阻 R 随温度 T 的变化而确定的。

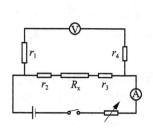

图 2.19.4　伏安法测电阻

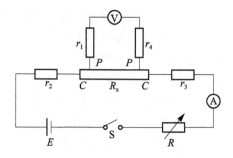

图 2.19.5　四端引线法测电阻

(二) 双臂电桥测量低电阻

用惠斯通电桥测量电阻时，在测出的 R_x 值中，实际上含有接线电阻和接触电阻(统称为 R_j)的成分(一般为 $10^{-3} \sim 10^{-4} \Omega$ 数量级)。通常可以不考虑 R_j 的影响，而当被测电阻为较小值(如几十欧姆以下)时，R_j 所占的比重就明显了。

因此，需要从测量电路的设计上来考虑。双臂电桥正是把四端引线法和电桥的平衡比较法结合起来从而实现了精密测量低电阻的一种电桥，如图 2.19.6 所示。

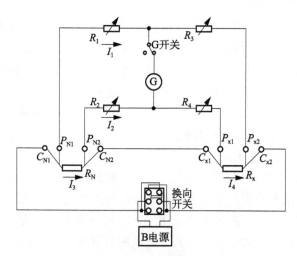

图 2.19.6　双臂电桥测低电阻

在图 2.19.6 中，R_1、R_2、R_3、R_4 为桥臂电阻。R_N 为用于比较的已知标准电阻，R_x 为被测电阻。R_N 和 R_x 采用四端引线的接线法，电流接点为 C_1、C_2，位于外侧；电位接点是 P_1、P_2，位于内侧。

测量时，接上被测电阻 R_x，然后调节各桥臂电阻值，使检流计示数逐步为零，即 $I_G = 0$，这时 $I_3 = I_4$。根据基尔霍夫定律可写出以下三个回路方程：

$$I_1 R_1 = I_3 \cdot R_N + I_2 R_2 \tag{1}$$

$$I_1 R_3 = I_3 \cdot R_x + I_2 R_4 \tag{2}$$

$$(I_3 - I_2)r = I_2(R_2 + R_4) \tag{3}$$

式中，r 为 C_{N2} 和 C_{x1} 之间的线电阻。将上述三个方程联立求解，可得下式：

$$R_x = \frac{R_3}{R_1} R_N + \frac{rR_2}{R_3 + R_2 + r}\left(\frac{R_3}{R_1} - \frac{R_4}{R_2}\right) \tag{4}$$

由此可见，用双臂电桥测电阻，R_x 的结果由等式右边的两项来决定，其中第一项与单臂电桥相同，第二项称为更正项。为了更方便测量和计算，使双臂电桥求 R_x 的公式与单臂电桥相同，实验中可设法使更正项尽可能为零。在双臂电桥测量时，通常可采用同步调节法，令 $R_3/R_1 = R_4/R_2$，使得更正项接近零。在实际的使用中，通常使 $R_1 = R_2$，$R_3 = R_4$，则上式变为：

$$R_x = \frac{R}{R_1} R_s \tag{5}$$

在这里必须指出，在实际的双臂电桥中，很难做到 R_3/R_1 与 R_4/R_2 完全相等，所以 R_x 和 R_N 电流接点间的导线应使用较粗、导电性良好的导线，以使 r 值尽可能小，这样，即使 R_3/R_1 与 R_4/R_2 两项不严格相等，但由于 r 值很小，更正项仍能趋近于零。

为了更好地验证这个结论，可以人为地改变 R_1、R_2、R_3 和 R_4 的值，使 $R_1 \neq R_2$，$R_3 \neq R_4$，并与 $R_1 = R_2$，$R_3 = R_4$ 时的测量结果相比较。

双臂电桥之所以能测量低电阻，总结为以下关键的两点：

（1）单臂电桥测量小电阻之所以误差大，是因为用单臂电桥测出的值，包含有桥臂间的引线电阻和接触电阻，当接触电阻与 R_x 相比不能忽略时，测量结果就会有很大的误差。而双臂电桥电位接点的接线电阻与接触电阻位于 R_1、R_3 和 R_2、R_4 的支路中，实验中设法令 R_1、R_2、R_3 和 R_4 都不小于 100 Ω，那么接触电阻的影响就可以略去不计。

（2）双臂电桥电流接点的接线电阻与接触电阻，一端包含在电阻 r 中，而 r 是存在于更正项中，对电桥平衡不发生影响；另一端则包含在电源电路中，对测量结果也不会产生影响。因此当满足 $R_3/R_1 = R_4/R_2$ 条件时，基本上消除了 r 的影响。

五、实验内容及步骤

（1）接线。将被测电阻按四端引线法接入电路。

（2）打开电源开关，加电后，等待 5 min，调节检流计指针指在零位上。在测量未知电阻时，为保护检流计指针不被打坏，检流计的灵敏度调节旋钮应放在最底位置,使电桥初步平衡后再增加检流计灵敏度。在改变检流计灵敏度或环境等因素变化时,有时会引起检流计指针偏离零位,所以在测量之前,应随时注意调节检流计指零。

(3)测量一段金属试材的电阻 R_x。

先按下"G"按钮,再按下"B"按钮,调节步进盘和划线读数盘,使指零仪指针指在零位上,电桥平衡,记录电阻阻值。

(4)记录金属试材的长度 L。

(5)用螺旋测微器测量金属试材的直径 d,在不同部位测量 5 次,求平均值,然后根据公式 $\rho = \pi d^2 R_x/4L$,计算金属试材的电阻率。

(6)改变金属试材的长度,重复上述步骤,并比较测量结果。

(7)改变金属试材重复上述步骤,计算它的电阻率。

六、注意事项

(1)在测量电感电路的直流电阻时,应先按下"B"按钮,再按下"G"按钮;断开时,应先断开"G"按钮,后断开"B"按钮,以免反冲电势损坏指零电路。

(2)测量 0.1Ω 以下阻值时,"B"按钮应间歇使用。

(3)在测量 0.1Ω 以下阻值时,C_1、P_1、C_2、P_2 接线柱到被测电阻之间的连接导线电阻应在 0.005~0.01Ω 范围内,测量其他阻值时,连接导线电阻应小于 0.05Ω。

(4)电桥使用完毕后,"B"与"G"按钮应松开,并关断后板上的交流电开关。如电桥长期不用,应拔出电源线以确保用电安全。

(5)仪器长期搁置不用,在接触处可能产生氧化,造成接触不良,所以最好涂上一薄层无酸性凡士林,予以保护。

(6)电桥应存储在温度5℃~35℃、相对湿度20%~90%的环境内,室内空气中不应含有能腐蚀仪器的气体和有害物质。

(7)仪器应保持清洁,并避免阳光直接暴晒和剧烈震动。

七、回答问题

(1)双臂电桥与惠斯通电桥有哪些异同?

(2)双臂电桥怎样消除附加电阻的影响?

(3)如果待测电阻的两个电压端引线电阻较大,对测量结果有无影响?

(4)如何提高金属丝电阻率测量的准确度?

实验 20

交流电桥实验

一、实验目的

(1) 掌握交流电桥的平衡条件和测量原理；
(2) 设计各种实际测量用的交流电桥；
(3) 验证交流电桥的平衡条件。

二、实验仪器及用具

DH4518 型交流电桥实验仪。

三、实验原理

图 2.20.1 所示是交流电桥的原理线路，它与直流单电桥原理相似。在交流电桥中，四个桥臂一般是由交流电路元件如电阻、电感、电容组成，电桥的电源通常是正弦交流电源。交流平衡指示仪的种类很多，适用于不同频率范围：频率为 200Hz 以下时可采用谐振式检流计；音频范围内可采用耳机作为平衡指示器；音频或更高的频率时可采用电子指零仪器，但也有用电子示波器或交流毫伏表作为平衡指示器的。本实验采用高灵敏度的电子放大式指零仪，指示器指零时，说明电桥达到平衡。

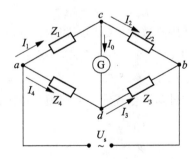

图 2.20.1　交流电桥的原理线路

(一) 交流电桥的平衡条件

本实验在正弦稳态的条件下讨论交流电桥的基本原理。在交流电桥中,四个桥臂由阻抗元件组成,在电桥的一个对角线 cd 上接入交流指零仪,在另一个对角线 ab 上接入交流电源。

当调节电桥参数,使交流指零仪中无电流通过时(即 $I_0 = 0$),cd 两点的电位相等,电桥达到平衡,这时有:

$$U_{ac} = U_{ad}$$
$$U_{cb} = U_{db}$$

即

$$I_1 Z_1 = I_4 Z_4$$
$$I_2 Z_2 = I_3 Z_3$$

两式相除有:

$$\frac{I_1 Z_1}{I_2 Z_2} = \frac{I_4 Z_4}{I_3 Z_3}$$

当电桥平衡时,$I_0 = 0$,由此可得:

$$I_1 = I_2, \quad I_3 = I_4$$

所以:

$$Z_1 Z_3 = Z_2 Z_4 \tag{1}$$

式(1)就是交流电桥的平衡条件,它说明:当交流电桥达到平衡时,相对桥臂阻抗的乘积相等。

由图 2.20.1 可知,若第一桥臂由被测阻抗 Z_x 构成,则:

$$Z_x = \frac{Z_2 \cdot Z_4}{Z_3} \tag{2}$$

当其他桥臂的参数已知时,就可确定被测阻抗 Z_x 的值。

(二) 交流电桥平衡的分析

在正弦交流情况下,桥臂阻抗可以写成复数的形式,即

$$Z = R + jX = Z e^{j\varphi}$$

若将电桥的平衡条件用复数的指数形式表示,则可得:

$$Z_1 e^{j\varphi_1} \cdot Z_3 e^{j\varphi_3} = Z_2 e^{j\varphi_2} \cdot Z_4 e^{j\varphi_4}$$

即

$$Z_1 \cdot Z_3 e^{j(\varphi_1 + \varphi_3)} = Z_2 \cdot Z_4 e^{j(\varphi_2 + \varphi_4)}$$

根据复数相等的条件可知,等式两端的幅模和幅角必须分别相等,故有:

$$\begin{cases} Z_1 Z_3 = Z_2 Z_4 \\ \varphi_1 + \varphi_3 = \varphi_2 + \varphi_4 \end{cases} \tag{3}$$

式(3)就是平衡条件的另一种表现形式,可见交流电桥的平衡必须满足两个条件:一是相对桥臂上阻抗幅模的乘积相等;二是相对桥臂上阻抗幅角之和相等。

由式(3)可以得出如下两点重要结论：

(1) 交流电桥必须按照一定的方式配置桥臂阻抗。

如果用任意不同性质的四个阻抗组成一个电桥，不一定能够调节到平衡，因此必须把电桥各元件的性质按电桥的两个平衡条件作适当配合。

在很多交流电桥中，为了使电桥结构简单和调节方便，通常将交流电桥中的两个桥臂设计为纯电阻。

由式(3)的平衡条件可知，如果相邻两臂接入纯电阻，则另外相邻两臂也必须接入相同性质的阻抗。例如，若被测对象 Z_x 在第一桥臂中，两相邻桥臂 Z_2 和 Z_3 (如图 2.20.1 所示)为纯电阻，即 $\varphi_2 = \varphi_3 = 0$，那么由式(3)可得：$\varphi_4 = \varphi_x$，若被测对象 Z_x 是电容，则它相邻桥臂 Z_4 也必须是电容；若 Z_x 是电感，则 Z_4 也必须是电感。

如果相对桥臂接入纯电阻，则另外的相对两桥臂也必须为异性阻抗。例如，若相对桥臂 Z_2 和 Z_4 为纯电阻，即 $\varphi_2 = \varphi_4 = 0$，那么由式(3)可得：$\varphi_3 = -\varphi_x$。若被测对象 Z_x 为电容，则它的相对桥臂 Z_3 必须是电感；而若 Z_x 是电感，则 Z_3 必须是电容。

(2) 交流电桥平衡必须反复调节两个桥臂的参数。

在交流电桥中，为了满足上述两个平衡条件，必须调节两个桥臂的参数，而且往往需要对这两个参数进行反复地调节，所以交流电桥的平衡调节要比直流电桥的调节困难一些。

四、实验内容及步骤

实验前应充分掌握实验原理，设计好相应的电桥回路，错误的桥路可能会有较大的测量误差，甚至无法测量。

由于采用模块化的设计，所以实验的连线较多。注意接线的正确性，这样可以缩短实验时间。另外，应文明使用仪器，正确使用专用连接线，不要拽拉引线部位，不能平衡时不要猛打各个元件，而应查找原因。

交流电桥采用的是交流指零仪，所以电桥平衡时指针位于左侧 0 位。

实验时，指零仪的灵敏度应先调到适当位置，以指针位置处于满刻度的 30% ~ 80% 为宜，待基本平衡时再调高灵敏度，重新调节桥路，直至最终平衡。

1. 交流电桥测量电容

根据前面实验设计的介绍，用串联电阻式电容电桥测量两个损耗不同的 C_x 电容；用并联电阻式电容电桥测量两个损耗不同的 C_x 电容。试用交流电桥的测量原理对测量结果进行分析，并计算电容值和其损耗电阻以及损耗因子。

2. 交流电桥测量电感

根据前面实验设计的介绍，用串联电阻式电感电桥测量两个 Q 值不同的 L_x 电感；用并联电阻式电感电桥测量两个 Q 值不同的 L_x 电感。试用交流电桥的测量原理对测量结果进行分析，并计算电感值和其损耗电阻以及 Q 值。

3. 交流电桥测量电阻

用交流电桥测量不同阻值的电阻，并与其他直流电桥的测量结果相比较。

4. 其他桥路的设计

根据交流电桥的原理，自行设计其他形式的测量桥路，分析其能否平衡，并导出相应的测量公式，再进行实验，验证交流电桥的平衡条件。

说明：在电桥的平衡过程中，有时指针不能完全回到零位，这对于交流电桥是完全可能的，一般来说有以下几个原因：

(1) 测量电阻时，被测电阻的分布电容或电感太大。

(2) 测量电容和电感时，损耗平衡(R_n)的调节细度受到限制，尤其是低 Q 值的电感或高损耗的电容测量时更为明显。另外，电感线圈极易感应外界的干扰，也会影响电桥的平衡，这时可以试着变换电感的位置来减小这种影响。

(3) 用不合适的桥路形式测量，也可能使指针不能完全回到零位。

(4) 由于桥臂元件并非理想的电抗元件，也存在损耗，如果被测元件的损耗很小甚至小于桥臂元件的损耗，也会造成电桥难以完全平衡。

(5) 选择的测量量程不当，以及被测元件的电抗值太小或太大，也会造成电桥难以平衡。

(6) 在保证精度的情况下，灵敏度不要调得太高，灵敏度太高也会引入一定的干扰，形成一定的指针偏转。

五、回答问题

(1) 交流电桥平衡的条件是什么？

(2) 交流电桥的桥臂是否可以任意选择不同性质的阻抗元件组成？应如何选择？

(3) 在麦克斯韦电桥中，R 组成的桥臂为什么采取并联形式？若改为串联形式电桥哪方面性能将受影响？电桥是否还能达到平衡？

实验 21

动态磁滞回线

一、实验目的

(1)掌握磁滞、磁滞回线和磁化曲线的概念,加深对铁磁材料的主要物理量——矫顽力、剩磁和磁导率的理解;

(2)学会用示波法测绘基本磁化曲线和磁滞回线;

(3)根据磁滞回线确定磁性材料的饱和磁感应强度 B_s、剩磁 B_r 和矫顽力 H_c 的数值;

(4)研究不同频率下动态磁滞回线的区别,并确定某一频率下的磁感应强度 B_s、剩磁 B_r 和矫顽力 H_c 的数值;

(5)改变不同的磁性材料,比较磁滞回线形状的变化。

二、实验仪器及用具

DH4516C 型动态磁滞回线实验仪(由测试样品、功率信号源、可调标准电阻、标准电容和接口电路等组成)、示波器

三、实验原理

(一)磁化曲线

如果在由电流产生的磁场中放入铁磁物质,则磁场将明显增强,此时铁磁物质中的磁感应强度比单纯由电流产生的磁感应强度增大百倍,甚至在千倍以上。铁磁物质内部的磁场强度 H 与磁感应强度 B 有如下的关系:

$$B = \mu H \tag{1}$$

对于铁磁物质而言,磁导率 μ 并非常数,而是随 H 的变化而改变,即 $\mu = f(H)$,为非线性函数,μ-H 变化曲线如图 2.21.1 所示,B 与 H 也是非线性关系。

铁磁材料的磁化过程为:其未被磁化时的状态称为去磁状态,这时若在铁磁材料上加一个由小到大的磁化场,则铁磁材料内部的磁场强度 H 与磁感应强度 B 也随之变大,其 B-H 变化曲线如图 2.21.1 所示。但当 H 增加到一

定值(H_s)后，B几乎不再随H的增加而增加，说明磁化已达饱和，从未磁化到饱和磁化的这段磁化曲线称为材料的起始磁化曲线，如图 2.21.1 中的 OS 段曲线所示。

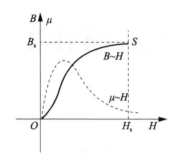

图 2.21.1 磁化曲线和 $\mu - H$ 曲线

(二) 磁滞回线

当铁磁材料的磁化达到饱和之后，如果将磁化场减少，则铁磁材料内部的 B 和 H 也随之减少，但其减少的过程并不沿着磁化时的 OS 段退回。从图 2.21.2 可知，当磁化场撤消，$H = 0$ 时，磁感应强度仍然保持一定的数值，此时 $B = B_r$ 称为剩磁(剩余磁感应强度)。若要使被磁化的铁磁材料的磁感应强度 B 减少到 0，必须加上一个反向磁场并逐步增大。当铁磁材料内部反向磁场强度增加到 $H = H_c$ 时(图 2.21.2 上的 c 点)，磁感应强度 B 才为 0，达到退磁。图 2.21.2 中的 bc 段曲线为退磁曲线，H_c 为矫顽磁力。图中的 Oa 段曲线称起始磁化曲线，所形成的封闭曲线 $abcdefa$ 称为磁滞回线，bc 曲线段称为退磁曲线。

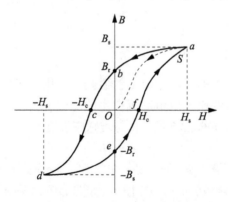

图 2.21.2 起始磁化曲线与磁滞回线

由图 2.21.2 可知：

(1) 当 $H = 0$ 时，$B \neq 0$，这说明铁磁材料还残留一定值的磁感应强度 B_r，

通常称 B_r 为铁磁物质的剩余感应强度(剩磁)。

(2) 若要使铁磁物质完全退磁,即 $B=0$,必须加一个反方向磁场,这个反向磁场强度为 H_c,称为该铁磁材料的矫顽磁力。

(3) B 的变化始终落后于 H 的变化,这种现象称为磁滞现象。

(4) H 上升与下降到同一数值时,铁磁材料内的 B 值并不相同,退磁化过程与铁磁材料过去的磁化经历有关。

(5) 当从初始状态 $H=0$、$B=0$ 开始周期性地改变磁场强度的幅值时,在磁场由弱到强的单调增加过程中,可以得到面积由大到小的一簇磁滞回线,如图 2.21.3 所示。其中最大面积的磁滞回线称为极限磁滞回线。

(6) 如果使铁磁材料的磁化达到磁饱和,然后不断改变磁化电流的方向,与此同时逐渐减少磁化电流,直到等于零,则该材料的磁化过程就是一连串逐渐缩小而最终趋于原点的环状曲线,如图 2.21.4 所示。当 H 减小到零时,B 也同时降为零,达到完全退磁。

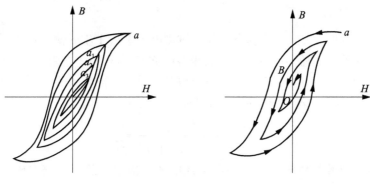

图 2.21.3　磁滞回线　　　　图 2.21.4　环状曲线

将图 2.21.3 中的原点 O 和各个磁滞回线的顶点 a_1,a_2,$\cdots$,a 所连成的曲线,称为铁磁性材料的基本磁化曲线。不同的铁磁材料其基本磁化曲线是不相同的。为了使样品的磁特性可以重复出现,也就是指所测得的基本磁化曲线都是由原始状态($H=0$、$B=0$)开始的,在测量前必须进行退磁,以消除样品中的剩余磁性。在测量基本磁化曲线时,每个磁化状态都要经过充分的"磁锻炼",否则,得到的 $B-H$ 曲线即为开始起始磁化曲线,两者不可混淆。

(三) 示波器显示 $B-H$ 曲线的原理线路

本实验研究的铁磁物质是一个环状试样,在试样上绕有励磁线圈 N_1 匝和测量线圈 N_2 匝。在线圈 N_1 中通过磁化电流 I_1 时,此电流在试样内产生磁场,根据安培环路定律 $HL=N_1I_1$ 可得,磁场强度 H 的大小为:

$$H=\frac{N_1I_1}{L} \tag{2}$$

式中 L 为环状试样的平均磁路长度。由图 2.21.5 可知，示波器 X 轴偏转板输入电压为：

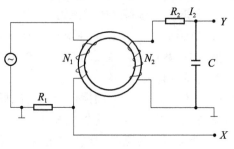

图 2.21.5

$$U_X = U_R = I_1 R_1 \tag{3}$$

由式(1)和式(2)得：

$$U_X = \frac{L R_1}{N_1} H \tag{4}$$

式(4)表明，在交变磁场下，任一时刻电子束在 X 轴的偏转正比于磁场强度 H。为了测量磁感应强度 B，在次级线圈 N_2 上串联一个电阻 R_2 与电容 C 构成一个回路，同时 R_2 与 C 又构成一个积分电路。取电容 C 两端的电压 U_C 至示波器 Y 轴输入，若适当选择 R_2 和 C 使 $R_2 \gg 1/\omega C$，则：

$$I_2 = \frac{E_2}{[R_2^2 + (1/\omega C)^2]^{\frac{1}{2}}} \approx \frac{E_2}{R_2} \tag{5}$$

式中，ω 为电源的角频率，E_2 为次级线圈的感应电动势。因交变磁场 H，样品中产生交变的磁感应强度 B，则：

$$E_2 = N_2 \frac{dQ}{dt} = N_2 S \frac{dB}{dt} \tag{6}$$

式中，S 为环状式样的截面积，设磁环厚度为 h，则：

$$U_Y = U_C = \frac{Q}{C} = \frac{N_S S}{R_2 C} B \tag{7}$$

式(7)表明，接在示波器 Y 轴输入的 U_Y 正比于 B。$R_2 C$ 构成的电路在电子技术中称为积分电路，表示输出的电压 U_C 是感应电动势 E_2 对时间的积分。为了真实地绘出磁滞回线，要求：

(1) $R_2 \gg 1/2\pi f \cdot C$；

(2) 在满足上述条件下，U_C 振幅很小，不能直接绘出大小适合的磁滞回线。为此，需将 U_C 经过示波器 Y 轴放大器增幅后输至 Y 轴偏转板上。这就要求在实验磁场的频率范围内，放大器的放大系数必须稳定，不会带来较大的相位畸变。事实上示波器难以完全达到这个要求，因此在实验时经常会出现如图 2.21.6 所示的畸变。观测时将 X 轴输入选择 "AC" 挡，Y 轴输入选择 "DC" 挡，并选择合适的 R_1 和 R_2 的阻值，可避免这种畸变，从而得到最佳磁滞回线图形。这样，在磁化电流变化的一个周期内，电子束的径迹描出一条完整的磁滞回线。适当调节示波器 X 和 Y 轴增益，再由小到大调节信号发生器的输出电压，即能在示波器显示屏上观察到由小到大扩展的磁滞回线图形。逐次记录其正顶点的坐标，并在坐标纸上把它们连成光滑的曲线，就得到样品的基本磁化曲线。

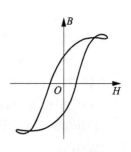

图 2.21.6　磁滞回线的畸变

（四）示波器的定标

由于从示波器上可以显示出待测材料的动态磁滞回线，所以为了定量研究磁化曲线、磁滞回线，必须对示波器进行定标，确定示波器 X 轴的每格代表多少 H 值（A/m），Y 轴每格代表多少 B 值（T）。

本实验定量计算公式为：

$$H = \frac{N_1 S_X}{L R_1} X \tag{8}$$

$$B = \frac{R_2 C S_Y}{N_2 S} Y \tag{9}$$

式中各量的单位是：R_1、R_2 为 Ω；L 为 m；S 为 m²；C 为 F；S_X，S_Y 为 V/格；X、Y 为格（分正负向读数）；H 为 A/m；B 为 T。

四、实验内容及步骤

实验前先熟悉实验的原理和仪器的构成。使用仪器前先将信号源输出幅度调节旋钮逆时针旋到底（多圈电位器），使输出信号为最小。标有红色箭头的线表示接线的方向，样品的更换是通过换接接线来完成的。

注意：由于信号源、电阻 R_1 和电容 C 的一端已经与地相连，所以不能与其他接线端相连接，否则会短路信号源、U_R 或 U_C，从而无法正确做出实验。

（一）观察两种样品在 25 Hz、50 Hz、100 Hz、150 Hz 交流信号下的磁滞回线图形

（1）按图 2.21.5 所示的原理线路接线。

①逆时针调节幅度调节旋钮到底，使信号输出最小。

②调示波器显示工作方式为 $X - Y$ 方式，即图示仪方式。

③示波器 X 输入为 AC 方式，测量采样电阻 R_1 的电压。

④示波器 Y 输入为 DC 方式，测量积分电容的电压。

⑤选择样品1先进行实验。

⑥接通示波器和 DH4516C 型动态磁滞回线实验仪电源，适当调节示波器辉度，以免显示屏中心受损。预热10分钟后开始测量。

(2)示波器光点调至显示屏中心，调节实验仪频率调节旋钮，频率显示窗显示 50.00 Hz。

(3)单调增加磁化电流，即缓慢顺时针调节幅度调节旋钮，使示波器显示的磁滞回线上 B 值缓慢增加，至达到饱和。改变示波器上 X、Y 输入增益段开关并锁定增益电位器(一般为顺时针到底)，调节 R_1、R_2 的大小，使示波器显示出典型美观的磁滞回线图形。

(4)单调减小磁化电流，即缓慢逆时针调节幅度调节旋钮，直到示波器最后显示为一点，位于显示屏的中心，即 X 和 Y 轴线的交点。如不在中心，可调节示波器的 X 和 Y 位移旋钮。

(5)单调增加磁化电流，即缓慢顺时针调节幅度调节旋钮，使示波器显示的磁滞回线上 B 值增加缓慢，至达到饱和。改变示波器上 X、Y 输入增益段开关和 R_1、R_2 的值，使示波器显示典型美观的磁滞回线图形。磁化电流在水平方向上的读数为(-5.00，+5.00)格。

(6)逆时针调节幅度调节旋钮到底，使信号输出最小，调节实验仪频率调节旋钮，频率显示窗分别显示 25.00 Hz、100.0 Hz、150.0 Hz，重复上述(3)~(5)的操作，比较磁滞回线形状的变化。表明磁滞回线的形状与信号频率有关，频率越高磁滞回线包围的面积越大，用于信号传输时磁滞损耗也越大。

(7)换样品2，重复上述(2)~(6)的步骤，观察 25.00 Hz、50.00 Hz、100.0 Hz、150.0 Hz 时的磁滞回线，并与样品1进行比较，查看有何异同。

(二)用样品1测磁化曲线和动态磁滞回线

(1)在实验仪上接好实验线路，逆时针调节幅度调节旋钮到底，使信号输出最小。将示波器光点调至显示屏中心，调节实验仪频率调节旋钮，频率显示窗显示 50.00 Hz。

(2)退磁。

①单调增加磁化电流，即缓慢顺时针调节幅度调节旋钮，使示波器显示的磁滞回线上 B 值缓慢增加，至达到饱和。改变示波器上 X、Y 输入增益段开关和 R_1、R_2 的值，使示波器显示典型美观的磁滞回线图形。磁化电流在水平方向上的读数为(-5.00，+5.00)格，此后，保持示波器上 X、Y 输入增益段开关和 R_1、R_2 值固定不变并锁定增益电位器(一般为顺时针到底)，以便对

H、B 进行标定。

②单调减小磁化电流,即缓慢逆时针调节幅度调节旋钮,直到示波器最后显示为一点,位于显示屏的中心,即 X 和 Y 轴线的交点。如不在中心,可调节示波器的 X 和 Y 位移旋钮。实验中可用示波器 X、Y 输入的接地开关检查示波器的中心是否对准屏幕 X、Y 坐标的交点。

(3)磁化曲线(即测量大小不同的各个磁滞回线的顶点的连线)。

单调增加磁化电流,即缓慢顺时针调节幅度调节旋钮,磁化电流在 X 方向读数分别为 0,0.20,0.40,0.60,0.80,1.00,2.00,3.00,4.00,5.00,单位为格,将磁滞回线顶点在 Y 方向上的读数记入表 2.21.1 中,单位为格。磁化电流在 X 方向上的读数为(-5.00,+5.00)格时,示波器显示典型美观的磁滞回线图形。此后,保持示波器上 X、Y 输入增益段开关和 R_1、R_2 值固定不变,并锁定增益电位器(一般为顺时针到底),以便对 H、B 进行标定。

表 2.21.1　磁化电流数据记录 $R_1 = 3\ \Omega$　$R_2 = 60\ \Omega$

序号	1	2	3	4	5	6	7	8	9	10	11	12
X/格												
H/(A·m^{-1})												
Y/格												
B/mT												

(4)动态磁滞回线

磁化电流 X 方向上的读数为(-5.00,+5.00)格时,将示波器显示的磁滞回线数据记入表 2.21.2 中。Y 最大值时对应饱和磁感应强度 B_s;$X=0$,Y 读数对应剩磁 B_r;$Y=0$,X 读数对应矫顽力 H_c。

表 2.21.2　动态磁滞回线数据记录

X/格	H/(A·m^{-1})	Y/格	B/mT	X/格	H/(A·m^{-1})	Y/格	B/mT

由前所述 H、B 的计算公式(8)、公式(9),可得到一组实测的磁化曲线数据,然后对应 H、B 填入表 2.21.1 中。

公式中,两种铁芯实验样品和实验装置参数如下:$L=0.130$ m,$S=1.24\times 10^{-4}$ m^2,$C=1.0\times 10^{-6}$ F,$N_1=100$ T,$N_2=100$ T,R_1、R_2 值根据仪器面板上的选择值计算。其中,L 为铁芯实验样品平均磁路长度;S 为铁芯实验样品截面积;N_1 为磁化线圈匝数;N_2 为副线圈匝数;R_1 为磁化电流采样电阻,单位为 Ω;R_2 为积分电阻,单位为 Ω;C 为积分电容,单位为 F。S_X 为示波器 X 轴灵敏度,单位为 V/格;S_Y 为示波器 Y 轴灵敏度,单位为 V/格。作 $B-H$ 磁化曲线如图

2.21.7 所示。

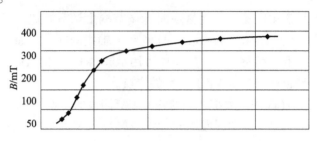

图 2.21.7 $B-H$ 磁化曲线

磁滞回线数据由前所述 H、B 的计算公式(8)、公式(9)，可得到一组实测的磁化曲线数据，然后对应 H、B 填入表 2.21.2 中，作磁滞回线图 $B-H$ 如图 2.21.8 所示。

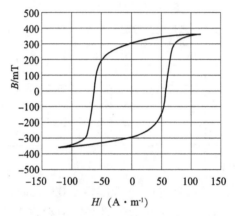

图 2.21.8 $B-H$ 磁滞回线

B 最大值对应饱和磁感应强度 $-B_s = -372.3$ mT、$B_s = 371.3$ mT；$H = 0$ 时，B 读数对应剩磁 $-B_r = -299.7$ mT、$B_r = 304.6$ mT；$B = 0$ 时，H 读数对应矫顽力 $-H_c = -66.67$ A/m、$H_c = 64.10$ A/m。

(5) 换一种实验样品进行上述实验。

(6) 改变磁化信号的频率，进行上述实验。

五、回答问题

(1) 测绘磁滞回线和磁化曲线前为何先要退磁？如何退磁？

(2) U_C 对应的是 H 还是 B？请说明理由。

(3) 测量回线要使材料达到磁饱和，退磁也应从磁饱和开始，意义何在？

(4) 实验仪显示的 U_1 与 U_2 值和示波器上回线的纵横尺度有什么关系？

(5) 测试频率变大或变小时，磁化曲线发生何种变化？

第三部分

综合性实验

实验 22

单摆的非线性振动

一、实验目的

(1) 用单摆测定重力加速度;
(2) 学习使用计时仪器(停表、光电计时器);
(3) 学习在直角坐标纸上正确作图及处理数据;
(4) 学习用最小二乘法作直线拟合。

二、实验仪器及用具

单摆装置、带卡口的米尺、游标卡尺、电子停表、光电计时器。

三、实验原理

把一个金属小球拴在一根细长的线上,如图 3.22.1 所示。如果细线的质量比小球的质量小很多,而球的直径又比细线的长度小很多,则此装置可看作是一根不计质量的细线系住一个质点,这就是单摆。略去空气的阻力和浮力以及线的伸长,在摆角很小时,可以认为单摆作简谐振动,其振动周期 T 为:

$$T = 2\pi \sqrt{\frac{l}{g}}, \quad g = 4\pi^2 \frac{l}{T^2} \tag{1}$$

式中,l 是单摆的摆长,就是从悬点 O 到小球球心的距离,g 是重力加速度。因而,单摆周期 T 只与摆长 l 和重力加速度 g 有关。如果我们测量出单摆的 l 和 T,就可以计算出重力加速度 g。

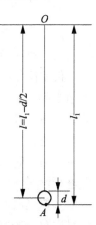

图 3.22.1 单摆

四、实验内容

1. 固定摆长,测定 g

(1) 测定摆长(摆长 l 取 100 cm 左右)。

① 先用带卡口的米尺测量悬点 O 到小球最低点 A 的距离 l_1(见图

3.22.1),并将数据记入表 3.22.1 中。

表 3.22.1　l_1 的测量数据

悬点 O 的位置 x_1/cm	小球最低点 A 的位置 x_2/cm	$l_1 = |x_1 - x_2|$/cm

再估计 l_1 的极限不确定 e_{l_1},计算出标准不确定度 $\sigma_{l_1} = e_{l_1}/\sqrt{3}$。

② 先用游标卡尺多次测量小球沿摆长方向的直径 d(见图 3.22.1),并将数据记入表 3.22.2 中。

表 3.22.2　d 的测量数据

次数	1	2	3	平均	卡尺零点	修正零点后的平均值
d/cm						

再求出 $\overline{d}$ 和 $\sigma_{\overline{d}}$。

③ 摆长为 $l = l_1 - \dfrac{\overline{d}}{2}$

求出 $\sigma_l = \sqrt{\sigma_{l1}^2 + \left(\dfrac{\sigma_{\overline{d}}}{2}\right)^2}$

则摆长 l 为:$l = $ _____ ± _____ cm

(2) 测量单摆周期。

使单摆作小角度摆动。通过计算可知,当小球的振幅小于摆长的 1/12 时,摆角 $\theta < 5°$。小球的振幅通过挡杆在水平方向的位置而确定。从挡杆方向平稳放开小球,开始自由摆动,待摆动稳定后,用光电计时器测量。

光电计时器的使用方法:开机通电后,默认的计时次数为 30 次,连接好光电门与计时器的插线,按"执行"键即准备计时,等小球经过光电门挡光时,即进行计时,由于光电计时器每指一次光就记录一次挡光时刻的值,一个周期内共挡光两次,在第 61 次挡光时停止计时。其他次数时类推。如果要改变计时次数,按"复位"键后,再按"上调""下调"键可改变计时次数,然后再按"执行"键即可计时。

测量摆动 30 次所需的时间 $30T$(积累法),重复测量多次,求平均值,并将数据记入表 3.22.3 中。

表 3.22.3　时间测量数据

次数	1	2	3	4	5	平均
$30T$/s						

求出 $\overline{30T}$ 和 $\sigma_{\overline{30T}}$，则 $30T =$ _____ ± _____ s

(3) 由 $g = \dfrac{4\pi^2 l}{T^2} = \dfrac{4\pi^2 l}{(30T/30)^2} = \dfrac{\pi^2 l \times 3\,600}{(30T)^2}$，可得： (2)

$$\dfrac{\sigma_g}{g} = \sqrt{\left(\dfrac{\sigma_l}{l}\right)^2 + \left(\dfrac{2\sigma_{\overline{30T}}}{\overline{30T}}\right)^2}$$

计算 g 的标准不确定度 σ_g（计算时可把 $\overline{30T}$ 作为一个数，而不必求出 T）。则重力加速度 $g =$ _____ ± _____ [_____]（写出单位符号）。

2. 改变摆长，测定 g

使 l 分别为 50 cm，60 cm，70 cm，80 cm，90 cm，测出不同摆长下的 $\overline{30T}$。

(1) 用直角坐标纸作 $l - (\overline{30T})^2$ 图，如果是直线，则说明什么？由直线可得斜率，然后求出 g。

(2) 以 l 及相应的 $(\overline{30T})^2$ 数据，用最小二乘法作直线拟合，求其斜率，并由此求出 g。

*3. 固定摆长，改变摆角 θ，测定周期 T

使 θ 分别为 $10°$，$20°$，$30°$，用光电计时器测摆动周期 T，然后做比较，并将数据记入表 3.22.4 中。

(1) 用周期 T 随摆角 θ 变化的二级近似式：

$$T = 2\pi\sqrt{\dfrac{l}{g}}\left(1 + \dfrac{1}{4}\sin a^2 \dfrac{\theta}{2}\right) \tag{3}$$

计算出上述相应角度的周期数值，并进行比较（其中 g 取当地标准值）。

(2) 用式(1)计算出周期 T 的值，并进行比较（其中 g 取当地标准值）。

从以上比较中体会式(1)要求摆角 θ 很小这一条件的重要性，并体会摆角 θ 略偏大时用式(3)进行修正的必要性。

表 3.22.4　固定摆长，用光电计时器测摆动周期 T

次数 \ 摆角	$10°$	$20°$	$30°$
1			
2			
3			
实验值 $\overline{T}$/s			
由式(3)计算 T/s			
$\dfrac{T_{实} - T_{计}}{T_{计}}$/%			

续表

次数\摆角	10°	20°	30°
由式(1)计算 T/s			
$\dfrac{T_实 - T_计}{T_计}$/%			

*4. 其他系统误差的考虑

除了摆角的影响以外，由于存在理论、方法等方面的误差，还需从以下方面逐项分析，考察并修正测量结果。

（1）复摆的修正。

在单摆公式（1）中，假定小球是一个质点，而且不计摆线质量，但实际上，从精确测量的角度分析，摆线质量 μ 并不等于零，小球半径 r 也不等于零，即不是理想的单摆，而是一个绕固定轴摆动的复摆。其周期可用下式表达：

$$T_1 = 2\pi \sqrt{\frac{l}{g}} \cdot \sqrt{\left(1 + \frac{2}{5}\frac{r^2}{l^2} - \frac{1}{6}\frac{\mu}{m}\right)} \tag{4}$$

式中，m 为小球质量，μ 为摆线质量，l 为摆线长度，r 为小球半径。

第二、三项为修正项，数量级为 10^{-4} 左右。

（2）空气浮力与阻力的修正。

考虑到空气的浮力和阻力影响，周期将增大，即

$$T_2 = 2\pi \sqrt{\frac{l}{g}} \cdot \sqrt{1 + \frac{8}{5}\frac{\rho_0}{\rho}} \tag{5}$$

式中，ρ_0、ρ 分别为空气和小球的密度，数量级为 10^{-4} 左右。

第二、三项为修正项，数量级为 10^{-4} 左右。

五、注意事项

（1）如用停表测量周期时，应选择小球通过最低位置处计时，并在某一个固定位置时启动和停止计时；或者采用差值计算以减小人的反应误差，如计 40 次和 10 次的差值。

（2）要注意小摆角的实验条件，例如控制摆角 $\theta < 5°$。

（3）要注意使小球始终在同一个竖立平面内摆动，防止形成"锥摆"。

（4）本仪器提供铁质小球的直径 20 mm。

（5）挡光针为长 15 mm、直径为 2.7 mm 的中空塑料圆柱，实验时将其插在小球的底部孔中。

六、思考题

（1）请想出一种摆锤为不规则形状的重物（如一把挂锁）的"单摆"，并测定重力加速度 g 的方法。

（2）假设单摆的摆动不在竖直平面内，而是作圆锥形运动（即"锥摆"）。若不加修正，在同样的摆角条件下，所测的 g 值将会偏大还是偏小？为什么？

实验 23

音叉的受迫振动与共振实验

一、实验目的

(1) 研究音叉振动系统在周期外力作用下共振的幅度与强迫力频率的关系,测量及绘制它们的关系曲线,并求出共振频率和振动系统振动的锐度(其值等于 Q 值)。

(2) 通过对音叉双臂振动与对称双臂质量关系的测量,求音叉振动频率 f(即共振频率)与附在音叉双臂一定位置上相同物块质量 m 的关系公式。

(3) 通过测量共振频率的方法,测量一对附在音叉上的物块 m_x 的未知质量。

(4) 在音叉增加阻尼的情况下,测量音叉共振频率及锐度,并对不同的阻尼情况进行对比。

二、实验仪器及用具

钢质音叉、数字 DDS 低频信号发生器、交流数字电压表、电磁线圈、配对质量块、专用阻尼块、双踪示波器。

三、实验原理

(一) 简谐振动与阻尼振动

物体的振动速度不大时,它所受的阻力大小通常与速率成正比,若以 F 表示阻力大小,可将阻力写成下列代数式:

$$F = -\gamma\mu = -\gamma\frac{dx}{dt} \tag{1}$$

式中,γ 是与阻力相关的比例系数,其值与运动物体的形状、大小和周围介质等的性质有关。

物体的上述振动在有阻尼的情况下,振子的动力学方程为:

$$m\frac{d^2x}{dt^2} = -\gamma\frac{dx}{dt} - kx \tag{2}$$

式中，m 为振子的等效质量，k 为与振子属性有关的劲度系数。

令 $\omega_0^2 = \dfrac{k}{m}$，$2\delta = \dfrac{\gamma}{m}$，代入式(2)可得：

$$\frac{d^2 x}{dt^2} + 2\delta \frac{dx}{dt} + \omega_0^2 x = 0 \tag{3}$$

式中，ω_0 是对应于无阻尼时的系统振动的固有角频率，δ 为阻尼系数。

当阻尼较小时，式(3)的解为：

$$x = A_0 e^{-\delta t} \cos(\omega t + \varphi_0) \tag{4}$$

式中，$\omega = \sqrt{\omega_0^2 - \delta^2}$。

由公式(4)可知，如果 $\delta = 0$，则认为是无阻尼的运动，这时 $x = A_0 \cos(\omega t + \varphi_0)$，成为简谐运动。当 $\delta > 0$，即在有阻尼的振动情况下，此运动是一种衰减运动。从公式 $\omega = \sqrt{\omega_0^2 - \delta^2}$ 可知，相邻两个振幅最大值之间的时间间隔为：

$$T = \frac{2\pi}{\omega} = \frac{2\pi}{\sqrt{\omega_0^2 - \delta^2}} \tag{5}$$

与无阻尼的周期 $T = \dfrac{2\pi}{\omega_0}$ 相比，周期变大。

(二) 受迫振动与共振

实际的振动都是阻尼振动，一切阻尼振动最后都要停止下来。要使振动能持续下去，必须对振子施加持续的周期性外力，使其因阻尼而损失的能量得到不断的补充。振子在周期性外力作用下发生的振动叫受迫振动，而周期性的外力又称驱动力。实际发生的许多振动都属于受迫振动。例如声波的周期性压力使耳膜产生的受迫振动，电磁波的周期性电磁场力使天线上电荷产生的受迫振动等。

假设驱动力有如下的形式：

$$F = F_0 \cos\omega t \tag{6}$$

式中，F_0 为驱动力的幅值，ω 为驱动力的角频率。

振子处在驱动力、阻力和线性回复力三者的作用下，其动力学方程为：

$$m\frac{d^2 x}{dt^2} = -\gamma \frac{dx}{dt} - kx + F_0 \cos\omega t \tag{7}$$

仍令 $\omega_0^2 = \dfrac{k}{m}$，$2\delta = \dfrac{\gamma}{m}$，得到：

$$\frac{d^2 x}{dt^2} + 2\delta \frac{dx}{dt} + \omega_0^2 x = \frac{F_0}{m}\cos\omega t \tag{8}$$

微分方程理论证明，在阻尼较小时，上述方程的解是：

$$x = A_0 e^{-\delta t}\cos(\sqrt{\omega_0^2 - \delta^2}\,t + \varphi_0) + A\cos(\omega t + \varphi) \tag{9}$$

式中，第一项为暂态项，在经过一定时间之后这一项将消失，第二项是稳定项。在振子振动一段时间达到稳定后，其振动式即成为：

$$x = A\cos(\omega t + \varphi) \tag{10}$$

应该指出，式（10）虽然与自由简谐振动式（即在无驱动力和阻尼下的振动）相同，但实质已有所不同。首先其中 ω 并非是振子的固有角频率，而是驱动力的角频率，其次 A 和 φ 不决定于振子的初始状态，而是依赖于振子的性质、阻尼的大小和驱动力的特征。事实上，只要将式（10）代入方程（8）中，就可计算出

$$A = \frac{F_0}{\omega\sqrt{\gamma^2 + \left(\omega m - \dfrac{k}{\omega}\right)^2}} = \frac{F_0}{m\sqrt{(\omega_0^2 - \omega^2)^2 + 4\delta^2\omega^2}} \tag{11}$$

$$\varphi = \arctan\frac{\gamma}{\omega m - \dfrac{k}{\omega}} \tag{12}$$

式中，$\omega_0^2 = \dfrac{k}{m}$，$\gamma = 2\delta \cdot m$。

对式（11）求导，并令 $\dfrac{dA}{d\omega} = 0$，即可求得 A 的极大值对应的 ω 值为：

$$\omega = \sqrt{\omega_0^2 - 2\delta^2} = \omega_r \tag{13}$$

这时 A 的最大值为：

$$A_{max} = \frac{F_0}{2m\delta\sqrt{\omega_0^2 - \delta^2}} \tag{14}$$

此时称为共振。

在共振达到稳态时，振动物体的速度为：

$$v = \frac{dx}{dt} = v_{max}\cos(\omega t + \varphi + \frac{\pi}{2}) \tag{15}$$

其中

$$v_{max} = \frac{F_0}{\sqrt{\gamma^2 + \left(\omega m - \dfrac{k}{\omega}\right)^2}} \tag{16}$$

由公式（13）可知，在不同的 δ 值时，共振频率 ω 是不同的，另外 δ 值越小，x—ω 关系曲线的极值越大。不同的 δ 值对应的共振曲线如图 3.23.1 所示。

描述这种曲线陡峭程度的物理量称为锐度，其值等于品质因素，即

$$Q = \frac{\omega_0}{\omega_2 - \omega_1} = \frac{f_0}{f_2 - f_1} \tag{17}$$

式中，f_0 表示共振频率，f_1、f_2 分别表示半功率点的频率，也就是对应振幅为振幅最大值的 0.707 倍的频率。

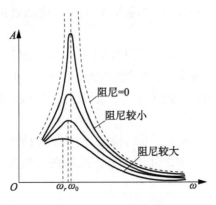

图 3.23.1　共振曲线

由公式(10)和(15)可知，在忽略阻尼 δ 的情况下，音叉共振时，振动位移与振动速度存在 $\frac{\pi}{2}$ 的相位差。另外，由公式(11)和(16)可知，此时振动位移和速度成 ω 倍关系。

（三）音叉的振动周期与质量的关系

由公式(5) $T = \frac{2\pi}{\omega} = \frac{2\pi}{\sqrt{\omega_0^2 - \delta^2}}$ 可知，在阻尼 δ 较小、可忽略的情况下有：

$$T \approx \frac{2\pi}{\omega_0} = 2\pi \sqrt{\frac{m}{k}} \tag{18}$$

即可以通过改变质量 m，来改变音叉的共振频率。在一个标准基频为 256 Hz 音叉的两臂上对称等距开孔，可以知道这时的 T 变小，共振频率 f 变大；将两个相同质量的物块 m_x 对称地加在两臂上，这时的 T 变大，共振频率 f 变小。从式(18)可知：

$$T^2 = \frac{4\pi^2}{k} \cdot (m_0 + m_x) \tag{19}$$

其中，k 为振子的劲度系数，为常数，它与音叉的力学属性有关；m_0 为不加质量块时音叉振子的等效质量；m_x 为每个振动臂增加的物块质量。

由式(19)可知，音叉振动周期的平方与质量成正比。由此可由测量音叉的振动周期来测量未知质量，并可制作测量质量和密度的传感器。

四、实验内容及步骤

（1）将实验架上的驱动器连线接至实验仪驱动信号的"输出"端，实验架上的接收器接至实验仪测量信号的"输入"端。驱动波形和接收波形的输出可以连接到示波器观测。测量信号"输入"端与交流电压表相连。然后接通电源，使仪器预热 10 分钟。

（2）测定无阻尼状态下音叉的共振频率 ω_0 和对应的电压值 V_{max}。将驱动信号的频率由低到高缓慢调节（参考值约为 260 Hz），仔细观察交流电压表的读数，当交流电压表读数达最大值时，记录音叉共振时的频率和交流电压表的读数 V_{max}。

（3）在驱动信号输出幅度不变的情况下，频率由低到高，测量数字电压表示值 V 与驱动信号的频率 f 之间的关系，注意在共振频率附近应多测几个频率点。

五、数据处理

（1）绘制 V-f 关系曲线，求出两个半功率点 f_2 和 f_1，并计算音叉的锐度（Q 值）。

（2）将不同的质量块（5 g、10 g、15 g）分别加到音叉双臂指定的位置上，并用螺丝旋紧。测出音叉双臂对称加相同质量物块时，相对应的共振频率，并记录 $m \sim f$ 关系数据。

（3）作周期平方 T^2 与质量 m 的关系图，求出直线斜率 $4\pi^2/k$ 和在 m 轴上的截距 m_0，并对结果进行分析。

（4）用另一对 10 g 质量的物块作为未知质量的物块，测出音叉的共振频率，计算出未知质量的物块 m_x，并与实际值相比较，分析测量误差。

（5）将阻尼块靠近音叉臂，对音叉臂施加阻尼。测量在增加阻尼的情况下，音叉的共振频率和锐度（Q 值）。改变阻尼块的上下位置，测量音叉在不同阻尼时的曲线。将这些曲线与音叉不受阻尼时的曲线相比较，并对结果进行分析。

六、回答问题

（1）实验中驱动力的频率为 200 Hz 时，音叉臂的振动频率为多少？

（2）实验中在音叉臂上加物块时，为什么每次加物块的位置要固定，若改变其位置，会发生什么现象？

实验 24

RCL 电路暂态过程

一、实验目的

(1) 通过对 RCL 电路暂态过程的观察,加深对电容和电感特性的认识;
(2) 学习对暂态过程的观察方法;
(3) 进一步学习示波器的使用。

二、实验仪器及用具

示波器、方波信号发生器、电阻箱、电容和电感若干

三、实验原理

电阻、电容、电感是电路的基本元件。在 RC、RL 串联电路中,接通和断开直流电源的瞬间,电路从一个稳定状态过渡到另一个稳定状态的过程,称为暂态过程。暂态过程的规律在电子技术中已得到广泛应用。本实验将用示波器观察这些过程的特点与运动规律。

电压由一个值跳变到另一个值时称为"阶跃电压",如图 3.24.1 所示。如果电路中包含有电容、电感等元件,则在阶跃电压的作用下,电路状态的变化通常经过一定的时间才能稳定下来。电路在阶跃电压的作用下,从开始发生变化到变为另一种稳定状态的过渡过程称为"暂态过程"。这一过程主要由电容、电感的特性所决定。

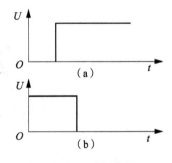

图 3.24.1 阶跃电压

(一) RC 串联电路的暂态过程

RC 电路暂态过程可以分为充电过程和放电过程,首先研究充电过程。

图 3.24.2 所示为研究 RC 暂态过程的电路。当开关 K 接到 "1" 点时,电源 E 通过电阻 R 对 C 充电,此充电过程满足如下方程:

$$R\frac{dq}{dt} + \frac{q}{C} = E \tag{1}$$

式中，q 是电容 C 上的电荷，$\frac{dq}{dt}$ 是电路中的电流。考虑初始条件 $t=0$，$q_0=0$，则得到它的解为：

$$q = CE(1 - e^{-t/RC}) \tag{2}$$

因而有：

$$u_C = \frac{q}{C} = E(1 - e^{-t/RC}) \tag{3}$$

$$i = \frac{dq}{dt} = \frac{E}{R}e^{-t/RC} \tag{4}$$

$$u_R = Ri = Ee^{-t/RC} \tag{5}$$

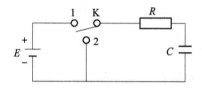

图 3.24.2　RC 暂态过程电路

式(2)(3)(4)(5)都是指数形式，这里只需观测电容电压 u_C 随时间的变化规律，就可以了解其余三个量随时间的变化规律。其中 $RC = \tau$ 称为电路的时间常数。充电和放电的快慢由 RC 决定。由式(3)可得，当 $t = \tau$ 时，$u_C = 0.632E$。

图 3.24.3 所示为 $u_C(t)$ 曲线。由图 3.24.3 可知：τ 越大，充电过程越慢。

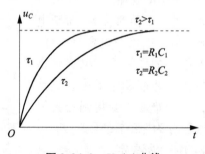

图 3.24.3　$U_C(t)$ 曲线

当 U_C 增大到 E 时，电路即达到了稳定状态，此后若将图 3.24.2 中的开关 K 由"1"点迅速转接到"2"点时，则电容 C 将通过 R 放电，此放电过程的微分方程为：

$$R\frac{dq}{dt} + \frac{q}{C} = 0 \tag{6}$$

考虑初始条件 $t=0$ 时,$q_0 = CE$,于是得到它的解:

$$q = CEe^{-t/RC} \tag{7}$$

因而有:

$$u_C = \frac{q}{C} = Ee^{-t/RC} \tag{8}$$

$$i = \frac{dq}{dt} = -\frac{E}{R}e^{-t/RC} \tag{9}$$

$$u_R = Ri = -Ee^{-t/RC} \tag{10}$$

其中,i 与 u_R 两等式右边的负号表示放电电流方向与充电电流方向相反。由公式(7)(8)(9)(10)可知,放电过程也是按指数形式变化的。当 $t = \tau$ 时,$u_C = 0.368E$。u_C 随 t 的变化关系如图 3.24.4 所示。

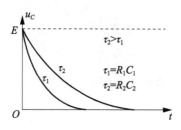

图 3.24.4　$U_C - t$ 曲线

(二) RL 电路的暂态过程

RL 电路的暂态过程分为电流增长和衰减两个过程。图 3.24.5 所示就是实现这两个过程的电路图。

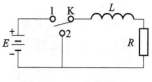

图 3.24.5　电路图

当开关 K 接到"1"时,为电流增长过程。设 t 时刻的电流为 i,电感 L 上的感应电动势为 $\varepsilon = -L\frac{di}{dt}$,则有电路方程:

$$L\frac{di}{dt} + Ri = E \tag{11}$$

由于 L 的影响,电流不能突变。因此初始条件为 $t=0$ 时,$i=0$。方程的解为:

$$i = \frac{E}{R}(1 - e^{-\frac{R}{L}t}) \tag{12}$$

因而有:

$$u_R = Ri = E(1 - e^{-\frac{R}{L}t}) \tag{13}$$

$$u_L = L\frac{di}{dt} = Ee^{-\frac{R}{L}t} \tag{14}$$

式中，$\frac{L}{R} = \tau$，称为电路时间常数。

当电流 i 增长到最大值 $i_m = \frac{E}{R}$ 时，电路进入稳定状态。此时若将开关 K 由"1"迅速接到"2"时，则为电流衰减过程，其电路方程为：

$$L\frac{di}{dt} + Ri = 0 \tag{15}$$

考虑初始条件 $t = 0$ 时，$i = \frac{E}{R}$，得到它的解为：

$$i = \frac{E}{R}e^{-\frac{R}{L}t} \tag{16}$$

因而有：

$$u_R = Ri = Ee^{-\frac{R}{L}t} \tag{17}$$

$$u_L = L\frac{di}{dt} = -Ee^{-\frac{R}{L}t} \tag{18}$$

式(18)右边的负号表示电流衰减时，L 上的自感电动势与电流的方向相反，其时间常数仍为 $\frac{L}{R} = \tau$。

若将 RL 电路与 RC 电路的解作比较，可以看出：两者的电流、电压都同样按指数规律变化。

观察 RL 电路中 R 上的电压 u_R 的变化，就像观测 RC 电路的 u_C 变化一样，此时 u_R 反映了 L 所存储的能量状态。

（三）RLC 串联电路的暂态过程

研究 RLC 串联电路的暂态过程可用图 3.24.6 所示的电路，它也可分为充电过程和放电过程。为讨论方便，首先分析放电过程。

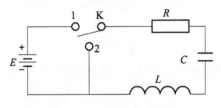

图 3.24.6　RLC 串联电路

设开关 K 已接在"1"处并使电路达到稳定状态，此时电容的电压 $u_C = E$。然后将开关 K 迅速由"1"转到"2"，则电容 C 将通过 L 和 R 放电，其方程为：

$$L\frac{d^2q}{dt^2} + R\frac{dq}{dt} + \frac{q}{C} = 0 \tag{19}$$

式中，$\dfrac{d^2q}{dt^2} = \dfrac{di}{dt}$ 是电流随时间的变化率，它的初始条件为 $t_1 = 0$，$q_0 = CE$，$i_0 = \dfrac{dq}{dt}\bigg|_{i=0} = 0$，此方程的求解可分以下三种情况讨论：

(1) 当 $R^2 < \dfrac{4L}{C}$ 时，方程(19)的解为：

$$q(t) = CE e^{-\frac{t}{\tau}} \cos(\omega t + \varphi) \tag{20}$$

其图形为如图 3.24.7 所示的曲线 I 。图中振幅衰减的时间常数 $\dfrac{2L}{R} = \tau$，振荡的圆频率为：

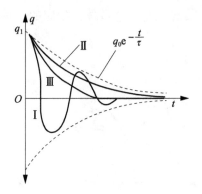

图 3.24.7 *RLC* 串联电路暂态曲线

$$\omega = \dfrac{1}{\sqrt{LC}} \sqrt{1 - \dfrac{R^2 C}{4L}} \tag{21}$$

此解表明：电路中电容器放电所余的瞬间电量 q 以欠阻尼振荡暂态过程趋于稳态($q = 0$)。

(2) 当 $R^2 > \dfrac{4L}{C}$ 时，方程(19)的解为：

$$q(t) = CE e^{-\frac{t}{\tau}} \cos(\omega t + \varphi) \tag{22}$$

式中：

$$\tau = \dfrac{2L}{R}$$

$$\omega = \dfrac{1}{\sqrt{LC}} \sqrt{\dfrac{R^2 C}{4L} - 1} \tag{23}$$

由于双曲余弦函数与余弦函数具有完全不同的性质，因而尽管式(22)与式(20)在形式上相同，但式(22)中的 τ 和 ω 不能再理解为"时间常数"和"圆频率"。式(22)的图形为如图 3.24.7 所示的曲线 II，为过阻尼暂态过程。

(3) 当 $R^2 = \dfrac{4L}{C}$ 时，方程(19)的解为：

$$q(t) = CE e^{-\frac{t}{\tau}}\left(1 + \frac{t}{\tau}\right) \tag{24}$$

其曲线如图 3.24.7 所示的Ⅲ。它是欠阻尼和过阻尼间的临界阻尼的暂态过程。此时的电阻值 $R = 2\sqrt{L/C} = R_{CP}$ 称为临界电阻。

RLC 串联电路的充电暂态过程可由图 3.24.6 所示中的开关 K 从"2"转接到"1"来实现，充电暂态过程的方程应为：

$$L\frac{\mathrm{d}^2 q}{\mathrm{d}t^2} + R\frac{\mathrm{d}q}{\mathrm{d}t} + \frac{q}{C} = E \tag{25}$$

和放电过程相比，其解仅差一个常数，相应的三种充电暂态过程曲线如图 3.24.8 所示。

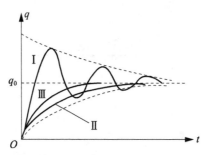

图 3.24.8　三种充电暂态过程曲线

由上述讨论可知，RLC 电路在充、放电过程中究竟以三种可能的暂态过程中的哪一种暂态过程趋于稳定态，完全由此电路具体的 R 和 $2\sqrt{L/C}$ 的值决定。

实验时，观测 u_C，用以代替 q。

（四）观测暂态过程的方法（以 RC 电路为例）

本实验所研究的电路，其参数的暂态过程非常短暂，用手动扳开关 K 记停表时间和读电压表数值这样的普通操作方法是无法观测的，因此这里采用的是"电子电路"法。其电路和仪器如图 3.24.9 所示。

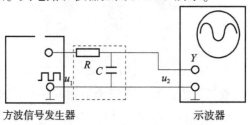

图 3.24.9　"电子电路"法电路原理图

在图 3.24.9 中，R 和 C 串联构成待测电路。方波信号发生器输出方波信号电压 u_1，相当于图 3.24.2 所示中的 E 和周期性的转换开关 K；$u_2(u_C)$ 的暂态过程波形由示波器显示出来。

图 3.24.10 所示是 u_1、u_2 的波形图。

现以 u_1 的第一个方波($abcd$)为例来说明过程的实现。u_1 包含着两个阶跃：上升阶跃 ab，它对应的时刻为 t_1，t_2 为下降阶跃时刻(cd)。在 u_1 上升阶跃的"作用"下，产生了 u_2 的上升暂态过程，此过程经历了 t_1 至 t'_1 时间，这是电路的充电暂态过程。t'_1 至 t_2 是电路的稳态期间。同样分析可得，t_2 至 t'_2 是电路的放电暂态过程，t'_2 至 t_3 是电路的稳态期间。

示波器不但能显示 u_1、u_2 波形，而且能测出有关的时间间隔。

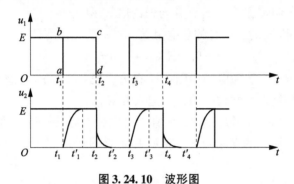

图 3.24.10　波形图

四、实验内容

1. 观察 RC 电路的 u_C 和 τ

（1）如图 3.24.2 所示，连接电路，并把仪器调整到安全待测态，此态包括：

① 信号源的"输出调节"旋钮旋至输出电压最小处。

② 示波器的"辉度"旋钮旋至最暗位置。

③ $R = 6\,000\ \Omega$，$C = 0.015\ \mu F$。

然后接通电源，输出方波 $f = 500\ Hz$，幅度 $E = 3\ V$。

（2）用示波器观察 u_1、u_2 的波形图（显示的方波个数以少为好）。将 u_1 接在 CH1 上，u_2 接在 CH2 上。

（3）改变 R、C 的值，观察波形变化规律。

（4）取合适的 R、C 值，用最小二乘法测出 τ 值，并要求把 R、C 值及其 τ 的理论值、实际值均按测量精度列于自行设计的记录表格中。

2. 观察 RL 电路的 u_R，并测 τ

L 是一个其值约为 0.1 H 的电感，R 应在 $(6 \sim 9) \times 10^2\ \Omega$ 内取值。

3. 观测 RLC 串联电路的三种阻尼暂态过程

(1) 连接好电路,并把仪器置于安全待测态。其中,R 在 $2.0 \times 10^2 \sim 1.02 \times 10^4$ Ω 范围内取值,$C = 0.015$ μF,$L = 0.1$ H,然后接通电源。

(2) 粗略观察 R 在 $2.0 \times 10^2 \sim 1.02 \times 10^4$ Ω 内变化时,其 u_C 的暂态过程随之变化的情况。然后调节出临界阻尼暂态过程,按判断临界阻尼过程的精度,记下临界电阻值 R_{CP},并与理论值 R_{Ct} 相比较。

(3) 测出 $R = 200$ Ω,$C = 0.015$ μF,$L = 0.1$ H 的欠阻尼振荡的周期 T_P,并与其理论值 T_t 相比较。

测量振荡周期 T_P,由示波器观察在方波的半个周期 $T/2$ 内衰减振荡的次数 N,则振荡周期 $T_P = T/2N$。

(4) 测出欠阻尼振荡的 τ_P,并与理论值 τ_t 相比较。

在估算 T_t 和 τ_t 时,RLC 的总电阻

$$R_S = R + r_i + r_C + r_L$$

式中,$r_i = 1.4 \times 10^2$ Ω 为电源内阻,r_L 在 L 上已标出,r_C 可忽略。要求把以上观测的条件和结果科学地归纳,并记入表格。

(5) 分别粗略观察并理解 R、C 值的变化对欠阻尼振荡 u_C 波形的影响。

(6) 利用示波器的存储功能,将所有实验图形保存下来,并附在实验报告中。

注意:在实验中示波器、方波信号发生器、被测元件要"共地"。

五、回答问题

(1) 在 RC 电路中,当 τ 比方波的半个周期大得很多或小得很多时(相差几十倍以上)各有什么现象?

(2) 在 RLC 实验电路中,在仅把 R 由 200 Ω 逐步加至 1.02×10^4 Ω 的过程中,u_C 暂态过程按顺序如何变换?相应的波形是怎样的?

(3) 为什么观察电流 I 的波形是从电阻 R 的两端去观察?

(4) 分别变化 R、C 值,它对 RLC 电路欠阻尼振荡的 ω 和 τ 各产生什么影响?

实验 25

金属电子逸出功的测定

一、实验目的

(1) 用里查孙直线法测定金属(钨)电子的逸出功;
(2) 学习直线测量法、外延测量法和补偿测量法等多种实验方法;
(3) 学习一种新的数据处理的方法。

二、实验仪器及用具

全套仪器包括理想(标准)二极管及座架、电源、电表、励磁螺线管等。

(一) 理想(标准)二极管

为了测定钨的逸出功,一般将钨作为理想二极管的阴极(灯丝)材料。所谓"理想",是指把电极设计成能够严格地进行分析的几何形状。根据上述原理,将电极设计成同轴圆柱形系统。"理想"的另一含义是把待测的阴极发射面限制在温度均匀的一定长度内和可以近似地把电极看成是无限长的,即无边缘效应的理想状态。为了避免阴极的冷端效应(两端温度较低)和电场不均匀等的边缘效应,在阳极两端各装一个保护(补偿)电极,它们在管内相连后再引出管外,但阳极和它们绝缘。因此保护电极虽和阳极加相同的电压,但其电流并不包括在被测热电子发射电流中。这是一种用补偿测量的仪器设计。在阳极上还开有一个小孔(辐射孔),通过它可以看到阴极,以便用光测高温计测量阴极温度。理想(标准)二极管的结构如图 3.25.1 所示。

图 3.25.1 理想(标准)二极管

(二) 阴极(灯丝)温度 T 的测定

阴极(灯丝)温度 T 的测定有两种方法:一种是用光测高温计通过理想(标准)二极管阳级上的小孔直接测定。但用这种方法测温时,需要判定二极管阴极和光测高温计灯丝的亮度是否一致。该项判定具有主观性,若初次使用光测高温计,则测量误差更大。另一种方法是根据已经标定的理想(标准)二极管的(阴极)灯丝电流 I_f,查表 3.25.1 得到阴极温度 T。相对而言,此种方法的实验结果比较稳定。但灯丝供电电源的电压 U_f 必须稳定。测定灯丝电流的安培表,应选用级别较高的,例如 0.5 级表。本实验采用第二种方法确定灯丝温度。

表 3.25.1 温度表

灯丝 I_f/A	0.54	0.58	0.62	0.66	0.70	0.74	0.78	0.82
灯丝温度 $T/(\times 10^3 \text{ K})$	1.89	1.96	2.03	2.10	2.17	2.24	2.31	2.38

(三) 实验电路和实验仪器

根据实验原理,实验电路和实验仪器分别如图 3.25.2 和图 3.25.3 所示。图 3.25.3 中上面的一台仪器为"WF-3 型金属电子逸出功测定仪",包括励磁电源、二极管灯丝电源和阳极电压等。下面的一台仪器为"WF-3 型组合数字电表",仪器面板上的三只电表分别为实验电路中的微安表、电压表和安培表。

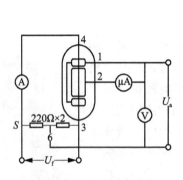

图 3.25.2 实验电路

图 3.25.3 实验仪器

三、实验原理

若真空二极管的阴极(用被测金属钨丝做成)通以电流加热,并在阳极上加以正电压时,在连接这两个电极的外电路中将有电流通过,如图 3.25.4 所示。这种电子从热金属发射的现象,称热电子发射。从工程学上说,研究热电子发射的目的是用以选择合适的阴极材料,这可以在相同加热温度下测量不同阴极材料的二极管的饱和电流,然后相互比较加以选择。但从学习物理学来说,

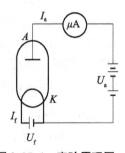

图 3.25.4 实验原理图

通过对阴极材料物理性质的研究来掌握其热电子发射的性能,这是带有根本性的学习,因而更为重要。

(一) 热电子发射公式

1911 年,里查孙提出了热电子发射公式(里查孙定律)为:

$$I = AST^2 \exp\left(-\frac{e\varphi}{kT}\right) \tag{1}$$

式中:$e\varphi$——金属电子的逸出功(或称功函数),其常用单位为电子伏特(eV),它表征要使处于绝对零度下的金属中具有最大能量的电子逸出金属表面所需要给予的能量。φ 称为逸出电位,其数值等于以电子伏特为单位的电子逸出功。可见热电子发射是用提高阴极温度的办法以改变电子的能量分布,使其中一部分电子的能量,可以克服阴极表面的势垒 E_b,做逸出功从金属中发射出来。因此,逸出功 $e\varphi$ 的大小,对热电子发射的强弱,具有决定性作用。

I——热电子发射的电流强度,单位为 A。

A——和阴极表面化学纯度有关的系数,单位为 A/(m²·K²)。

S——阴极的有效发射面积,单位为 m²。

T——发射热电子的阴极的绝对温度,单位为 K。

k——玻尔兹曼常数,$k = 1.38 \times 10^{-23}$ J/K。

根据式(1)可知,原则上只要测定 I、A、S 和 T 等各量,就可以计算出阴极材料的逸出功 $e\varphi$,但困难在于 A 和 S 这两个量是难以直接测定的,所以在实际测量中常用下文所述的里查孙直线法,以设法避开对 A 和 S 的测量。

(二) 里查孙直线法

具体的做法是将式(1)两边除以 T^2,再取对数得:

$$\lg \frac{I}{T^2} = \lg AS - \frac{e\varphi}{2.30kT} = \lg AS - 5.04 \times 10^3 \varphi \frac{1}{T} \tag{2}$$

从式(2)可见,$\lg \frac{I}{T^2}$ 与 $\frac{1}{T}$ 呈线性关系。如以 $\lg \frac{I}{T^2}$ 为纵坐标,以 $\frac{1}{T}$ 为横坐标作图,从所得直线的斜率,即可求出电子的逸出电位 φ,从而求出电子的逸出功 $e\varphi$。该方法叫里查孙直线法。其特点是可以不必求出 A 和 S 的具体数值,直接从 I 和 T 就可以得出 φ 的值,A 和 S 的影响只是使 $\lg \frac{I}{T^2} - \frac{1}{T}$ 直线产生平移。

(三) 从加速电场外延求零场电流

为了维持阴极发射的热电子能连续不断地飞向阳极,必须在阴极和阳极间外加一个加速电场 E_a。然而由于 E_a 的存在会使阴极表面的势垒 E_b 降低，因而逸出功减小，发射电流增大，这一现象称为肖脱基效应。可以证明，在阴极表面加速电场 E_a 的作用下，阴极发射电流 I_a 与 E_a 有如下关系：

$$I_a = I\exp\left(\frac{0.439\sqrt{E_a}}{T}\right) \tag{3}$$

式中，I_a 和 I 分别是加速电场为 E_a 和零时的发射电流。对式(3)取对数得：

$$\lg I_a = \lg I + \frac{0.439}{2.30T}\sqrt{E_a} \tag{4}$$

如果把阴极和阳极做成共轴圆柱形，并忽略接触电位差和其他影响，则加速电场可表示为：

$$E_a = \frac{U_a}{r_1 \ln\frac{r_2}{r_1}} \tag{5}$$

式中，r_1 和 r_2 分别为阴极和阳极的半径，U_a 为阳极电压，将式(5)代入式(4)得：

$$\lg I_a = \lg I + \frac{0.439}{2.30T}\frac{1}{\sqrt{r_1 \ln\frac{r_2}{r_1}}}\sqrt{U_a} \tag{6}$$

由式(6)可见，对于一定几何尺寸的管子，当阴极的温度 T 一定时，$\lg I_a$ 和 $\sqrt{U_a}$ 呈线性关系。如果以 $\lg I_a$ 为纵坐标，以 $\sqrt{U_a}$ 为横坐标作图，这些直线的延长线与纵坐标的交点为 $\lg I$。由此即可求出在一定温度下加速电场为零时的发射电流 I。

综上所述，要测定金属材料的逸出功，首先应该把被测材料做成二极管的阴极。当测定了阴极温度 T、阳极电压 U_a 和发射电流 I_a 后，通过上述的数据处理，得到零场电流 I。然后再根据式(2)，即可求出逸出功 $e\varphi$（或逸出电位 φ）。

四、实验步骤

(1) 熟悉并安排好仪器装置，接通电源，预热10分钟。根据图 3.25.4 所示连接电路，注意，勿将阳极电压 U_a 和灯丝电压 U_f 接错，以免烧坏管子。

(2) 建议取理想(标准)二极管灯丝电流 I_f 从 0.58~0.78 A，每间隔 0.04 A 进行一次测量。如果阳极电流 I_a 偏小或偏大，也可适当增加或降低灯丝电流 I_f。对应每一个灯丝电流，在阳极上加 25、36、49、64、…、144 V 存储电压(为什么这样选取阳极电压？)，各测出一组阳极电流 I_a。记录数据于表 3.25.2，并换算至表 3.25.3。

(3) 根据表 3.25.3 数据，作出 $\lg I_a$ - $\sqrt{U_a}$ 图，求出截距 $\lg I$，即可得到在

不同阴极温度时的零场热电子发射电流 I，并换算成表 3.25.4。

（4）根据表 3.25.4 数据，作出 $\lg \dfrac{I}{T^2}$-$\dfrac{1}{T}$ 图，从直线斜率求出钨的逸出功 $e\varphi$（或逸出电位 φ）。

（5）或用逐差法处理数据。

表 3.25.2　数据表

$I_a/(\times 10^{-3}\text{A})$ U_a/V I_f/A	25	36	49	64	81	100	121	144
0.58								
0.62								
0.66								
0.70								
0.74								
0.78								

表 2.25.3　数据表

$\lg I_a$　$\sqrt{U_a}$ $T/(\times 10^3\text{K})$	5.0	6.0	7.0	8.0	9.0	10.0	11.0	12.0
1.96								
2.03								
2.10								
2.17								
2.24								
2.31								

表 3.25.4 数据表

$T/(\times 10^3 \text{K})$	1.96	2.03	2.10	2.17	2.24	2.31
$\lg I$						
$\lg \dfrac{I}{T^2}$						
$\dfrac{1}{T}/(\times 10^{-4}\text{K}^{-1})$						

直线斜率 m = _____ ；逸出功 $e\varphi$ = _____ eV

逸出功公认值 $e\varphi$ = 4.54 eV；相对误差 E = _____ %

五、回答问题

（1）影响本实验结果的误差有哪些因素？

（2）什么是逸出功？改变阴极温度是否改变了阴极材料的逸出功？

（3）理查孙直线法是如何测得逸出功的？它的优点是什么？

（4）公式中的 I_a 与 I 的区别是什么？

实验 26

电磁聚焦和电子比荷的测量

一、实验目的

(1) 通过对电子射线的电磁聚焦基本原理的学习和实施方法的实践,加深对电子(及带电粒子)在电磁场中运动规律的理解。

(2) 通过测量电子比荷,体会和学习微观量的宏观测量方法。

二、实验仪器及用具

EMB-2 型电子射线、电子比荷测定仪(主机)、直流励磁电源、励磁螺线管(含示波管)等。

三、实验原理

(一) 电子射线的电聚焦

在示波管中,阴极发出的电子处于加速电极的加速场中,这个电场从加速电极经过栅极 G 的小圆孔而到达阴极表面,如图 3.26.1 所示。这个电场的分布具有这样的性质,使由阴极表面不同点发出的电子,在向阳极方向运动时,在栅极小圆孔前方会聚,形成一个电子射线的交叉点 F_1(第一聚焦点)。由加速电极、第一阳极和第二阳极组成的电聚焦系统,把 F_1 成像在示波管的荧光屏上,呈现为直径足够小的光点 F_2(第二聚焦点),如图 3.26.2 所示。这与凸透镜对光的会聚作用相似,称为电子透镜。

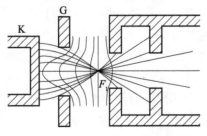

图 3.26.1 电子射线的运动

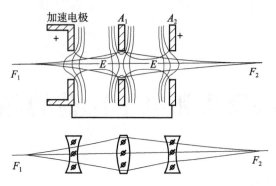

图 3.26.2　电聚焦结构图

为了说明静电透镜的电聚焦原理，在两块电位差为 10 V 的带电平行板中间放一块带有圆孔的金属膜片 M，如图 3.26.3 所示。设在图 3.26.3(a) 中的膜片 M 上加 4 V 的电压，处在"自然"电位状态。这时膜片左右的电场都是平行的均匀电场，左极板出发的电子，通过膜片至右极板的整个过程都是匀加速运动，不存在透镜作用。

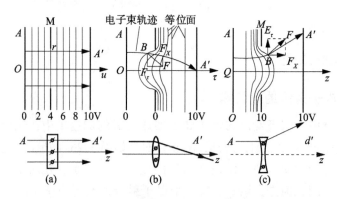

图 3.26.3　静电透镜的电聚焦原理图

在图 3.26.3(b) 中，设膜片 M 的电位为零，低于"自然"电位，这时在膜片 M 左方远离开孔处没有电场存在，而在右方电场强度（或等位面密度）却增加了。由于右极板上正电位的影响，膜片 M 圆孔中心的电位要比膜片高些，其等位面伸向左方低电位空间，形成如图 3.26.3(b) 所示的等位曲面。这些曲面与中心轴成轴对称。由于电场 E 的方向与等位面保持垂直，自高电位指向低电位，这时在小孔附近场强的方向偏离孔的中心轴（未图示），而电子受力的方向与场强 E 的方向相反。因此，自左极板出发的电子，经过膜片 M 的圆孔向右极板运动时，在圆孔处由于受到偏向中心轴的作用力而弯曲运动，折向轴线，最终与轴相交于 A' 点。这个作用与光学凸透镜类同，起会聚透镜的作用。因此,场强方向偏离中心轴的静电透镜是会聚透镜。膜片 M 的电位降得越低,等位面的弯曲程度就越厉害,透镜对电子的会聚能力越强。

与图 3.26.3(b)相反,设图 3.26.3(c)中膜片 M 的电位为 10V,高于"自然"电位。等位面在膜片 M 的圆孔处伸向右方高电位空间,这个电场(未图示)的方向向中心轴会聚。因此,它使电子射线偏离中心轴而弯曲运动,这与光学的凹透镜类同,起发散透镜的作用。

根据以上讨论,8SJ31 型示波管各电极形成的静电透镜的中间部分将是一个会聚透镜,而两边是发散透镜。由于中间部分是低电位空间,电子运动的速度小,滞留的时间长,因而偏转大,所以合成的透镜仍然具有会聚的性质。改变各电极的电位,特别是改变第一阳极的电位,相当于改变了电子透镜的焦距,可使电子射线的会聚点恰好和荧光屏相重合,这就是电子射线的电聚焦原理。

(二) 电子射线的磁聚焦(电场为零)

若将示波管的加速电极、第一阳极 A_1、第二阳极 A_2、偏转电极 D_x 和 D_y 全部连在一起,并相对于阴极 K 加同一加速电压 U_a,这样电子一进入加速电极就在零电场中作匀速运动,如图 3.26.4 所示。这时来自电子射线第一聚焦点 F_1 发散的电子射线将不再会聚,而在荧光屏上形成一个光斑。为了能使电子射线聚焦,可在示波管外套一个通电螺线管,使在电子射线前进的方向产生一个均匀磁场,磁感应强度为 B。在 8SJ31 型示波管中,栅极和加速电极很靠近,仅 1.8 mm。因此,可以认为电子离开聚焦点 F_1 后立即进入电场为零的均匀磁场中运动。

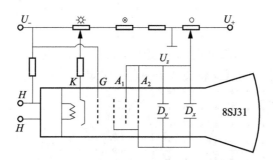

图 3.26.4　磁聚焦电路

在均匀磁场 B 中以速度 v 运动的电子,受图 3.26.4 到洛仑兹力 F 的作用为:

$$F = -ev \times B \tag{1}$$

当 v 和 B 平行时,力 F 等于零,电子的运动不受磁场的影响。当 v 和 B

垂直时,力 F 垂直于速度 v 和磁感应强度 B,电子在垂直于 B 的平面内作匀速圆周运动,如图 3.26.5(a)所示。

维持电子作圆周运动的力就是洛伦兹力,$F = evB = m\dfrac{v^2}{R}$,即电子运动轨道的半径为:

$$R = \frac{mv}{eB} \tag{2}$$

电子绕圆一周所需的时间(周期)T 为:

$$T = \frac{2\pi R}{v} = \frac{2\pi m}{eB} \tag{3}$$

从式(2)和式(3)可见,周期 T 和电子速度 v 无关,即在均匀磁场中不同速度的电子绕圆一周所需的时间是相同的。但速度大的电子所绕圆周的半径 R 也大。因此,已经聚焦的电子射线,绕圆一周后又将会聚到一点。这一结论很重要,唯有这样,才能达到磁聚焦的目的。

在一般情况下,电子的速度 v 和磁感应强度 B 之间成一角度 θ,这时可将 v 分解为与 B 平行的轴向速度 $v_{\parallel}$($v_{\parallel} = v\cos\theta$)和与 B 垂直的径向速度 $v_{\perp}$($v_{\perp} = v\sin\theta$)两部分,如图 3.26.5(b)所示。$v_{\parallel}$ 使电子沿轴方向作匀速运动,而 $v_{\perp}$ 在洛伦兹力作用下使电子绕轴作圆周运动,合成的电子运动的轨迹为一条螺旋线,其螺距为:

$$h = v_{\parallel} T = \frac{2\pi m}{eB} v_{\parallel} \tag{4}$$

对于从第一聚焦点 F_1 出发的不同电子,虽然径向速度 $v_{\perp}$ 不同,所走的圆半径 R 也不同,但只要轴向速度 $v_{\parallel}$ 相等,并选择合适的轴向速度 $v_{\parallel}$ 和磁感应强度 B(改变速度 v 的大小,可通过调节加速电压 U_a 改变。改变 B 的大小可调节螺线管中的励磁电流 I),使电子在经过的路程 l 中恰好包含有整数个螺距 h,这时电子射线又将会聚于一点,这就是电子射线的磁聚焦原理。

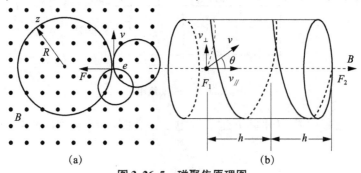

图 3.26.5　磁聚焦原理图

(a)电子匀速圆周运动;(b)速度的分析

四、实验内容：用磁聚焦法（电场为零）测定电子比荷

（1）已知电子速度 v 由加速电压 U_a 决定（电子离开阴极时的初速度相对来说很小，可以忽略），即

$$\frac{1}{2}mv^2 = eU_a \tag{5}$$

因 θ 角很小，近似

$$v_{//} \approx v = \sqrt{\frac{2eU_a}{m}} \tag{6}$$

可见电子在均匀磁场中运动时，具有相同的轴向速度。但因 θ 角不同，径向速度将不同。因此，它们将以不同的半径 R 和相同的螺距 h 作螺旋线运动。经过时间 T 后，在

$$h = \frac{2\pi m}{eB}v \tag{7}$$

的地方聚焦。调节磁感应强度 B 的大小，使螺距 h 恰好等于电子射线第一聚焦点 F_1 到荧光屏之间的距离 l，这时在荧光屏上的光斑将聚焦成一个小亮点，于是

$$l = h = \frac{2\pi m}{eB}v = \frac{2\pi m}{eB}\sqrt{\frac{2eU_a}{m}}$$

故电子比荷

$$\frac{e}{m} = \frac{8\pi^2 U_a}{l^2 B^2} \tag{8}$$

将 $\overline{B}$ 替代 B 值，得 $\dfrac{e}{m} = \dfrac{8\pi^2 U_a}{l^2 \overline{B}^2} = 4.24 \times 10^7 \dfrac{U_a}{I^2}$。 $\tag{9}$

可见，本实验具体测的是加速电压 U_a 和励磁电流 I。

（2）按图 3.26.4 所示连接好电路后，选定加速电压 U_a（例如 800 V，900 V…，如 U_a 在 800 V 时，亮点的亮度不够，可选用较高的 U_a，例如 900 V，1 000 V 等）。注意，改变加速电压后亮点的亮度会改变，应重新调节亮度勿使亮点过亮。这是因为容易损坏荧光屏，同时也由于亮点过亮，聚焦好坏不容易判断。调节亮度后加速电压也会有了变化，再调到规定的电压即可。设在测定第一次、第二次、第三次聚焦时的励磁电流分别为 I_1、I_2 和 I_3（I_1、I_2、I_3 要仔细测量，为了减小偶然误差，各测 5 次，求平均值。在测量过程中，不应经常去看上一个数据作参考，以免先入为主受影响而无法减小偶然误差），然后再把 I_1、I_2、I_3 折算为第一次聚焦的平均励磁电流 I，即加权平均值：

$$I = \frac{I_1 + I_2 + I_3}{1 + 2 + 3} \tag{10}$$

根据原理,计算出电子比荷,并与公认值$\frac{e}{m}=1.76\times10^{11}$ C/kg 相比较。

将螺线管磁场的方向反向,再做一次,求平均值,将数据填入表 3.26.1。

根据实验公式
$$\frac{e}{m}=\frac{8\pi^2 U_a}{l^2 B^2}=4.24\times10^7\frac{U_a}{I^2}$$

表 3.26.1 电子比荷数据表格

B 的方向	加速电压 U_a/V	励磁电流 I/A				平均值 I/A	加权平均值 I/A	电子比荷 $\frac{e}{m}$/ ($\times10^{11}$ C·kg^{-1})
正向	900	I_1						
		I_2						
		I_3						
	1 000	I_1						
		I_2						
		I_3						
反向	900	I_1						
		I_2						
		I_3						
	1 000	I_1						
		I_2						
		I_3						
平均值								

拓展实验:用电偏转法测定电子比荷

提示:

(1) 磁聚焦法是使电子进入加速电极后在零电场中作螺旋线运动。改变磁感应强度 B,使电子射线前进的螺距 h 恰好等于示波管第一聚焦点 F_1 到荧光屏之间的距离 l,由此测定电子比荷。如图 3.26.6 所示,电偏转法是在示波管的偏转板上(图示为 X 偏转板)加一交流电压,使电子获得偏转速度 v_x。在螺线管未通电流时,因电子射线偏转而在荧光屏上出现一条亮线。接通励磁电流后,不同偏转速度 v_x 的电子将沿不同的螺旋线运动,但在荧光屏上所见的轨迹仍是一条亮线。随着磁感应强度 B 的逐渐增大,亮线开始转动,并逐渐缩短,如图 3.26.7 所示。当转过角度 π 时,亮线缩成一个点,这是因不

同偏转速度 v_x 的电子经过一个螺距 h 后又会聚在一起的原因。故第一次聚焦时，螺距 h 在数值上等于 X 偏转板到荧光屏的距离 l，与式(8)相似，电子比荷：

$$\frac{e}{m} = \frac{8\pi^2 U_a}{l^2 B^2} \tag{11}$$

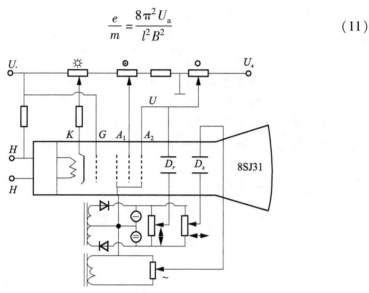

图 3.26.6　磁偏转法原理图

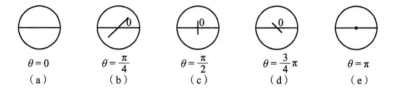

图 3.26.7　屏幕上的亮线随磁场 B 的增加边旋转边缩短

(a) $\theta = 0$；(b) $\theta = \dfrac{\pi}{4}$；(c) $\theta = \dfrac{\pi}{2}$；(d) $\theta = \dfrac{3}{4}\pi$；(e) $\theta = \pi$

如果亮线对 X 的旋转角不是 π 而是 θ，例如 $\pi/6$、$\pi/4$、$\pi/3$、$\pi/2$，按比例，式(11)应改为

$$\frac{e}{m} = \frac{8 U_a}{l^2}\left(\frac{\theta}{B}\right)^2 \tag{12}$$

在此请注意，式(11)式和式(8)中的 l 值，虽然都是第一次聚焦时螺旋线的第一个螺距 h，但式(11)中螺旋线的起点和式(8)中螺旋线的起点是完全不同的，是在偏转板中，但在偏转板中的什么位置却不明确，而且螺旋线的起点会不会随加速电压 U_a 的改变而发生变化，也不明确。一般是将螺旋线的起点从偏转板的中点算起，这是一种折中的办法。本实验也采用这种折中办法。

根据 8SJ31 型示波管的几何参数，经计算，X 偏转板的中间位置到荧光屏的距离应是：

$$l = 0.107 \text{m}$$

根据式(12)，将 $\overline{B}$ 修正 B 值，得：

$$\frac{e}{m} = \frac{8U_a}{l^2}\left(\frac{\theta}{B}\right)^2 = 1.49 \times 10^7 U_a \left(\frac{\theta}{I}\right)^2 \tag{13}$$

（2）预习时，根据实验原理，列出当 θ 转过 $\pi/6$、$\pi/4$、$\pi/3$、$\pi/2$ 等角度时的数据记录表格。并按图 3.26.6 所示连接电路。在处理数据时，既可用列表法按公式(13)计算出在各不同阳极电压 U_a 和各不同转角 θ 时的电子比荷值，再求平均值，也可以转角 θ 作纵坐标，电流 I 作横坐标，用作图法求出电子比荷。

（3）数据表格学生自拟。

实验 27

阿贝成像原理和空间滤波

一、实验目的

(1) 了解阿贝成像原理、透镜的傅立叶变换功能及空间频谱的概念；
(2) 了解简单的空间滤波方法；
(3) 掌握在相干光条件下调节多透镜系统的共轴。

二、实验仪器及用具

光具座、激光器、光栅、透镜、可变狭缝光阑、白板等。

三、实验原理

(一) 傅立叶变换在光学成像系统中的应用

在信息光学中，常用傅立叶变换来表达和处理光的成像过程。

设一个 xy 平面上光场的振幅分布为 $g(x,y)$，可以将这样一个空间分布展开为一系列基元函数 $\exp[i2\pi(f_x x + f_y y)]$ 的线性叠加。即

$$g(x,y) = \int_{-\infty}^{\infty}\!\!\int G(f_x, f_y)\exp[2\pi i(f_x x + f_y y)]\,df_x df_y \tag{1}$$

式中，f_x，f_y 分别为 x，y 方向的空间频率，量纲为 L^{-1}；$G(f_x, f_y)$ 是相应于空间频率为 f_x，f_y 的基元函数的权重，也称为光场的空间频率，$G(f_x, f_y)$ 可由下式求得：

$$G(x,y) = \int_{-\infty}^{\infty}\!\!\int g(x,y)\exp[-2\pi i(f_x x + f_y y)]\,dxdy \tag{2}$$

$g(x,y)$ 和 $G(f_x f_y)$ 实际上是对同一光场的两种本质上等效的描述。

当 $g(x,y)$ 是一个空间的周期性函数时，其空间频率就是不连续的。例如空间频率为 f_0 的一维光栅，其光振幅分布展开成级数：

$$g(x) = \sum_{n=-\infty}^{\infty} G_n \exp(i2\pi n f_0 x)$$

相应的空间频率为 $f=0$，f_0，f_0。

(二) 阿贝成像原理

傅立叶变换在光学成像中的重要性,首先在显微镜的研究中显示出来。E·阿贝在1873年提出了显微镜的成像原理,并进行了相应的实验研究。阿贝认为,在相干光照明下,显微镜的成像可分为两个步骤:第一个步骤是通过物的衍射光在物镜后焦面上形成一个初级衍射(频谱图)图;第二个步骤则为物镜后焦面上的初级衍射图向前发出球面波,干涉叠加为位于目镜焦面上的像,这个像可以通过目镜观察到。

成像的这两步骤本质上就是两次傅立叶变换,如果物的振幅分布是 $g(x,y)$,可以证明在物镜后焦面 x'、y' 上的光强分布正好是 $g(x,y)$ 的傅立叶变换 $G(f_x, f_y)$(只要令 $f_x = \dfrac{x'}{\lambda F}$, $f_y = \dfrac{y'}{\lambda F}$, λ 为波长,F 为物镜焦距)。所以第一步骤起的作用就是把一个光场的空间分布变成为空间频率分布,而第二步骤则是又一次傅立叶变换将 $G(f_x, f_y)$ 又还原到空间分布。

图 3.27.1 所示显示了成像的这两个步骤,为了方便,假设物是一个一维光栅,平行光照在光栅上,经衍射分解成为向不同方向的很多束平行光(每一束平行光相应于一定的空间频率),这些平行光经过物镜分别聚集在后焦面上形成点阵,然后代表不同空间频率的光束又重新在像平面上复合而成像。

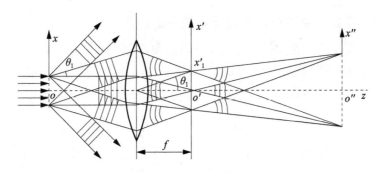

图 3.27.1 成像原理

但一般说来,像和物不可能完全一样,这是由于透镜的孔径是有限的,总有一部分衍射角度较大的高次成分(高频信息)不能进入到物镜而被丢弃了,所以像的信息总是比物的信息要少一些。高频信息主要是反映物的细节的,如果高频信息受到了孔径的阻挡而不能到达像平面,则无论显微镜有多大的放大倍数,也不可能在像平面上分辨出这些细节,这是显微镜分辨率受到限制的根本原因。特别当物的结构是非常精细(例如很密的光栅),或物镜孔径非常小时,有可能只有0级衍射(空间频率为0)能通过,则在像平面上就完全不能形成图像。

(三)空间滤波

由于显微镜中物镜的孔径实际上起了一个高频滤波的作用,所以如果在焦平面上人为的插上一些滤波器(吸收板或移相板)以改变焦平面上光振幅和位相就可以根据需要改变像平面上的频谱,这就叫作空间滤波。最简单的滤波器就是把一些特殊形式的光阑插到焦平面上,使一个或几个频率分量能通过,而挡住其他频率分量,从而使像平面上的图像只包括一种或几种频率分量。

空间滤波实验原理图如图 3.27.2 所示。

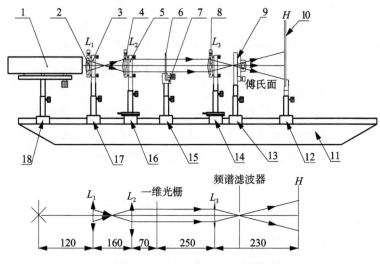

图 3.27.2 空间滤波实验原理图

1—He-Ne 激光器(632.8 nm);2—扩束镜 L_1:f_1 = 4.5 mm;3—二维调整架:SZ-07;4—准直镜 L_2:f_2 = 190 mm;5—二维调整架:SZ-07;6——维光栅(25 L/mm);7—干板架:SZ-12;8—傅立叶透镜 L_3:f_3 = 150 mm;9—频谱滤波器:SZ-32;10—白屏 P:SZ-13;11—导轨;12—滑块 1;13—滑块 3;14—滑块 1;15—滑块 3;16—滑块 1;17—滑块 1;18—滑块 1

四、实验内容

(1)将全部器件按图 3.27.2 所示的顺序摆放在导轨上,靠拢后目测调至共轴(以上距离仅供参考)。

(2)用 L_1、L_2 组成扩束系统,使其出射的平行激光光束垂直的照射在其狭缝沿铅直方向放置的一维光栅上。前后移动变换透镜 L_3,使光栅(物)清晰的成像于离物两米以外的墙壁上。此时光栅位置接近于透镜的前焦面,故透镜的后焦面就为其傅氏面,该面上光强的分布即为物的空间频谱。将白屏 H 在透镜的后焦面附近慢慢移动,则在透镜后焦面上可以观察到水平排列的一些清晰光点。这些光点相应于光栅的 0,±1,±2,…级衍射极大值,用米尺大约测出各光点与中央最亮点的距离 x',由 x' 以及透镜的焦距 F、光波波长 λ,试求出这些光点相应的空间频率,并将数据记入表 3.27.1 中。

表 3.27.1 位置和空间频率数据记录表

	位置 x'/mm	空间频率/mm^{-1}
一级衍射		
二级衍射		
三级衍射		

(3) 在 L_3 后焦面(傅氏面)处放入频谱滤波器,挡去 0 级以外的各点,观察像面上有无光栅条纹。

(4) 调节频谱滤波器,使 0 级和 ±1 级能级光斑通过,观察像面上的光栅条纹像,然后再把频谱滤波器拿去,让更高级次的衍射能级光斑都能通过,再观察像面上的光栅条纹像,试看这两种情况的光栅条纹像的宽度有无变化。

选做:

① 频谱滤波器转过 90°角,让包含 0 级的水平的一排光点通过,观察像平面上一维条纹像的方向。

② 再将频谱滤波器转过 45°角,观察像平面上条纹像的方向。

③ 用网格字替换二维光栅,观察网格字像的构成。

五、思考题

(1) 如何从阿贝成像原理来理解显微镜的分辨本领?提高物镜的放大倍数能够提高显微镜的分辨本领吗?

(2) 阿贝成像原理与光学空间滤波有什么关系?

实验 28

弦线上的驻波实验

一、实验目的

(1) 观察在弦线上的横波所形成的驻波;
(2) 频率不变时,验证横波的波长与弦线中张力的关系;
(3) 张力不变时,验证横波的波长与波源振动频率的关系。

二、实验仪器及用具

实验装置如图 3.28.1 所示。

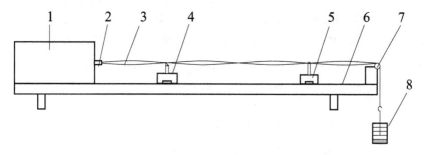

图 3.28.1　仪器结构图

1—机械振动源;2—振动簧片;3—弦线;4—可动刀口支架;
5—可动开槽支架;6—标尺;7—固定滑轮;8—砝码与砝码盘

(一) 驻波形成原理

弦线的一端系在能作水平方向振动的可调频率数显机械振动源的振簧片上,频率变化范围从 0~200 Hz 连续可调,频率最小变化量为 0.01 Hz,弦线一端通过滑轮悬挂一砝码盘。在实验装置上还有两个可沿弦线方向左右移动并撑住弦线的支架,靠近振动簧片(振动装置)的为可动刀口支架,靠近定滑轮端的为可动开槽支架。若弦线下端所悬挂的砝码(包含砝码盘)的质量为 m,由于滑轮产生的摩擦力很小,可以忽略不计,则弦线所受张力 $T = mg$。当波源振动时,即在弦线上形成向右传播的横波。当此波传播到开槽支架与弦线相接触点时,由于弦线在该点受槽口两侧阻挡而不能振动,故波在该点被反射形成了向左传播的反射波,其振幅将有一定衰减并有半波损现象发生。随着时间的推移该波将会在振动簧片及开槽支架与弦线的两个连接点处不断反射并沿弦线传播,振幅逐渐衰减。由于振动源持续振动,因此任意时刻在弦线上都存在着传播方向相反的两组机械波,每组机械波都由多个传播方向相同、频率相同、强度递减的波构成。当谐振条件不满足时,这些机械波间的相位关系混乱,无法形成稳定的干涉现象。当开槽支架到振动簧片间的弦线长度适宜时,朝同一方向传播的各个机械波可出现相互间相位差为零的现象,由叠加原理可知,该组机械波叠加后可被视为一个振幅较强的同频率机械波。此时,在弦线上即出现了传播方向相反、频率相同、振幅极为接近的两列波,其干涉结果即为驻波。

(二) 波长的测量方法

由驻波的物理规律可知,驻波上相邻两波节的距离应为半波长,所以在调节设备出现稳定的驻波后测量波节的坐标即可获知波长的大小。由实验装置工作原理可知,开槽支架与弦线接触点必为驻波的波节,其坐标可由滑轨上的标尺读出。振动簧片与弦线固定点仅为近似波节,因此不可以作为另一波节的测量点。另一波节坐标的测量需移动刀口支架,保持刀口对准弦线上驻波任一波节的正中间,并在标尺上读出该波节的坐标。如测得两波节(两个支架)间的弦线长度为 L,且在两个支架间的弦线上出现了 n 个驻波波腹,则由驻波规律可知:

$$L = \frac{n\lambda}{2} \tag{1}$$

利用上式,即可测量弦线上横波波长。

(三) 可调频率的数显机械振动源的使用

可调频率的数显机械振动源面板如图 3.28.2 所示。实验时,打开面板上

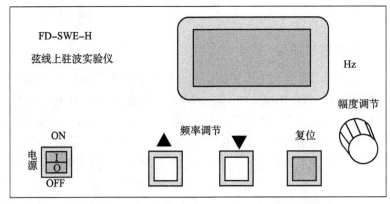

图 3.28.2 可调频率的数量机械振动源面板图

的电源开关。面板上数码管显示的为振动源当前的振动频率。如需调节频率，则可按频率调节中的▲(增加频率)或▼(减小频率)键，来设定振动源的振动频率。调节面板上幅度调节旋钮，使振动源有振动输出。当不需要振动源振动时，可按面板上的复位键复位，数码管显示全部清零。

三、实验原理

在自然现象中，振动现象广泛的存在着，振动在媒质中传播就形成机械波，机械波的传播有两种形式：横波和纵波。由于波具有干涉的特性，所以具有相同频率和振幅、振动方向一致、传播方向相反的两列波相干涉便形成驻波。具有稳定的波节与波腹是驻波的显著特征，比如乐器中的管、弦、膜、板的共振干涉都会形成驻波。

在一根张紧的弦线上，分析沿弦线传播的横波可推导出下述运动方程：

$$\frac{\partial^2 y}{\partial t^2} = \frac{T}{\mu} \frac{\partial^2 y}{\partial x^2} \tag{2}$$

式中，T 为弦线所受张力，μ 为弦线的线密度，t 为时间，x 为波在传播方向（与弦线平行）的位置坐标，y 为振动位移。将式(2)与典型的波动方程：

$$\frac{\partial^2 y}{\partial t^2} = V^2 \frac{\partial^2 y}{\partial x^2} \tag{3}$$

相比较，即可得到在弦线上传播的横波的波速：

$$V = \sqrt{\frac{T}{\mu}}$$

若波源的振动频率为 f，横波波长为 λ，由于 $V = f\lambda$，所以波长与频率、张力及线密度之间的关系为：

$$\lambda = \frac{1}{f}\sqrt{\frac{T}{\mu}} \tag{4}$$

该方程表达了弦线上传播的横波的一般运动规律。为了用实验证明该方程成立，将该式两边取对数，得：

$$\lg\lambda = \frac{1}{2}\lg T - \lg f - \frac{1}{2}\lg\mu \tag{5}$$

若固定弦线线密度 μ 及频率 f，改变张力 T，并测出各相应波长 λ，作 $\lg\lambda - \lg T$ 图。若得一直线，计算其斜率值(如为 1/2)，则证明了 $\lambda \propto T^{\frac{1}{2}}$ 的关系成立。同理，固定弦线线密度 μ 及张力 T，改变振动频率 f，并测出各相应波长 λ，作 $\lg\lambda - \lg f$ 图，如得一斜率为 -1 的直线就验证了 $\lambda \propto f^{-1}$ 的关系。

四、实验步骤

(1) 验证横波的波长与弦线中张力的关系。

固定一个波源振动的频率，在砝码盘上添加不同质量的砝码，以改变同一弦上的张力。每改变一次张力（即增加一次砝码），均要左右移动可动开槽支架的位置，使弦线出现振幅较大而稳定的驻波后，记录下可动开槽支架的坐标，并用可动刀口支架对准弦线上任一波节的位置并记录下其坐标。两坐标差值即为 L，并记录相应的 n 值。根据式(1)算出波长 λ，作 $\lg\lambda - \lg T$ 图，求其斜率，与理论值对比，验证式(4)中弦线上横波波长与弦线张力的关系。

(2) 验证横波的波长与波源振动频率的关系。

在砝码盘上放上一定质量的砝码，以固定弦线上所受的张力，改变波源振动的频率，用驻波法测量弦线上的驻波在各振动频率下相应的波长。作 $\lg\lambda - \lg f$ 图，求其斜率，与理论值对比，验证式(4)中弦线上横波波长与频率的关系。

(3) 得出弦线上横波传播的规律性结论。

五、注意事项

(1) 实验中，为准确测得驻波的波长，必须在弦线上调出振幅较大且稳定的驻波。在固定频率和张力的条件下，可沿弦线方向左、右移动可动开槽支架的位置，找出"近似驻波状态"，然后仔细移动可动开槽支架的位置，逐步逼近，最终使弦线出现振幅较大且稳定的驻波。良好驻波状态的判断标准为：波腹处有较大的振幅且振动稳定，波节处振幅为零。

(2) 调节振动频率，当振动簧片达到某一频率（或其整数倍频率）时，会引起整个振动源（包括弦线）的机械共振，从而引起振动不稳定。此时，可逆时针旋转面板上的输出信号幅度旋钮，减小振幅，或避开共振频率进行实验。

六、思考题

(1) 测 L 时，取 n 个节点好，还是取一个节点好？
(2) 如何设计测量 f 的实验？
(3) 弦线的质量及伸长对实验有何影响？
(4) 弦线的粗细和弹性对实验各有什么影响？应如何选择？
(5) 可否通过上述实验数据计算得出弦线的线密度？

实验 29

固体介质折射率的测定

一、实验目的

(1) 了解偏振光基本知识；
(2) 测量激光源的偏振度，确定偏振片的偏振方向；
(3) 用布儒斯特定律测定玻璃的折射率；
(4) 用最小偏向角法测量棱镜材料的折射率。

二、实验仪器及用具

固体介质折射率测定仪、三棱镜(玻璃材质、亚克力材质各一个)、玻璃砖

实验装置包括光学导轨、半导体激光器及电源、偏振片、精密双向旋转台、标准 K9 石英三棱镜(折射率 1.51)、待测亚克力三棱镜和玻璃砖样品、光功率计等。实验装置图见图 3.29.1。

图 3.29.1　激光器的偏振度测试实验

三、实验原理

(一) 线偏振光

用于产生线偏振光的元件叫起偏器，用于鉴别偏振光的元件叫检偏器，二者可通用，仅是放在光路前后不同位置而已。

偏振片产生线偏振光的原因：某些晶体(如硫酸碘奎宁和电气石等)对互

相垂直的两个分振动具有选择吸收的性能，只允许一个方向的光振动通过，因此透射光变为线偏振光。

偏振度的公式：

$$P = \frac{I_{\max} - I_{\min}}{I_{\max} + I_{\min}} \tag{1}$$

线偏振光 $P=1$，自然光 $P=0$，部分偏振光 $0<P<1$。

(二) 布儒斯特定律

当自然光入射到折射率分别为 n_1 和 n_2 两种介质的分界面上时，反射光和折射光分别都是部分偏振光，当入射角改变时，反射光和折射光的偏振程度也随之改变。

当入射角 θ_0 满足：$\tan\theta_0 = \dfrac{n_2}{n_1}$ 时，反射光就成为线偏振光，其振动面垂直于入射面，即只剩 S 光，P 光消失。本实验采用 P 光入射，当入射角等于布儒斯特角时，反射光强度为 0。利用这种"零值法"可以测出玻璃介质的折射率。

(三) 用最小偏向角法测量棱镜材料的折射率

当一束光斜入射于棱镜表面时，其光路如图 3.29.2 所示。

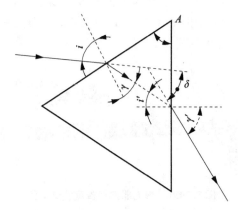

图 3.29.2　棱镜折射率测量

根据光的折射定律，其偏转角 γ 为：

$$\sin\gamma = \frac{\sin i}{n} \quad (n \text{ 为材料的折射率}) \tag{2}$$

同理，出射角 γ' 为：$\sin i' = \dfrac{\sin\gamma'}{n}$

根据几何关系可以证明入射光与出射光之间的夹角为：$\delta = i + \gamma' - A$，而

且 δ 有一个极小值 δ_{min}，可以证明：

当光束偏转角为 δ_{min} 时，有 $i = \gamma'$，$\gamma = i'$；

此时 $\delta = 2i - A$，即 $i = (\delta + A)/2$；

而 $A = \gamma + i' = 2\gamma$，有 $\gamma = A/2$；

带入式(2)可得：

$$n = \frac{\sin[(A + \delta_{min})/2]}{\sin(A/2)} \tag{3}$$

因此，只要测量出 δ_{min}，就可得到材料相对于该测量光的折射率 n。

五、实验内容及步骤

（一）测量半导体激光器的偏振度

转动偏振片，读出光功率计的最大值 I_{max} 和最小值 I_{min}，根据式(1)算出偏振度。

（二）用布儒斯特定律测定待测样品的折射率

（1）确定偏振片的偏振轴方向（注意：由于半导体激光器自身存在偏振特性，偏振片转盘上的角度 0 读数位置不一定是偏振轴所指方向，需要学生自己标定）。标定方法如下：

① 在半导体激光器后面放上一块偏振片，把折射率为 1.51 的标准 K9 石英玻璃样品放在双向水平转台上并固定好，注意使水平转台的中心轴线处于玻璃的反射面（上表面）内，并保证从水平转台准确读出入射角和反射角。光功率计探头装在转台的旋转臂上，接收反射光。

② 连接激光器电源，调整激光头前的聚焦螺母使激光束为一小亮点（一般出厂时已调好）。调节激光器架，使激光光束、偏振片中心、水平转台的中心轴线、光功率计探头接收口等高共轴。（光路调节非常重要，是保证入射角和反射角准确测量的前提。）

③ 转动水平转台，使玻璃片的反射光与入射光重合，读出此时水平转台的角度 θ；然后转动偏振片，使激光的入射角为标准 K9 石英玻璃样品（折射率为 1.51）的布儒斯特角。可用白纸片检测光斑位置，也可用转动旋转臂，将反射光射到光功率计探头的中心位置。（注意：转动偏振片过程中可能会出现四个极小值，只能取其中最小的两个，另外两个是由半导体激光器发出的是部分偏振光造成的。）

（2）测量亚克力或玻璃砖样品的折射率。

取下标准 K9 石英玻璃样品，将待测亚克力样品或玻璃砖样品放置在水平转台上,调节方法与步骤(1)一致(注意保持偏振片角度不变,确保 P 光入射),然后测量不同入射角下的反射光强,实验光路如图 3.29.3 所示)。光强最小的位置即布儒斯特角的位置,由此角度可算出该玻璃的折射率(激光功率计接收的光强包含激光器光强以及环境光强,需要扣除,由于测试的光强较小,所以最好在暗室或者有窗帘的实验室中开展实验)。

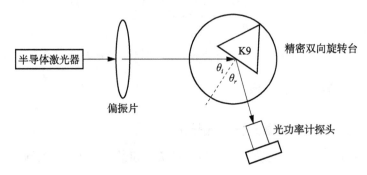

图 3.29.3　偏振片的偏振方向标定测试图

(3) 用最小偏向角法测量棱镜材料的折射率。

① 按图 3.29.1 所示摆放实验装置,连接激光器与激光电源、光功率计探头与激光功率计。

② 打开激光电源,点亮半导体激光器并开启激光功率计。

③ 仔细调整棱镜的摆放位置和激光束的方向,使激光光束的一半打在棱镜顶端进入棱镜,另一半从空气中穿过。转动光学转台,观察未进入棱镜的半个光斑的变化,调整棱镜的位置,使直射部分光斑大小的变化尽量小。在转动光学转台的过程中,从棱镜中出射的光斑的偏转角会发生变化,找到偏转角最小的位置。通过光功率计探头,找到两个光斑中功率最大的位置,通过转台上的刻度,读出两者之间的夹角。

④ 将测量值和 $A=60°$ 带入式(3);

求出棱镜材料的折射率。

五、注意事项

(1) 避免眼睛直视激光束。

(2) 实验过程中,光斑射在光功率计探头的不同位置时,光功率计读数不一样,应保证每次光斑垂直入射到光功率计探头硅光电池的中间位置。

(3) 每次测量光强时,光探测器探测到的光强是环境光强 I_0 与激光光强 I 的和 $I_总$(只要在激光器出光孔前用手遮挡,此时光功率计测出的就是环境光强);在用布儒斯特定律测定玻璃的折射率时,本身反射光的强度很小,为避免环境光的影响,最好在有窗帘的实验室或暗室开展实验。

(4) 光路上各元件的等高、共轴对实验结果影响很大,需要仔细调节才能得到较好结果。

(5) 实验过程中,可用一张白纸观察发射光强的变化情况,进行辅助测试。

六、回答问题

什么是布儒斯特角?并绘制相应的光学原理图。

实验 30

迈克尔逊干涉仪的调整及使用

一、实验目的

(1) 了解迈克尔逊干涉仪的结构和干涉图样的形成原理;
(2) 学会迈克尔逊干涉仪的调整和使用方法;
(3) 观察等倾干涉条纹,测量 He-Ne 激光波长;
(4) 练习用逐差法处理实验数据。

二、实验仪器及用具

迈克尔逊干涉仪、多束光纤 He-Ne 激光源、钠灯、白炽灯。

三、实验原理

(一) 用迈克尔逊干涉仪测量 He-Ne 激光波长

迈克尔逊干涉仪的工作原理如图 3.30.1 所示,M_1、M_2 为两垂直放置的平面反射镜,分别固定在两个垂直的臂上。P_1、P_2 平行放置,与 M_2 固定在同一臂上,且与 M_1 和 M_2 的夹角均为 45°。M_1 由精密丝杆控制,可以沿臂轴前后移动。P_1 的第二面上涂有半透明、半反射膜,能够将入射光分成振幅几乎相等的反射光 1′、透射光 2′,所以 P_1 称为分光板(又称为分光镜)。1′光经 M_1 反射后由原路返回再次穿过分光板 P_1 后成为 1″光,到达观察点 E 处;2′光到达 M_2 后被 M_2 反射后按原路返回,在 P_1 的第二面上形成 2″光,也被返回到观察点 E 处。由于 1′光在到达 E 处之前穿过 P_1 三次,而 2′光在到达 E 处之前穿过 P_1 一次,为了补偿 1′、2′两光的光程差,便在 M_2 所在的臂上再放一个与 P_1 的厚度、折射率严格相同的 P_2 平面玻璃板,满足了 1′、2′两光在到达 E 处时无光程差,所以称 P_2 为补偿板。由于 1′、2′光均来自同一光源 S,在到达 P_1 后被分成 1′、2′两光,所以两光是相干光。

综上所述,光线 2″是在分光板 P_1 的第二面反射得到的,这样使 M_2 在 M_1 的附近(上部或下部)形成一个平行于 M_1 的虚像 M'_2,因而,在迈克尔逊干涉仪中，自 M_1、M_2 的反射相当于自 M_1、M'_2 的反射。也就是，在迈克尔逊干涉仪中产生的干涉相当于厚度为 d 的空气薄膜所产生的干涉，可以等效为距离为 $2d$ 的两个虚光源 S_1 和 S'_2 发出的相干光束。即 M_1 和 M'_2 反射的两束光程差为：

$$\delta = 2dn_2\cos i \tag{1}$$

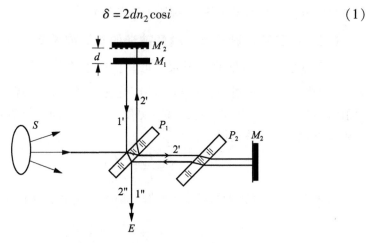

图 3.30.1　迈克尔逊干涉仪工作原理图

两束相干光明暗条件为：

$$\delta = 2dn_2\cos i = \begin{cases} k\lambda & 亮 \\ \left(k+\dfrac{1}{2}\right)\lambda & 暗 \end{cases} \quad (k=1,2,3,\cdots) \tag{2}$$

式(2)中，i 为反射光 $1'$ 在平面反射镜 M_1 上的反射角，λ 为激光的波长，n_2 为空气薄膜的折射率，d 为薄膜厚度。

凡 i 相同的光线光程差相等，并且得到的干涉条纹随 M_1 和 M'_2 的距离 d 而改变。当 $i=0$ 时，光程差最大，在 O 点处对应的干涉级数最高。由式(2)得：

$$2d\cos i = k\lambda \Rightarrow d = \frac{k}{\cos i} \cdot \frac{\lambda}{2} \tag{3}$$

$$\Delta d = \Delta N \cdot \frac{\lambda}{2} \tag{4}$$

由式(4)可得，当 d 改变一个 $\lambda/2$ 时，就有一个条纹"涌出"或"陷入"，所以在实验时只要数出"涌出"或"陷入"的条纹个数 N，算出 d 的改变量 Δd 就可以计算出光波波长 λ 的值：

$$\lambda = \frac{2\Delta d}{\Delta N} \tag{5}$$

从迈克尔逊干涉仪装置中可以看出，S_1 发出的凡与 M_2 的入射角均为 i 的圆锥面上所有的光线 a，经 M_1 与 M'_2 的反射和透镜 L 会聚于 L 的焦平面上以光轴为对称的同一点处；从光源 S_2 上发出的与 S_1 中 a 平行的光束 b，只要 i 角相同，它就与 $1'$、$2'$ 的光程差相等，经透镜 L 会聚在半径为 r 的同一个圆上。

所以，当 M_1 和 M'_2 平行时（此时 M_1 和 M_2 严格互相垂直），将观察到环形的干涉条纹（等倾干涉条纹）。一般情况下，M_1 和 M'_2 形成一空气劈尖，因此将观察到近似平行的干涉条纹（等厚干涉条纹）。

（二）用迈克尔逊干涉仪测量钠光的双线波长差

由迈克尔逊干涉仪的相干原理可知，对于单色光源（λ 一定），经 M_1、M'_2 反射及 P_1、P_2 透射后，得到一些因光程差相同的圆环，Δd 的改变仅是"涌出"或"陷入"的 N 在变化，其可见度 V 不变，即条纹清晰度不变，如图 3.30.2 所示。可见度为所示：

$$V = \frac{I_{\max} - I_{\min}}{I_{\max} + I_{\min}} \tag{6}$$

当用 λ_1、λ_2 两相近的双线光源照（如钠光）射时，光程差为：

$$\delta_1 = k\lambda_1, \quad \delta_1 = \left(k + \frac{1}{2}\right)\lambda_2 \tag{7}$$

当改变 Δd 时，光程差为：

$$\delta_2 = \left(k + m + \frac{1}{2}\right)\lambda_1, \quad \delta_2 = (k + m)\lambda_2 \tag{8}$$

式(7)和式(8)两式对应相减得光程差变化量：

$$\Delta l = \delta_2 - \delta_1 = \left(m + \frac{1}{2}\right)\lambda_1 = \left(m - \frac{1}{2}\right)\lambda_2 \tag{9}$$

由式(9)得：

$$\frac{\lambda_2 - \lambda_1}{\lambda_1} = \frac{1}{m - \frac{1}{2}} = \frac{\lambda_2}{\Delta l}$$

于是，钠光的双线波长差为：

$$\Delta\lambda = \frac{\lambda_1 \lambda_2}{\Delta l} = \frac{\overline{\lambda}^2}{\Delta l} \tag{10}$$

式中，$\overline{\lambda} = (\lambda_1 + \lambda_2)/2$ 在视场中心处，当 M_1 在相继两次可见度为 0 时，移过 Δd 引起的光程差变化量为：

$$\Delta l = 2\Delta d$$

则

$$\Delta\lambda = \frac{\overline{\lambda}^2}{2\Delta d} \tag{11}$$

从式(11)可知，只要知道两波长的平均值 $\overline{\lambda}$ 和 M_1 镜移动的距离 Δd，就可求出纳光的双线波长差 $\Delta\lambda$。

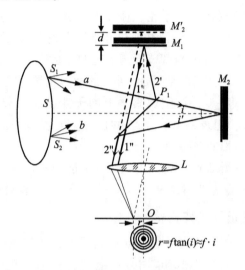

图 3.30.2 双线波长差测量原理图

（三）白光干涉

白光是复色光，根据相干条件可知，白光干涉的彩色条纹只能在零级附近产生，彩色条纹位置与波长有关。对于等厚直线条纹，若用白光源，在 M_1 与 M_2' 的交点处 $\Delta d=0$，对于各种波长的光来说，其光程差均为 0，所以中央零级条纹是一条亮条纹，在两旁有对称分布的彩色条纹。当 d 稍大时，因各种不同波长的光满足明暗条纹条件的情况不同，所以明暗条纹相互重叠，结果就显示不出条纹。只有用白光才能判断中央条纹和利用它定出 $\Delta d=0$ 的位置。

当视场中出现中央条纹后，如在 M_1 镜与 P_1 板之间放入折射率为 n、厚度为 l 的透明薄片（薄片厚了不会出现彩色条纹），因为空气 $n\approx1$，则两束光程差增大值为：

$$\Delta\delta = \delta' - \delta = 2l(n-1)$$

如果将 M_1 镜向 P_1 板移动 $\Delta d = (\delta' - \delta)/2$，则中央条纹重新出现在原来的位置，于是得：

$$\Delta d = 2l(n-1)$$

式中，Δd 为 M_1 镜移动的距离，若已知 n 可求 l，若已知 l 可求 n。

四、实验内容及步骤

（一）测量 He-Ne 激光的波长

（1）迈克尔逊干涉仪的手轮操作和读数练习。

① 按图 3.30.1 所示组装、调节仪器。

② 连续同一方向转动微调手轮，仔细观察屏上的干涉条纹"涌出"或"陷入"现象，先练习读毫米标尺、读数窗口和微调手轮上的读数。掌握干涉条纹"涌出"或"陷入"个数、速度与调节微调手轮的关系。

(2) 经上述调节后，读出动镜 M_1 所在的相对位置，此为"0"位置，然后沿同一方向转动微调手轮，仔细观察屏上的干涉条纹"涌出"或"陷入"的个数。每隔 50 个条纹，记录一次动镜 M_1 的位置。连续读 450 个条纹，记 10 个位置的读数，填入自拟的表格中。

(3) 取条纹改变量 $\Delta N = 250$，由式 (5) 用逐差法计算出 He-Ne 激光的波长。取其平均值 $\bar{\lambda}$ 与公认值 (632.8 nm) 比较，并计算其相对误差。

(二)* 测量钠光双线波长差

(1) 以钠光为光源，使之照射到毛玻璃屏上，使形成均匀的扩束光源以便于加强条纹的亮度。在毛玻璃屏与分光镜 P_1 之间放一叉线（或指针）。在 E 处沿 EP_1M_1 的方向进行观察。如果仪器未调好，则在视场中将见到叉丝（或指针）的双影。这时必须调节 M_1 或 M_2 镜后的螺丝，以改变 M_1 或 M_2 镜面的方位，直到双影完全重合。一般来说，这时即可出现干涉条纹，再仔细、慢慢地调节 M_2 镜旁的微调弹簧，使条纹成圆形。

(2) 把圆形干涉条纹调好后，缓慢移动 M_1 镜，使视场中心的可见度最小，记下镜 M_1 的位置 d_1，然后再沿原来方向移动 M_1 镜，直到可见度最小，记下 M_1 镜的位置 d_2，即得到：$\Delta d = |d_2 - d_1|$。

(3) 按上述步骤重复三次，求得 $\overline{\Delta d}$，代入式 (11) 中，计算出钠光的双线波长差 $\Delta \lambda$，取 $\bar{\lambda}$ 为 589.3 nm。

(三) 观察白光干涉条纹

用白炽灯代替激光光源，细心缓慢地旋转微调手轮，M_1 与 M'_2 达到"零程"时，在 M_1 与 M'_2 的交线附近就会出现彩色条纹，记录观察到的条纹形状和颜色分布。

五、注意事项

(1) 实验时不准用眼睛直视激光束，以免损伤视网膜。

(2) 为了防止引进螺距差，每次测量时必须沿同一方向转动手轮，途中不能倒退。

(3) 在用激光测波长时，M_1 镜的位置应保持在 30~60 mm 范围内。

(4) 为了读数测量准确，使用干涉仪前必须对读数系统进行校正。

（5）迈克尔逊干涉仪是精密光学仪器，使用时应注意防尘、防震，不能触摸光学元件的光学表面，测量时动作要轻、要缓。

六、回答问题

（1）简述本实验所用干涉仪的读数方法。
（2）怎样利用干涉条纹的"涌出"和"陷入"来测定光波的波长？
（3）若分离的两束光强度不等，对干涉条纹有何影响？

七、附录：数据记录表格

i	圈数 N	位置 d_i/mm	$\Delta d_i = \mid d_{i+5} - d_i \mid$/mm
1	0		
2	50		
3	100		
4	150		
5	200		
6	250		
7	300		
8	350		$\overline{\Delta d} =$
9	400		
10	450		

实验 31

密立根油滴实验

一、实验目的

(1) 通过对带电油滴在重力场和静电场中运动的测量,证明电荷的不连续性,并测量基本电荷 e 的大小;

(2) 通过实验中对仪器的调整,油滴的选择、跟踪、测量及数据处理,培养学生科学的实验方法;

(3) 了解现代测量技术在实验中的应用。

二、实验仪器及用具

CCD 密立根油滴仪、钟表油、喷雾器。

CCD 密立根油滴仪由油滴盒、油雾室、CCD 电视显微镜、电路箱、监视器等组成。

油滴盒是个重要部件,其结构见图 3.31.1。

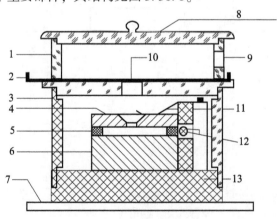

图 3.31.1 油滴盒结构

1—油雾室;2—油雾孔开关;3—防风罩;4—上电极;5—绝缘圆环;
6—下电极;7—座架;8—上盖板;9—喷油雾口;10—油雾孔;
11—上电极压簧;12—照明灯泡;13—油滴盒基座

从图 3.31.1 上可以看到，在上电极板中心有一个 0.4 mm 的油雾孔，在绝缘圆环上开有显微镜观察孔和照明孔。

在油滴盒外套上有防风罩，罩上放置一个可取下的油雾杯，杯底中心有一个落油孔及一个挡片，用来开关落油孔。

在电极板上方有一个可以左右拨动的压簧。注意，只有将压簧拨向最边位置，方可取出上极板。照明灯安装在照明座的中间位置，采用了带聚光的半导体发光器件，使用寿命极长，为半永久性。

电路箱体内装有高压产生、测量显示等电路，底部装有三只调平手轮，面板结构见图 3.31.2。由测量显示电路产生的电子分划板刻度，与 MOD-5C-A 型摄像头的行扫描严格同步，相当于刻度线是做在 CCD 器件上的，所以，尽管监视器有大小，或监视器本身有非线性失真，但刻度值是不会变的。

MOD-5C-A 型密立根油滴仪备有两种分划板，标准分划板 A 是 8×3 结构，垂直线视场为 2 mm，分别 8 格，每格为 0.25 mm。

在面板上有两只控制平行极板电压的三挡开关，K_1 控制上极板电压的极性，K_2 控制极板上电压的大小。当 K_2 处于 ▄ 位置即"平衡"挡时，可用电位器调节平衡电压。当 K_2 打向 ━ "升降"挡时，在平衡电压的基础上可增加 0 ~ 200 V 的提升电压（可以调节）。K_3 为测量按钮，按下时极板间电压为零，处于测量阶段。当处于计时联动状态下按下 K_3 时，即可同步计时。

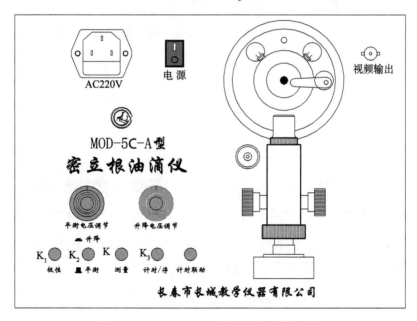

图 3.31.2　MOD-5C-A 型密立根油滴仪面板

由于空气阻力的存在，油滴是先经一段变速运动然后进入匀速运动的。但这变速运动时间非常短，远小于 0.01 s，与计时器精度相当，可以看作当油滴自静止开始运动时，油滴是立即作匀速运动的。运动的油滴突然加上原平衡电压时，将立即静止下来，所以，采用计时联动方式完全可以保证实验精度。

MOD-5C-A 型密立根油滴仪的计时器采用"计时/停"方式，即按一下开关，清零的同时立即开始计数，再按一下，停止计数，并保持数据，计时的最小显示为 0.01 s，但内部计时精度为 1 μs。

四、实验原理

一个质量为 m 带电量为 q 的油滴处在二块平行板之间，在平行板未加电压时，油滴受重力的作用而加速下降，由于空气阻力 F_r 的作用，下降一段距离后，油滴将匀速运动，速度为 v_g，此时 F_r 与 mg 平衡，如图 3.31.3 所示。

由斯托克斯定律知，黏滞阻力为

$$F_r = 6\pi a \eta v_g = mg \tag{1}$$

式中，η 为空气黏滞系数，a 为油滴的半径。

此时在平行板上加电压 V，油滴处在场强为 E 的静电场中，其所受静电场力 qE 与重力 mg 方向相反，如图 3.31.4 所示。

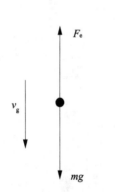
图 3.31.3 油滴作匀速运动

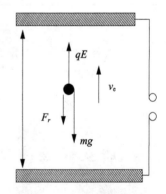
图 3.31.4 油滴在静电场中

当 qE 大于 mg 时，油滴加速上升，但由于 F_r 的作用，上升一段距离后，油滴将以 v_e 的速度匀速上升，于是有：

$$\begin{cases} 6\pi a \eta v_e + mg = qE = q \cdot \dfrac{V}{d} \\ 6\pi a \eta v_g = mg \end{cases} \tag{2}$$

由式(2)可知，为了测定油滴所带的电荷量 q，除应测平行板上所加电压

V、两块平行板之间的距离 d、油滴匀速上升的速度 v_e 和 v_g 外,还需知油滴质量 m。由于空气中的悬浮和空气表面张力的作用,可将油滴视为圆球,其质量为:

$$m = \frac{4}{3}\pi a^3 \rho \tag{3}$$

由式(2)和式(3)得油滴半径为:

$$a = \sqrt{\frac{9\eta v_g}{2\rho g}} \tag{4}$$

由于油滴半径 a 小到 10^{-6}m,所以,空气的黏滞系数 η 应修正为:

$$\eta' = \frac{\eta}{1 + \dfrac{b}{pa}} \tag{5}$$

将式(5)代入式(4)中,得:

$$a = \sqrt{\frac{9\eta v_g}{2\rho g \left(1 + \dfrac{b}{pa}\right)}} \tag{6}$$

于是,带电油滴质量 m 为:

$$m = \frac{4}{3}\pi\rho \left[\frac{9\eta v_g}{2\rho g\left(1 + \dfrac{b}{pa}\right)}\right]^{\frac{3}{2}} \tag{7}$$

设油滴匀速下降和匀速上升的距离相等,均为 l,则有:

$$v_g = \frac{l}{t_g}$$

$$v_e = \frac{l}{t_e}$$

所以油滴所带的电荷量为:

$$q = \frac{18\pi}{\sqrt{2\rho g}} \left(\frac{\eta l}{1 + \dfrac{b}{pa}}\right)^{\frac{3}{2}} \cdot \frac{d}{V}\left(\frac{1}{t_e} + \frac{1}{t_g}\right) \cdot \left(\frac{1}{t_g}\right)^{\frac{1}{2}} \tag{8}$$

在式(8)中令 $K = \dfrac{18\pi}{\sqrt{2\rho g}}\left(\dfrac{\eta l}{1 + \dfrac{b}{pa}}\right)^{\frac{3}{2}} \cdot d$,则式(8)变为:

$$q = K \cdot \left(\frac{1}{t_e} + \frac{1}{t_g}\right) \cdot \left(\frac{1}{t_g}\right)^{\frac{1}{2}} \cdot \frac{1}{V} \tag{9}$$

式(9)就是用动态法测量油滴带电荷的公式。

实验时,让油滴自由下落 l 距离,测得所用时间 t_g,再加上电压 V,使油滴

上升相同的 l 时，测得所用时间 t_e，代入式(9)便求得油滴所带电荷量 q 的值。

若调节平行板间电压，使油滴不动，$v_e = 0$，$t_e \to \infty$，则式(9)变为：

$$q = K\left(\frac{1}{t_g}\right)^{\frac{3}{2}} \cdot \frac{1}{V} \tag{10}$$

式(10)就是用静态法测量油滴带电荷的公式。

实验时，只需测得油滴自由下落距离 l 所用的时间 t_g 和油滴平衡时所加的电压 V，便可求得 q 的值。

五、实验内容及步骤

(一) 仪器调整

调节仪器底座上的三只调平手轮，将水泡调平，由于底座空间较小，调手轮时应将手心向上，用中指夹住手轮调节较为方便。

照明光路不需调整。CCD 电视显微镜对焦也不需用调焦针插在平行电极孔中来调节，只需将显微镜筒前端和底座前端对齐，然后喷油后再稍稍前后微调即可。在使用中，前后调焦范围不要过大，取前后调焦 1 mm 内的油滴较好。

(二) 开机使用

打开监视器和油滴仪的电源，在监视器上先出现"CCD 微机密立根油滴仪"，5 秒钟之后自动进入测试状态，显示出标准分划板刻度及电压值和时间值。开机后如想直接进入测试状态，按一下"计时/停"(K_3)按钮。

如开机后屏幕上的字很乱或字重叠，先关掉油滴仪的电源，过一会再开机即可。

面板上 K_1 用来选择平行电极上极板的极性，实验中按下或不按均可，一般不常变动。使用最频繁的是平衡/升降按钮 K_2 和平衡调节电位器 W_1 以及"计时/停"按钮(K_3)。

监视器正面有一小盒盒盖，压一下小盒盒盖就可打开，内有 4 个调节旋钮。对比度一般置于较大(顺时针旋到底后稍退回一些)，亮度不要太亮。如发现刻度线上下抖动，这是"帧抖"，微调左边起第二只旋钮即可解决。

(三) 测量练习

练习是顺利做好实验的重要一环，包括练习控制油滴运动、练习测量油滴运动时间和练习选择合适的油滴。

选择一颗合适的油滴十分重要，大而亮的油滴必然质量大，所带电荷也多，而匀速下降时间则很短，增大了测量误差和给数据处理带来困难。通常选择平衡电压为200 V左右，匀速下落1.5 mm(6格)的时间在8~20 s的油滴较适宜。喷油后，平衡/升降按钮K_2置"平衡"挡，调平衡调节电位器W_1使极板电压为200~300 V，并注意几颗缓慢运动较为清晰明亮的油滴。试按下"测量"按钮，此时极板间电压为0 V，观察各颗油滴下落大概的速度，从中选一颗作为测量对象。对于10英寸监视器，目视油滴直径在0.5~1 mm的较适宜。过小的油滴观察困难，布朗运动明显，会引入较大的测量误差。

判断油滴是否平衡要有足够的耐性。按下K_2将油滴移至某条刻度线上，仔细调节平衡电压，这样反复操作几次，观察油滴一段时间，确定油滴不再移动才认为是平衡了。

测准油滴上升或下降某段距离所需的时间，一是要统一油滴到达刻度线什么位置才认为油滴已踏线；二是眼睛要平视刻度线，不要有夹角。反复练习几次，使测出的各次时间的离散性较小，并且对油滴的控制比较熟练。

（四）正式测量

实验方法可选用平衡测量法（静态法）、动态测量法和平衡法（静态法）。可将已调平衡的油滴用K_2控制移到"起跑"线上（一般取第2格上线），按K_3（计时/停），让计时器停止计时（值未必要为0），然后将K_2按向"测量"，油滴开始匀速下降的同时，计时器开始计时，到"终点"（一般取第7格下线）时迅速将K_2按向"平衡"，油滴立即静止，计时也立即停止，此时电压值和下落时间值显示在屏幕上，然后进行相应的数据处理即可。

动态法测量，分别测出加电压时油滴上升的速度和不加电压时油滴下落的速度，代入相应公式，求出e值，此时最好将K_2与K_3的联动断开。油滴的运动距离一般取1~1.5 mm。对某颗油滴重复5~10次测量，选择10~20颗油滴，求得电子电荷的平均值e。在每次测量时都要检查和调整平衡电压，以减小偶然误差和避免因油滴挥发而使平衡电压发生变化。

（五）数据处理

平衡法的依据公式为：

$$q = \frac{18\pi}{\sqrt{2\rho g}} \left[\frac{\eta l}{t_g \left(1 + \frac{b}{pa}\right)} \right]^{3/2} \cdot \frac{d}{V} \tag{11}$$

式中：油滴的半径$a = \sqrt{\frac{9\eta l}{2\rho g t_g}}$；

油的密度$\rho = 981$ kg/m³(20℃)；

重力加速度$g = 9.79$ m/s²(南京地区)，或以力学实验中测量为准；

空气黏滞系数$\eta = 1.83 \times 10^{-5}$ kg/(m·s)；

油滴匀速下降距离 $l = 1.5 \times 10^{-3}$ m；

修正常数 $b = 6.17 \times 10^{-6}$ m·cm(Hg)；

大气压强 $p = 76.0$ cm(Hg)；

平行极板间距离 $d = 5.00 \times 10^{-3}$ m。

式中的时间 t_g 应为测量数次时间的平均值。实际大气压可由气压表读出。计算出各油滴的电荷后，求它们的最大公约数，即为基本电荷 e 值，若求最大公约数有困难，可用作图法求 e 值。设实验得到 m 个油滴的带电量分别为 q_1，q_2，…，q_m，由于电荷的量子化特性，应有 $q_i = n_i e$，此为一直线方程，n 为自变量，q 为因变量，e 为斜率。因此 m 个油滴对应的数据在 n-q 坐标中将在同一条过圆点的直线上，若找到满足这一关系的直线，就可用斜率求得 e 值。

将 e 的实验值与公认值比较，求相对误差（公认值 $e = 1.60 \times 10^{-19}$ C）。

将以上数据代入公式得：

油滴带电量 $q = \dfrac{1.43 \times 10^{-14}}{[t_g(1 + 0.02\sqrt{t_g})]^{\frac{3}{2}}} \dfrac{1}{V}$ C；

油滴半径 $a = \dfrac{4.15 \times 10^{-6}}{[t_g(1 + 0.02\sqrt{t_g})]^{\frac{1}{2}}}$ m；

油滴质量 $m = \dfrac{4}{3}\pi a^3 \rho = 4.09 \times 10^3 \times a^3$ kg；

五、回答问题

（1）怎样判断油滴所带的电荷比较少？

（2）应选什么样的油滴进行测量？

（3）为什么向油雾室喷油时，一定要使电容器的两平板短路？

（4）对实验结果造成影响的主要因素有哪些？

（5）说说用 CCD 成像系统观测油滴比直接从显微镜中观测有哪些优点。

实验 32

全息照相

一、实验目的

(1) 了解全息照相的基本原理；
(2) 学习全息照相的实验技术，并拍摄合格的全息图；
(3) 了解摄影暗室技术。

二、实验仪器及用具

光学平台、He-Ne 激光器、光开关及曝光定时器、分束镜一个、扩束镜两个、全反射镜两个、被摄物体(如小工艺品等)。

三、实验原理

全息照相的基本原理早在 1948 年就由伽伯(D. Gabor)发现，但是由于受光源的限制(全息照相要求光源有很好的时间相干性和空间相干性)，在激光出现以前，对全息技术的研究进展缓慢，但在 20 世纪 60 年代激光出现以后，全息技术得到了迅速的发展。目前，全息技术在干涉分析、信息存储、光学滤波以及光学模拟计算等方面得到了越来越广泛的应用。伽伯也因此而获得了 1971 年的诺贝尔物理学奖。

(一) 全息照相与全息照相术

在学习全息照相的基本原理之前，分析首先应了解全息照相和普通照相的区别。总的来说，全息照相和普通照相的原理完全不同。普通照相通常是通过照相机物镜成像，在感光底片平面上将物体发出的或它散射的光波(通常称为物光)的强度分布(即振幅分布)记录下来。由于底片上的感光物质只对光的强度有响应，对位相分布不起作用，所以在照相过程中把光波的位相分布这个重要的信息丢失了。因而，在所得到的照片中，物体的三维特征消失了，不再存在视差，改变观察角度时，并不能看到像的不同侧面。全息照相则完全不同，由全息照相术所产生的像是完全逼真的立体像(因为同时记录下了物光的强度分布和位相分布，即全部信息)，当以不同的角度观察时，就像观察一个真实的物体一样,能够看到像的不同侧面,也能在不同的距离聚焦。

全息照相在记录物光的相位和强度分布时,利用了光的干涉。由光的干涉原理可知:当两束相干光波相遇,发生干涉叠加时,其合强度不仅依赖于每一束光各自的强度,同时也依赖于这两束光波之间的相位差。在全息照相中就是引进了一束与物光相干的参考光,使这两束光在感光底片处发生干涉叠加,感光底片将与物光有关的振幅和位相分别以干涉条纹的反差和条纹的间隔形式记录下来,经过适当的处理,便得到一张全息照片。

(二) 全息照相的基本过程

具体来说,全息照相包括以下两个过程。

1. 波前的全息记录

利用干涉的方法记录物体散射的光波在某一个波前平面上的复振幅分布,这就是波前的全息记录。通过干涉方法能够把物体光波在某波前的位相分布转换成光强分布,从而被照相底片记录下来。因为两个干涉光波的振幅比和位相差决定着干涉条纹的强度分布,所以在干涉条纹中就包含了物光波的振幅和位相信息。典型的全息记录装置如图 3.32.1 所示。从激光器发出的相干光波被分束镜分成两束:一束经反射、扩束后照在被摄物体上,然后经物体的反射或透射的光再射到感光底片上,这束光称为物光波;另一束经反射、扩束后直接照射在感光底片上,这束光称为参考光波。由于这两束光是相干的,所以在感光底片上就形成并记录了明暗相间的干涉条纹。干涉条纹的形状和疏密反映了物光位相分布的情况,而条纹明暗的反差反映了物光的振幅,感光底片上将物光的信息都记录下来了,经过显影、定影处理后,便形成与光栅有相似结构的全息图——全息照片,如图 3.32.2 所示。所以全息图不是别的,正是参考光波和物光波干涉图样的记录。显然,全息照片本身和原物体没有任何相似之处。

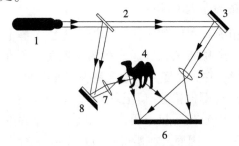

图 3.32.1 漫反射全息光路图

1—He-Ne 激光器;2—分束镜;3—全反射镜;4—被摄物体;
5—扩束镜;6—全息干板;7—扩束镜;8—全反射镜

图 3.32.2　全息照片

2. 物光波前的再现

物光波前的再现利用了光波的衍射,如图 3.32.3 所示。用一束参考光(在大多数情况下是与记录全息图时用的参考光波完全相同)照射在全息图上,就好像在一块复杂的光栅上发生衍射,在衍射光波中将包含有原来的物光波,因此当观察者迎着物光波方向观察时,便可看到物体的再现像。这是一个虚像,它具有原始物体的一切特征。此外还有一个实像,称为共轭像。应该指出,共轭波所形成的实像的三维结构与原物并不完全相似。

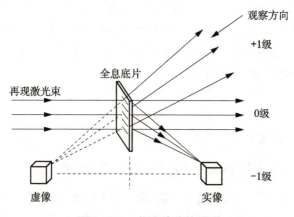

图 3.32.3　物光波前的再现

(三) 全息照相的主要特点和应用

全息照片具有许多有趣的特点:

(1) 图 3.32.2 所示是全息照片,片上的花纹与被摄物体无任何相似之处,在相干光束的照射下,物体图像却能如实重现。

(2) 立体感很明显(三维再现性),如某些隐藏在物体背后的东西,只要把头偏移一下，也可以看到。视差效应很明显。

（3）全息照片打碎后，只要任取一小片，也可以用来重现物光波。犹如通过小窗口观察物体那样，仍能看到物体的全貌。这是因为全息照片上的每一个小的局部都完整地记录了整个物体的信息（每个物点发出的球面光波都照亮整个感光底片，并与参考光波在整个底片上发生干涉，因而整个底片上都留下了这个物点的信息）。当然，由于受光面积减少，成像光束的强度要相应地减弱，而且由于全息图片变小，边缘的衍射效应增强而必然会导致像质的下降。

（4）在同一张照片上，可以重叠数个不同的全息图。在记录时或改变物光与参考光之间的夹角，或改变物体的位置，或改变被摄的物体，等等，一一曝光之后再进行显影与定影，再现时能一一重现各个不同的图像。

由于具有这些特点，全息照相术现在已经得到了广泛的应用，如全息信息存储和全息干涉分析就是分别应用了上文所述的第（3）和第（4）个特点。

（四）实验条件

为了实现全息照相，实验装置必须具备下述的三个基本条件：

（1）一个好的相干光源。全息原理是在 1948 年就已提出，但由于没有合适的光源而难以实现。激光的出现为全息照相提供了一个理想的光源，这是因为激光具有很好的空间相干性和时间相干性。本实验用多纵模 He-Ne 激光器，其波长为 632.8 nm，其相干长度约为 20 cm。为了保证物光和参考光之间良好的相干性，应尽可能使两光束的光程接近，一般要求光程差不超过 4 cm，以使光程差在激光的相干长度内。

（2）一个稳定性较好的防震台。由于全息底片上所记录的干涉条纹很细，相当于波长量级，在照相过程中极小的干扰都会引起干涉条纹的模糊，不能形成全息图，因此要求整个光学系统的稳定性良好。由布拉格法则可知：条纹宽度 $d = \lambda/2\sin\left(\dfrac{\theta}{2}\right)$，由此公式可以估计一下条纹的宽度。当物光与参考光之间的夹角 $\theta=60°$ 时，$\lambda=632.8$ nm，则 $d=0.6328$ μm。可见，在记录时条纹或底片移动 1 μm，将不能成功得到全息图。因此在记录过程中，光路中各个光学元件（包括光源和被摄物体）都必须牢牢固定在防震台上。由公式可知，当 θ 角减小时，d 增加，抗干扰性增强。但考虑到再现时使衍射光和零级衍射光能分得开一些，θ 角要大于 30°，一般取 45° 左右。另外，适当缩短曝光时间，保持环境安静都是有利于记录的。

（3）高分辨率的感光底片。普通感光底片由于银化合物的颗粒较粗，每毫米只能记录几十至几百条，不能用来记录全息照相的细密干涉条纹，所以必须采用高分辨率的感光底片(一般采用条纹宽度 d 的倒数表示空间频率或感光材料的分辨率)。本实验采用的是天津感光胶片厂出品的 GS-I 型红光干板,其极限分辨率为 3 000 条每毫米。

其实,要获得最终的全息图,充分了解和学习感光底片的显影、定影、冲洗等有关摄影的暗室技术知识也是不可缺少的。

四、实验内容

(1) 布置光路参考图 3.32.1,调节时要注意:

① 调整光学元件支架,使光路中各光学元件的光学中心共轴。

② 沿光路前后移动扩束镜的位置,使扩束后的光均匀照亮被摄物体和全息干板,光斑不能太大,以免浪费能量。

③ 物光和参考光的光程差要尽量小,一般常使两者光程大致相等。注意:被摄物体离全息干板的距离不能太远(约 10 cm)。

④ 物光和参考光束间的夹角在 30°~45°之间为宜。

⑤ 物光和参考光的光强比要合适,一般取 1:2~1:5 的光强比。

(2) 曝光 调好光路后,关闭光开关,在暗绿灯下将全息干板安装在底片架上,乳胶面(粗糙的一面)朝向被拍摄物体,千万不能装反。待整个系统稳定后,即在所有元件就绪后,一般需要 3~5 min 的时间来等待系统消除振动,然后再进行曝光,曝光时间由物光的强弱而定。

(3) 冲洗全息干板按常规感光底片显影、定影、冲洗处理,使之变成为位相全息图。

(4) 全息图的重现参考图 3.32.3。

虚像观察:将拍摄好的全息图放回原先的底片架上,遮住物光和被摄物体,用参考光束照明全息图(其乳胶面仍须朝向原物体),通过全息图就可看到一个虚像,像即呈现在原物所在的位置上,就如通过一扇窗来观察外面的物体,不论从窗(全息图)的哪个角落往外看都能看到整个物体。随着观察位置的改变,再现像的透视面也随着变化,景物上远近物体的视差是明显的。

五、回答问题

(1) 画出实验中所设计并用于实际拍摄的光路(按比例画),并简要说明其特点。

(2) 简述全息照相的特点,比较全息照相与普通照相的同异点。

(3) 全息照相的基本条件是什么?做本实验时成功的关键是什么?

(4) 假如用物光束照明全息图，则将通过全息图能观察到什么？

(5) 观察并讨论用扩束的激光照明全息图，如光束扩束的太小（特别是不加扩束）、照明方位改变时，对再现像的影响。

六、注意事项

(1) 各种光学镜面严禁用手触摸。

(2) 实验过程中切忌用眼睛直视激光束，以免损伤视网膜。

(3) 各组应在相同时间统一曝光，以避免相互干扰，曝光时不能走动、说话及任何振动，以提高拍摄成功率。

(4) 冲洗干板时应严格遵守暗房操作规程。

七、实验后记

(1) 影响本实验成功与否的因素较多，实验的实际操作也比较繁琐，完成实验有一定难度，一定要耐心调试。

(2) 装全息干板时因在黑暗中操作，特别要注意不能碰动光路，其药膜面应向着激光（即粗糙的一面），千万不能装反；

(3) 全息干板与被摄物的距离应控制在 10 cm 之内，且应保证全息干板尽可能正对被摄物，以接收尽可能多的物光。

八、附录

1. 冲洗液配方

D-19 显影液配方： 米妥尔 2 g； 无水亚硫酸钠 90 g； 对苯二酚 8 g； 无水碳酸钠 48 g； 溴化钾 5 g； 加水至 1 000 mL。	F-5 定影液配方： 硫代硫酸钠（大苏打）240 g； 无水亚硫酸钠 15 g； 冰醋酸(90%) 13.5 mL； 硼酸（晶体状）7.5 g； 钾矾（硫酸钾铝）15 g； 加水至 1 000 mL。	漂白液配方： 蒸馏水(25℃)500 mL； 甲矾 20 g； 硫酸钠 25 g； 溴化钾 20 g； 硫酸铜 40 g； 浓硫酸 5 mL； 加水至 1 000 mL。

配制：将上述药品按配方顺序放入容器中，同时充分搅拌，每加一种药完全溶解后，再加另一种药品，否则所配的冲洗液容易产生浑浊且效果差，最后加水至 1 000 mL 充分混合，应在室温 4℃ 避光保存。

2. 全息照相与普通照相的区别

全息照相与普通照相的区别见表 3.32.1。

表 3.32.1　全息照相与普通照相的区别

全息照相	普通照相
全息照相过程分记录、再现两步，它是以干涉衍射等波动光学的规律为基础的	普通照相过程是以几何光学的规律为基础的
全息图所记录的是物体各点的全部光信息，包括振幅和位相	普通照相底片记录的仅是物体各点的光强(即振幅)
全息照相过程中物体与底片之间是点面对应的关系，即每个物点所发射的光束直接落在记录介质整个平面上。反过来说，全息图中每一个局部都包含了物体各点的光信息	普通照相过程中物像之间是点点对应的关系，即一个物点对应像平面中的一个像点
全息图能完全再现原物的波前，因而能观察到一幅非常逼真的立体图像	普通照相得到的只能是二维的平面图像
全息照相是干涉记录，要求参考光束与各个物点的物光束彼此都是相干的	普通照相只是像的强度记录，并不要求光源的相干性，用普通光源就可以了

实验 33

白光全息摄影

一、实验目的

(1) 了解白光反射再现全息图的记录和再现原理；
(2) 掌握白光反射再现全息图的拍摄方法。

二、实验仪器

白光全息实验台、激光器、光开关、扩束镜、红敏光致聚合物全息干板、物体、溴钨灯、异丙醇。

三、实验原理

白光反射再现全息图是利用厚层照相乳剂记录干涉条纹，并利用布喇格衍射效应再现物像的。在这种记录过程中也是利用分离的相干光束进行叠加，物光和参考光分别从记录介质的两侧入射，两束光之间的夹角接近于 180°。因而，在全息记录介质内可建立起驻波，这样形成的干涉条纹接近平行于记录介质的表面。这些干涉条纹实际上是一些平面，即形成了三维分布的空间立体光栅。图 3.33.1 所示是干涉条纹形成的原理图。参考光和物光以接近 180°的夹角 φ 入射到干板的乳胶层上。为简便分析，假设参考光和物光均为平面波且与乳胶面的法线构成相同的倾角。从图中可以看到，一系列等相位波前穿过乳胶层，两列波的波阵面相交的轨迹为一平面，在这个平面上均为干涉最大。干板的乳胶层被曝光后，经过显影和定影处理，就形成了一些高密度的银粒子层。在所假定的条件下，这些银粒子层平分物光和参考光之间的夹角。这些高密度的银粒子层对于入射光来说就相当于一些局部反射平面，称为布喇格平面(图中以虚线表示)。根据图 3.33.1 可得如下关系式：

$$2d\sin\frac{\varphi}{2} = \lambda \tag{1}$$

式中，d 为相邻两银粒子层之间的距离，λ 为介质中的波长。以上结果是在假定的特殊条件 $d\sin\varphi = \dfrac{\lambda}{2d}$ 下得出的，而在一般情况下也可以得到类似的结果。

实际的物光不可能是平面波,因此,物光和参考光所形成的干涉层是很复杂的。原物光的全部信息就被记录在这些复杂的银层上,当用任何一束平面波照射处理好的全息图时,通过这些布喇格平面的局部反射作用就可以再现出一束原始物波,即再现出物体的原始信息。其原理如图 3.33.2 所示,由相邻两个布喇格平面所反射的光线之间的总光程差:

$$\delta = 2d\sin\varphi \tag{2}$$

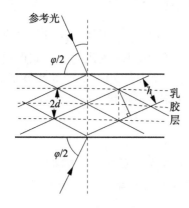

图 3.33.1 干涉条纹形成的原理图

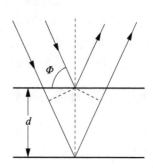

图 3.33.2 物象再现原理图

为了使再现物像获得最大亮度,两个相邻布喇格平面的反射光之间的光程差应等于一个波长。令 $\delta = \lambda$,由式(2)可得:

$$d\sin\varphi = \frac{\lambda}{2} \tag{3}$$

这一关系式称为布喇格条件,φ 称为布喇格角。这也就是获得最佳再现像而应满足的条件。

分析式(1)和式(3)可以得到下面两个结论:

(1) 反射全息图在再现时,对应于某一个角度,只有一种波长的光能获得最大亮度。也就是只有再现光的波长和方向满足布喇格条件时才能再现物像。所以,这种全息图可以从含有多种波长的复色光源中选择一种波长再现物像,从而实现了复色光再现。

(2) 用白光再现时,若从不同角度观察,再现像的颜色将有所变化,即不同的角度对应着不同的光波波长,随着 φ 角的增加,观察到的波长将从短波向长波方向变化。图 3.33.3 所示即为一个实拍光路。扩束后的激光投射到全息干板上,部分激光透过干板照射到被摄物上,由被摄物散射回干板的光即为物光。物光和原入射光(参考光)以大约 180°的夹角分别从全息干板两侧入射到乳胶层中,从而在乳胶层内形成干涉图样并使乳胶层曝光,然后经过显影、定影处理之后即可得到白光反射再现全息图。该实验光路适合于拍摄物体线度不太大、表面平坦且散射能力较强的物体，如硬币、表芯及小工艺品等。

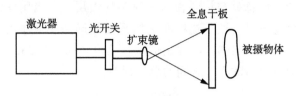

图 3.33.3　实验光路图

用 3.33.3 所示的光路拍摄，φ 约为 180°，由式（1）可知，此时的布喇格平面之间的距离约为介质中的半个波长。以红色 He-Ne 激光为例，此值约为 0.3 μm，在厚度为 6~10 μm 的乳胶层中可以获得大约 20~30 个布喇格平面，更厚的乳胶层可以增加布喇格平面的数量，从而进一步提高像的质量。

四、实验内容与步骤

（1）将光源、快门、扩束镜、物体、干板靠拢，调成同轴等高。

（2）按图 3.33.3 所示光路图排光路，使扩束镜出射的光束直径稍大于物体的直径。

（3）装好干板，稳定两分钟，以消除震动和夹片的应力。

（4）按动快门，给干板曝光。

（5）将曝光后的干板进行处理：

① 曝光后的干板取下后，放在蒸馏水里浸泡 1 min，使曝光后的分子充分吸水，完全溶解干板中多余的试剂，从而使折射率调制度达到最大值。

② 取出干板放入浓度为 40% 的异丙醇中脱水 1 min。

③ 取出干板放入浓度为 60% 的异丙醇中脱水 1 min。

④ 取出干板放入浓度为 80% 的异丙醇中脱水 15 s。

⑤ 取出干板放入浓度为 100% 的异丙醇中脱水 60~80 s，以图像清晰、明亮，颜色为浅红或黄绿色为止。

⑥ 迅速取出，用热吹风机迅速将干板吹干，直到全息图变成金黄色、清晰、明亮为止。

⑦ 用溴钨灯重现。

注意：若保存，一定要用玻璃片夹起密封好。

五、回答问题

（1）白光下拍摄的全息图与在暗室中拍摄的全息图有什么异同？

（2）在白光条件下拍出的全息图，再现时是否再用激光再现？

实验 34

夫兰克—赫兹实验

一、实验目的

(1) 了解 F-H 实验原理和方法，提高综合分析能力；
(2) 测定氩原子的第一激发电位，验证玻尔理论。

二、实验仪器及用具

FH-Ⅲ型夫兰克—赫兹实验仪。

三、仪器介绍

FH-Ⅲ型夫兰克—赫兹实验仪面板布置如图 3.34.1 所示。

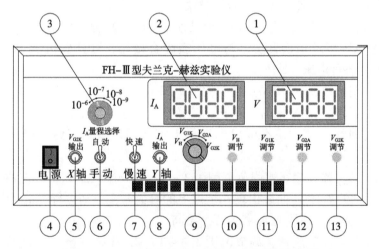

图 3.34.1 FH-Ⅲ夫兰克—赫兹实验仪面板布置图

1—电压表；2—电路表；3—I_A 量程切换开关；4—电源；5—V_{G2K} 输出端口；
6—"自动/手动"切换开关；7—"快速/慢速"切换开关；8—I_A 输出端口；
9—电压指示切换开关；10—灯丝电压 V_H 调节旋钮；11—V_{G1K} 调节旋钮；
12—V_{G2A} 调节旋钮；13—V_{G2K} 调节旋钮

(1) I_A 量程切换开关,分 4 挡: 1 μA/100 nA/10 nA/1 nA。

(2) 电流表,指示 I_A 电流:

$I_A = I_A$ 量程切换开关指示值 × 电流表读数/100,如 I_A 量程切换开关指示 100 μA,本电流表读数 10,则 I_A = 100 nA × 10/100 = 10 nA。

(3) 电压表,与电压指示切换开关 9 配合使用,可分别指示 V_H、V_{G1K}、V_{G2A}、V_{G2K} 各种电压,V_H、V_{G1K}、V_{G2A} 最大可显示 19.99 V,V_{G2K} 最大可显示 199.9V。

(4) 将仪器接入 AC220 V 后,打开电源开关。

(5) V_{G2K} 输出端口,接至示波器或其他记录设备 X 轴输入端口,此端口输出电压为 V_{G2K} 的 1/10。

(6) "自动/手动"切换开关,按入为"自动"位置,与"快速/慢速"切换开关及 V_{G2K} 调节旋钮配合使用,可选择电压扫描速度及范围;按出为"手动"位置,与 V_{G2K} 调节旋钮配合使用,手动选择 V_{G2K}。

(7) "快速/慢速"切换开关,用于选择电压扫描速率,按入为"快速"位置,V_{G2K} 的扫描速率约为 50 Hz;按出为"慢速"位置,V_{G2K} 的扫描速率约为 1 Hz。只有"自动/手动"切换开关选择在"自动"位置时,此开关才起作用,"快速"用于 V_{G2K} 输出端口和 I_A 输出端口外接示波器;"慢速"用于 V_{G2K} 输出端口和 I_A 输出端口端口外接 X-Y 函数记录仪。

(8) I_A 输出端口,接至示波器或其他记录设备 Y 轴输入端口。

(9) 电压指示切换开关,与电压表配合使用,可分别指示 V_H、V_{G1K}、V_{G2A}、V_{G2K} 各种电压。

(10) 灯丝电压 V_H 调节旋钮,调节范围 1.2~6.3 V,不可过高,也不可过低,一般调至 2.8 V 左右。调节过程要缓慢,边调节边观察图 3.34.2 所示的 I_A-V_{G2K} 曲线的变化,不可出现波形上端切顶现象,不然应降低灯丝电压 V_H。

(11) V_{G1K} 调节旋钮,调节范围 1.3~5 V,开始调至 2.3 V 左右,当图 3.34.2 所示的 I_A-V_{G2K} 曲线出现 6 个以上的峰值时,分别进行 V_{G1K} 和 V_{G2A} 调节,使从左至右,曲线的 I_A 谷值逐个抬高。

(12) V_{G2A} 调节旋钮,调节范围 1.3~15 V,开始调至 8 V 左右,当图 3.37.2 所示的 I_A-V_{G2K} 曲线出现 6 个以上的峰值时,分别进行 V_{G2A} 和 V_{G1K} 调节,使从左至右,曲线的 I_A 谷值逐个抬高。

(13) V_{G2K} 调节旋钮,自动/手动切换开关置于"手动"时,调节范围可达 0~100 V;置于"自动"时,调节范围可达 0~100 V。

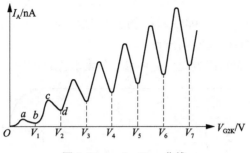

图 3.34.2　I_A-V_{G2K} 曲线

四、实验原理

夫兰克—赫兹实验仪是重复 1914 年德国物理学家夫兰克和赫兹进行的电子轰击原子的实验，通过具有一定能量的电子与原子相碰撞进行能量交换的方法，使原子从低能级跃迁到高能级，直接观测到原子内部能量发生跃变时，吸收或发射的能量为某一定值，从而证明了原子能级的存在及玻耳理论的正确性。

电子与原子的碰撞过程可用以下方程描述：

$$\frac{1}{2}m_e V_1^2 + \frac{1}{2}MV_2^2 = \frac{1}{2}m_e V'^2_1 + \frac{1}{2}MV'^2_2 + \Delta E \tag{1}$$

式中：m_e——电子质量；

　　　M——原子质量；

　　　V_1——电子碰撞前的速度；

　　　V'_1——电子碰撞后的速度；

　　　V_2——原子碰撞前的速度；

　　　V'_2——原子碰撞后的速度；

　　　ΔE——原子碰撞后内能的变化量。

按照玻耳原子能级理论：

$$\begin{matrix} 当 \Delta E = 0 \text{ 时，为弹性碰撞；} \\ 当 E_1 - E_0 = 0 \text{ 时，为非弹性碰撞；} \end{matrix} \tag{2}$$

式中：E_0——原子基态能量；

　　　E_1——原子第一激发态能量。

当电子碰撞前的动能 $\frac{1}{2}m_e V_1^2 < E_1 - E_0$ 时，电子与原子的碰撞为完全弹性碰撞，$\Delta E = 0$，原子仍停留在基态。电子只有在加速电场的作用下碰撞前获得的动能 $\frac{1}{2}m_e V_1^2 \geq E_1 - E_0$，才能与原子产生非弹性碰撞，使原子获得某一值

($E_1 - E_0$)的内能从基态跃迁到第一激发态,此时若调整加速电场的强度,电子与原子由弹性碰撞到非弹性碰撞的变化过程将在电流上显现出来。夫兰克—赫兹管即为此目的而专门设计。

本仪器采用的充氩四极夫兰克—赫兹管实验原理如图 3.34.3 所示。

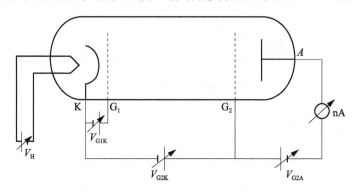

图 3.34.3　夫兰克—赫兹管实验原理图

第一栅极(G_1)与阴极(K)之间的电压 V_{G1K} 约 1.5 V,其作用是消除空间电荷对阴极(K)散射电子的影响。当灯丝(H)加热时,热阴极(K)发射的电子在阴极(K)与第二栅极(G_2)之间正电压 V_{G2K} 形成的加速电场作用下被加速而获得越来越大的动能,并与 V_{G2K} 空间分布的气体氩的原子发生如式(1)所描述的碰撞进行能量交换。

在起始阶段,V_{G2K} 较低,电子的动能较小,在运动过程中与氩原子的碰撞为弹性碰撞。碰撞后到达第二栅极(G_2)的电子具有动能 $\frac{1}{2}m_e V_1^{2\prime}$,穿过 G_2 后将受到 V_{G2A} 形成的减速电场的作用。只有动能 $\frac{1}{2}m_e V_1^{2\prime}$ 大于 eV_{G2A} 的电子才能到达阳极,形成阳极电流 I_A,这样 I_A 将随着 V_{G2K} 的增加而增大,如图 3.34.2 中 I_A-V_{G2K} 曲线 Oa 段所示。

当 V_{G2K} 达到氩原子的第一激发电位 11.8 V 时,电子与氩原子在第二栅极附近产生非弹性碰撞,电子把从加速电场中获得的全部能量传递给氩原子,使氩原子从较低能级的基态跃迁到较高能级的第一激发态。而电子本身由于把全部能量传递给了氩原子,即使它能穿过第二栅极也不能克服 V_{G2A} 形成的减速电场的拒斥作用而被拆回的第二栅极,所以阳极电流将开始减少,随着 V_{G2K} 的继续增加,产生非弹性碰撞的电子越来越多,故 I_A 不增反降,如图 3.34.2 曲线 ab 段所示,直至 b 点形成 I_A 的谷值。

b 点以后继续增加 V_{G2K},电子在 V_{G2K} 空间与氩原子碰撞后到达 G_2 时的动能足以克服 V_{G2A} 减速电场的拒斥作用而到达阳极(A)形成阳极电流 I_A,与 Oa

段类似,形成图 3.34.2 所示的曲线 bc 段。

c 点以后电子在 V_{G2K} 空间又会因第二次非弹性碰撞而失去能量,与 ab 段类似形成第二次阳极电流 I_A 的下降,如图 3.34.2 曲线 cd 段所示,依此类推,I_A 随着 V_{G2K} 的增加而呈周期性的变化,如图 3.34.2 所示。相邻两峰(或两谷)对应的 V_{G2K} 值之差即为氩原子的第一激发电位值。

五、实验内容及步骤

(一) 用双踪示波器观察 I_A - V_{G2K} 曲线

(1) 连接夫兰克—赫兹实验仪与示波器操作装置位置。

① 夫兰克—赫兹实验仪面板操作装置位置:

"自动/手动"切换开关:自动

"快速/慢速"切换开关:快速

I_A 量程切换开关:$\times 10^{-7}$(100 nA)

V_{G2K} 调节旋钮:中间

② 示波器面板操作装置位置:

动作方式:X——Y

X 轴 Y 轴输入耦合方式:DC

X 轴每格电压选择(VOLTS/DIV):1V

Y 轴每格电压选择(VOLTS/DIV):1V

(2) 开启电源,按本仪器盖板上所贴标签提供的夫兰克—赫兹管参考工作电压调整 V_H、V_{G1K}、V_{G2A},与电压指示切换开关配合使用,分别调节灯丝电压 V_H 调节旋钮、V_{G1K} 调节旋钮和 V_{G2A} 调节旋钮,使 V_H 约为 5 V,V_{G1K} 约为 1.7 V,V_{G2A} 约为 8 V。稍等片刻,当 I_A-V_{G2K} 曲线起来以后缓慢右旋(顺时针) V_{G2K} 调节旋钮到底,粗略观察 I_A-V_{G2K} 曲线起伏变化情况,调整示波器各相关旋钮,使波形清晰,Y 轴幅度适中,X 轴满屏显示,预热约 10 min。

(3) 仔细观察 I_A-V_{G2K} 曲线的起伏状态,I_A 有 5~7 个谷(和峰)值,相邻谷(或峰)值的水平间隔即为氩原子的第一激发电位。因为本仪器 V_{G2K} 输出端口的输出电压为 V_{G2K} 的 1/10,所以示波器 X 轴每格读出的电压值乘以 10 即为实际值。

(4) 分别微调 V_H、V_{G1K}、V_{G2A},观察各自变化对 I_A-V_{G2K} 曲线的电压选择 1 V,相邻谷(或峰)值的水平间隔 1.2 格不到,粗略估计氩原子的第一激发电位在 12 V 左右。

(5) 实验完毕,左旋 V_{G2K} 调节旋钮至中间位置,断开仪器和示波器电源。

注意:

① 在调节灯丝电压 V_H 调节旋钮、V_{G1K} 调节旋钮、V_{G2A} 调节旋钮和 V_{G2K} 调

节旋钮过程中，观察图形，使峰谷适中，无上端切顶现象。

② 在此过程中 V_{G2K} 显示值无效，电流表显示值无效。

（二）用手动测量法测绘 I_A-V_{G2K} 曲线

手动测绘有两点需特别注意：一是正式测试前，V_H、V_{G1K}、V_{G2A} 不可调整，测试之前一定要用示波器全面察看 I_A-V_{G2K} 曲线起伏状态正常，谷峰值明显；二是测试过程中每改变一次 V_{G2K}，I_A 也相应改变，则夫兰克—赫兹管需要一定的时间进入一个新热平衡状态，所以测试过程要缓慢，待 I_A 稳定后再读数记录。

（1）在实验（一）的基础上，将 V_{G2K} 调节旋钮反旋到最小。

（2）切换"自动/手动"切换开关 I_A 改置于"手动"位置，切换"快速/慢速"切换开关改置于"慢速"位置，I_A 量程切换开关置于 10^{-6}A 或 10^{-7}A 挡。

（3）逆时针缓慢调节 V_{G2K} 调节旋钮，使电流表显示 0.00 μA。

（4）顺时针细调 V_{G2K} 调节旋钮，此时电流上升，细心观察 I_A 的变化，发现 I_A 由小到大，再由大变小在峰值与谷值之间变化，记下 I_A 的第一个峰值和它相对的 V_{G2K} 值。

（5）继续调节 V_{G2K} 调节旋钮，使 I_A 到第一个谷值，同时记下相对应的 V_{G2K} 值。

（6）如此反复进行 6～7 个峰谷值的数据采集，得到多组 I_A-V_{G2K} 数据，然后列表（自拟表格），选择适当比例在方格纸上作出 I_A-V_{G2K} 曲线。

（7）从图中取相邻 I_A 谷（或峰）值所对应的 V_{G2K} 之差即为氩原子的第一激发电位。从所作曲线上计算所测量第一激发电位的平均值，并与公认值比较，分析误差原因。

为了便于作图，建议在峰和谷附近多测几组 I_A 和 V_{G2K} 值。

六、注意事项

（1）调节 V_{G2K} 和 V_H 时，应注意 V_{G2K} 和 V_H 过大会导致氩原子电离而形成正离子到达阳极，使阳极电流 I_A 突然骤增，直至将夫兰克—赫兹管烧毁。所以，一旦发现 I_A 为负值或正值超过 10μA，应迅速关机，5 分钟以后重新开机。因为原子电离后的自持放电是自发的，此时将 V_{G2K} 和 V_H 调至零都将不起作用。

（2）图 3.34.2 中 I_A-V_{G2K} 曲线的变化对调节 V_H 的反应较慢，所以，调节 V_H 一定要缓慢进行，不可操之过急，峰谷幅度过低可升高 V_H，过高则降低 V_H。

（3）每个夫兰克—赫兹管的参数各不相同，尤其是灯丝电压，使用每一台仪器都要按调试步骤认真地进行操作。夫兰克—赫兹实验仪参考工作电压分别为 V_H 2.8 V，V_{G1K} 2.4 V，V_{G2A} 8 V。如果用户更换新的夫兰克—赫兹管，则需重新调试，另外选择合适的参考工作电压，调试方法如下：

① 同实验步骤第（一）条中的（1）。

② 开启电源，调整 V_H、V_{G1K}、V_{G2A} 分别约为 2.8 V、2.3 V、8 V，稍等片刻，当 I_A-V_{G2K} 曲线起来后缓慢右旋 V_{G2K} 调节旋钮，同时观察曲线起伏情况。首先关注峰谷幅度变化，过低可升高 V_H，过高则降低 V_H。V_{G2K} 调节旋钮右旋到底可观察到 6 个以上的 I_A 峰（或谷）值。

（3）调节示波器 X 轴、Y 轴各相关旋钮，使波形清晰，Y 轴幅度适中，X 轴满屏显示。

（4）反复微调 V_H、V_{G1K}、V_{G2A}，使峰（或谷）明显，幅度适中，起伏正常，无上端切顶现象，从左至右 I_A 峰（或谷）值基本上有逐个抬高的趋势。

（5）重复步骤（3）（4）直至得到稳定的 I_A-V_{G2K} 曲线，记下 V_H、V_{G1K}、V_{G2A}，做成新标签贴在仪器上盖板，除去原标签。

七、回答问题

（1）由夫兰克—赫兹实验原理，定性解释 I_A-V_{G2K} 曲线的形成原因。

（2）为什么测定汞原子的 I_A-V_{G2K} 曲线需要恒温加热装置，而氩原子就不需要？

实验 35

光电效应及普朗克常数测定

一、实验目的

(1) 通过实验深刻理解爱因斯坦的光电子理论,了解光电效应的基本规律;

(2) 掌握用光电管进行光电效应研究的方法;

(3) 学习对光电管伏安特性曲线的处理方法,并用以测定普朗克常数。

二、实验仪器及用具

高压汞灯、滤色片、光电管、微电流放大器(含电源)

三、实验原理

爱因斯坦从他提出的"光量子"概念出发,认为光并不是以连续分布的形式把能量传播到空间,而是以光量子的形式一份一份地向外辐射。对于频率为 ν 的光波,每个光子的能量为 $h\nu$,其中,$h = 6.6261 \times 10^{-34}$ J·s,称为普朗克常数。

当频率为 ν 的光照射金属时,具有能量 $h\nu$ 的一个光子和金属中的一个电子碰撞,光子把全部能量传递给电子。电子获得的能量一部分用来克服金属表面对它的束缚,剩余的能量就成为逸出金属表面后光电子的动能。显然,根据能量守恒有:

$$E_k = h\nu - W_s \tag{1}$$

这个方程称为爱因斯坦方程。这里 W_s 为逸出功,是金属材料的固有属性。对于给定的金属材料,W_s 是一定值。

爱因斯坦方程表明:光电子的初动能与入射光频率之间呈线性关系。入射光的强度增加时,光子数目也增加。这说明光强只影响光电子所形成的光电流的大小。当光子能量 $h\nu < W_s$ 时,不能产生光电子,即存在一个产生光电流的截止频率 ν_0($\nu_0 = W_s/h$)。

本实验采用的实验原理图见图 3.35.1。一束频率为 ν 的单色光照射在真空光电管的阴极 K 上，光电子将从阴极逸出。在阴极 K 和阳极 A 之间外加一个反向电压 V_{KA}（A 接负极），它对光电子运动起减速作用。随着反向电压 V_{KA} 的增大，到达阳极的光电子相应减少，光电流减少。当 $V_{KA} = U_s$ 时，光电流降为零，此时光电子的初动能全部用于克服反向电场作用。即

$$eU_s = E_k \tag{2}$$

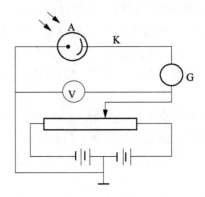

图 3.35.1 实验原理图

这时的反向电压 U_s 叫截止电压。入射光频率不同时，截止电压也不同。将式(2)代入(1)式得

$$U_s = \frac{h}{e}(\nu - \nu_0) \tag{3}$$

式中，h，e 都是常量，对于同一光电管，ν_0 也是常量。在实验中，测量不同频率下的 U_s，作出 U_s-ν 曲线。在式(3)得到满足的条件下，这是一条直线。若电子电量 e 为已知，由斜率 $k = h/e$ 可以求出普朗克常数 h，由直线在 U_s 轴上的截距可以求出逸出功 W_s，由直线在 ν 轴上的截距可以求出截止频率 ν_0，见图 3.35.2。

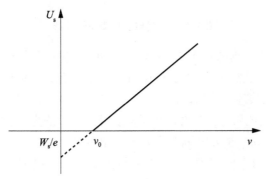

图 3.35.2 U_s-ν 曲线

在实验中测得的伏安特性曲线与理想的有所不同，这是因为：

(1) 光电管的阴极采用逸出电位低的碱金属材料制成，这种材料即使在高真空也有易氧化的趋向，使阴极表面各处的逸出电势不尽相等，同时逸出具有最大动能的光电子数目大为减少。随着反向电压的增高，光电流不是陡然截止，而是较快降低后平缓地趋近零点。

(2) 阳极是用逸出电势较高的铂、钨等材料制成。本来只有远紫外线照射才能逸出光电子，但在使用过程中常会沉积上阴极材料，所以当阳极受到部分漫反射光照射时也会发生光电子。因为施加在光电管上的外电场对于这些光电子来说正好是个加速电场，使得发射的光电子由阳极飞向阴极，构成反向电流。

(3) 暗盒中的光电管即使没有光照射，在外加电压下也会有微弱电流流通，称作暗电流。其主要原因是极间绝缘电阻漏电（包括管座以及玻璃壳内外表面的漏电）和阴极在常温下的热电子辐射等。暗电流与外加电压基本上呈线性关系。

由于以上原因，实测曲线上每一点的电流是阴极光电子发射电流、阳极反向光电子电流及暗电流三者之和。理想光电管的伏安特性曲线如图 3.35.3 的虚线所示，实际测量曲线如图中的实线表示。

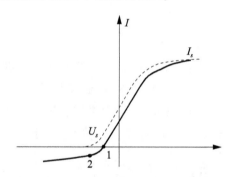

图 3.35.3　光电管伏安特性曲线

光电效应实验原理图见图 3.35.4。常见的 GDh-1 型光电管阴极为 Ag-O-K 化合物，最高灵敏度波长为 (410 ± 10) nm。为避免杂散光和外界电磁场的影响，光电管装在留有窗口的暗盒内。

实验光源为高压汞灯，与滤色片配合使用，可以提供 356.6 nm, 404.7 nm, 435.8 nm, 546.1 nm, 577.0 nm 五种波长的单色光。

由于光电流强度非常微弱，所以一般需要经过微电流放大器放大后才能读出。微电流放大器的测量范围 $10^{-8} \sim 10^{-13}$ A，共分六挡。光电管的极间电压由直流电源提供，电源可以从负到正在一定范围内调节。

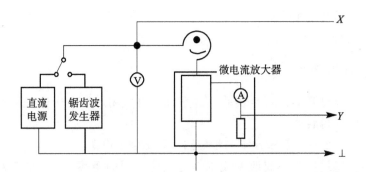

图 3.35.4 光电效应实验原理图

实验时可以由电压表和电流表逐点读数,并根据测量数据作图。也可以由锯齿波发生器产生随时间连续增大的电压加在光电管上,这时光电流也是连续变化的。将电流、电压量分别接在 $X-Y$ 记录仪的 Y 端和 X 输入端(或计算机 A/D 转换器的输入端),就能自动画出光电管的伏安特性曲线。

由于暗电流和阳极电流的存在,准确地测量截止电压是困难的。一般采用下述两种方法进行近似处理:

(1) 若在截止电压点附近阴极电流上升很快,则实测曲线与横轴的交点(图 3.35.3 中的"1"点)非常接近于 U_s 点。以此点代替 U_s 点,就是"交点法"。

(2) 若测量的反向电流饱和很快,则反向电流由斜率很小的斜线开始偏离线性的"抬头点"(图 3.35.3 中的"2"点)电压值与 U_s 点电压非常接近,可以用"抬头点"电压值代替 U_s 点电压。

四、实验内容及步骤

(1) 按要求布置好仪器,打开微电流放大器的电源预热 20 分钟。

(2) 罩好暗盒窗上的遮光罩,测量暗电流随电压的变化。

(3) 选择好某一波长的入射光,由 -3 V 开始增加电压进行粗测。注意观察电流变化较大时对应的电压区间,细测时在此区间内应多取一些测量点,以减小描绘曲线时的误差。

(4) 在以上基础上精确测量 I 随 U 变化的数据。

(5) 更换滤色片,选择其他波长,重复第 2 项和第 3 项实验内容。

(6) 作各波长 I-U 曲线,用"抬头点"确定 U_s 点。

(7) 作 U_s-ν 曲线,验证爱因斯坦公式。用作图法或最小二乘法求斜率并外推直线求截距,计算普朗克常数 h、逸出功 W_s 和截止频率 ν_0。

(8) 用锯齿波发生器作电源,由 $X-Y$ 记录仪(或计算机)绘图,进行第 5 项和第 6 项实验内容。

（9）用移动光源位置或改变窗口大小的方法改变入射光的强度，观测 W_s、ν_0 和饱和电流 I_s 的变化。

五、注意事项

（1）汞灯打开后，直至实验全部完成后再关闭。一旦中途关闭电源，至少等 5 分钟后再启动。

（2）注意勿使电源输出端与地短路，以免烧毁电源。

（3）实验过程中不要改变光源与光电管之间的距离（第 9 项实验内容除外），以免改变入射光的强度。

（4）注意保持滤色片的清洁，但不要随意擦拭滤色片。

（5）实验后用遮光罩罩住光电管暗盒，以保护光电管。

六、回答问题

（1）光电流是否随光源的强度变化？截止电位是否因光源强度不同而改变？请解释。

（2）本实验是如何满足照到光电管的入射光束为单色光的？

（3）在实验过程中，若改变了光源与光电管之间的距离，会产生什么影响？

（4）光电管的阴极和阳极之间存在接触电位差，试分析这对本实验结果有无影响。

实验 36

硅光电池的线性响应

一、实验目的

(1) 了解光电池线性响应的实用意义；
(2) 学习和掌握测定硅光电池线性工作范围的一种方法。

二、实验仪器及用具

溴钨灯、尼科耳棱镜(或偏振片)一对、硅光电池、灵敏电流计、电阻箱两个、直流稳压电源、聚光透镜、开关。

三、实验原理

光电池是一种很重要的半导体光电探测元件，其特点是不需要外加电源而能直接把光能转换成电能。常见的有硒、锗、硅、砷化镓等，其中最受重视的是硅光电池，因为它有一系列优点：性能稳定、光谱范围宽、频率特性好、转换效率高、能耐高温辐射等。同时，硅光电池的光谱灵敏度与人眼的灵敏度较为接近，所以很多分析仪器和测量仪器常用到它。

硅光电池的结构如图 3.36.1(a)所示，它是利用光生伏打效应设计的。半导体硅受光照时，硅中形成电子—空穴对，电子被结电压吸入半透明金属膜，因而结电压降低，金属膜变成负电势，金属基极对透明金属膜层为正电势，这个电势差值与入射光通量有关。如果用导线接入电流计，就会产生光电流。如果光电流的大小与入射光通量有线性关系，则用光电池探测光信号强度，可进行客观、准确而不失真的测量。

线性响应是光电探测器的重要性能指标之一，也是实际使用光电池时必须保持的正常工作条件。但是在测量各种光信号的强度时，信号强度变化幅度可能较为悬殊，因此使用光电池前，必须了解它的线性响应的强度范围。硅光电池的等效电路如图 3.36.1(b)所示。它与电池一样有一个内阻 R' 相当于一个平板电容 C，C 与 R' 并联，R 是硅光电池的负载电阻，当入射光通量 Φ 照射到硅表面时，产生光电流为 i，其中一部分 i_1 流过 R'，另一部分 i_2 流过

R，则
$$i = i_1 + i_2 \tag{1}$$
而在外电路中测量到的光电流为 i_2，因光电池的积分灵敏度为
$$S = i/\Phi \tag{2}$$
因此可计算得：
$$i_2 = S\Phi R'/(R' + R) \tag{3}$$

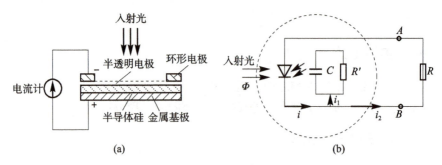

图 3.36.1 硅光电池

(a)硅光电池的结构；(b)硅光电池的等效电路

由于半导体的特性，硅光电池的内阻 R' 随入射光通量 Φ 而变，Φ 增大时，R' 变小(一般 R' 数值在几千到几十万欧姆范围内)。严格地讲，i_2 与 Φ 无线性关系，而当 R 较小时，R' 的变化对 i_2 影响较小，i_2 与 Φ 接近线性关系。因此，在实际使用中，要选用低内阻的电流计作测量仪表，或用补偿平衡电路。如图 3.36.2 所示，平行光通过起偏棱镜 N_1 后，形成强度为 I_0 的平面偏振光，其偏振方向平行于棱镜的主截面。如果使该平面偏振光再通过检偏器棱镜 N_2，由马吕斯定律可知，通过 N_2 的透射光强 I 为：
$$I = I_0 \cos^2\alpha \tag{4}$$

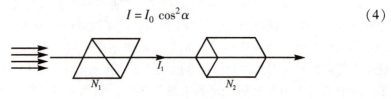

图 3.36.2 补偿平衡电路

式中，α 为两偏振棱镜主截面之间的夹角。由式(4)可见，透过 N_2 的光强随 α 的不同而变化。现将该透射光照射在光电池上，假设硅光电池的工作范围处于线性响应区域，则由硅光电池产生的光电流 i 应与入射光的强度 I 成正比，即 $i = c_1 I$，将此关系代入式(4)，得：
$$i = c_2 \cos^2\alpha \quad (c_2 = c_1 I_0) \tag{5}$$
将上式两侧取对数，则

$$\lg i = \lg c_2 + 2\lg\cos\alpha \tag{6}$$

即变量($\lg\cos\alpha$)和($\lg i$)在$i = c_1 I$成立条件下，存在线性关系，且斜率为 2。测量不同α角时的电流值i，作$\lg i - \lg\cos\alpha$图线，一般它为曲线，但其中有一段是斜率为 2 的直线，该段直线对应的电流变化范围，就是该硅光电池的线性工作区域。

四、实验内容及步骤

（1）按图 3.36.3 所示安置实验装置，光源 S 为溴钨灯，经透镜 L 后射出的平行光经过尼科耳棱镜，照射到待测硅光电池 P_c 上，使灵敏电流计 G 显示出光电流值。

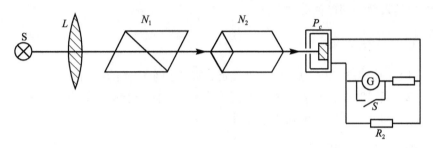

图 3.36.3 实验装置

（2）由于半导体硅的固有特性，硅光电池的内阻随入射光强增大而减少，因此硅光电池产生的光电流除与入射光强有关外，还与外电路负载电阻有关。根据光电池的等效电路分析可知，外负载电阻越小，光电池的线性响应越高。若用灵敏电流计显示，则外负载电阻即电流计内阻 R_g，所以应选用低内阻的灵敏电流计。在具体测量时，光电流变化范围较大，须改变电流计的量程。为使量程改变时外接电阻总阻值不变，可采用图 3.36.3 所示的电路，即先将 R_1 与 R_g 串联，再和 R_2 并联后接入光电池电路，当满足关系式：

$$R_1 = (n-1)R_g \tag{7}$$

$$R_2 = \frac{n}{n-1}R_g \tag{8}$$

时，光电池外负载电阻总值不变。式中 n 为电流计量程的扩大倍数，一般选 $n = 3, 10, 30, 100, \cdots$。

（3）测定硅光电池的线性工作范围。

① 调节光路，使之共轴。

② 转动尼科耳棱镜，使两棱镜 N_1 和 N_2 的主截面正交，这时灵敏电流计的指示应为零，但由于漏电流和背景杂散光的干扰，电流计的示值一般不为

零,可通过改变电流计的零点扣除此项影响。

③ 固定光源的工作电压,保持一定的光照度,从消光位置开始,逐次改变 α 值,测出相应的光电流 i,作 $\lg i - \lg\cos\alpha$ 曲线,确定斜率为2的直线段对应的电流变化范围。

④ 提高光源的工作电压,尽量扩大光强变化范围,再作 $\lg i - \lg\cos\alpha$ 曲线。

⑤ 换用高内阻的电流计,再测 $\lg i - \lg\cos\alpha$ 曲线,与步骤③④结果比较,以观察外负载电阻对光电池线性响应的影响。(扩大量程的 R_1、R_2 值是否不变?)

⑥ 用照度计测定光电池受光面处的光照强度,标定与光电池线性工作范围对应的入射光照度的分布范围。

五、注意事项

(1) 两偏振片和光电池应尽量靠近,以避免杂散光的影响。
(2) 实验时要保持光源发光强度的稳定,以防止杂散光的影响。
(3) 切勿用手随意触摸光学器件。

六、回答问题

(1) 如测得光电探测器的 $\lg i - \lg\cos\alpha$ 图线为一直线,则光电流即与入射光强度成正比,这话对不对,为什么?
(2) 光电探测器的线性响应在实际应用中有何重要性?

实验 37

双光栅测量微弱振动位移量实验

一、实验目的

(1) 理解利用光的多普勒频移形成光拍的原理；
(2) 理解利用双光栅衍射干涉测量位移的原理；
(3) 应用双光栅微弱振动测量仪测量音叉振动产生的微小振幅。

二、实验仪器及用具

双光栅微弱振动测试仪、模拟示波器、数字示波器。

三、仪器介绍

(一) 测量仪面板图

双光栅微弱振动测试仪如图 3.37.1 所示。

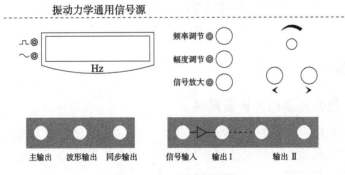

图 3.37.1 测试仪面板

如图 3.37.1 所示，按"频率调节"按钮，对应指示灯亮，表示可以用编码开关调节输出频率，编码开关下面的按键可用于切换频率调节位。编码开关上面的按键可用来切换正弦波和方波输出。正弦波输出频率范围是 20~100 000 Hz，方波的输出频率是 20~1 000 Hz。

按"幅度调节"按钮，对应指示灯亮，表示可以用编码开关调节输出信号幅度，可在 0 ~ 100 挡间调节，输出幅度不超过 $V_{p-p} = 20$ V。

按"信号放大"按钮，对应指示灯亮，表示可以用编码开关调节信号放大倍数，可在 0 ~ 100 挡间调节，放大倍数不超过 55 倍。

"主输出"接音叉驱动器；"波形输出"可接示波器来观察主输出的波形；"同步输出"为输出频率同主输出，且与主输出相位差固定的正弦波信号作为观察拍频波的触发信号；"信号输入"接光电传感器；"输出Ⅰ"接示波器通道 1，观察拍频波；"输出Ⅱ"接耳机。

(二) 实验平台

实验所用平台见图 3.37.2。

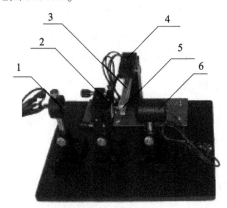

图 3.37.2　实验平台
1—激光器；2—静光栅；3—音叉；4—音叉驱动器；
5—动光栅；6—光电传感器

四、实验原理

(一) 位相光栅的多普勒频移

多普勒效应是指光源、接收器、传播介质或中间反射器之间的相对运动所引起的接收器接收到的光波频率与光源频率发生的变化，由此产生的频率变化称为多普勒频移。

由于不同的介质对光传播时有不同的位相延迟作用，所以对于两束相同的单色光，若初始时刻相位相同，经过相同的几何路径，但在不同折射率的介质中传播，出射时两光的位相则不相同。对于位相光栅，当激光平面波垂直入射时，由于位相光栅上不同的光密和光疏媒质部分对光波的位相延迟作用，使入射的平面波变成出射时的摺曲波阵面，见图 3.37.3。

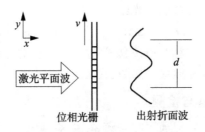

图 3.37.3　出射的摺曲波阵面

激光平面波垂直入射到光栅，由于光栅上每缝自身的衍射作用和每缝之间的干涉，通过光栅后光的强度出现周期性的变化。在远场，可以用光栅衍射方程来表示主极大位置：

$$d\sin\theta = \pm k\lambda \quad k=0,1,2,\cdots \tag{1}$$

式中，整数 k 为主极大级数，d 为光栅常数，θ 为衍射角，λ 为光波波长。

如果光栅在 y 方向以速度 v 移动，则从光栅出射的光的波阵面也以速度 v 在 y 方向移动。因此在不同时刻，对应于同一级的衍射光，它从光栅出射时，在 y 方向也有一个 vt 的位移量，见图 3.37.4。

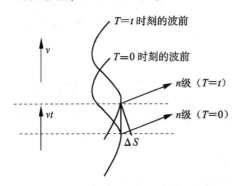

图 3.37.4　衍射光线在 y 方向上的位移量

这个位移量对应于出射光波位相的变化量为：

$$\Delta\phi(t) = \frac{2p}{\lambda}\Delta S = \frac{2p}{\lambda}vt\sin\theta \tag{2}$$

把式(1)代入式(2)得：

$$\Delta\phi(t) = \frac{2p}{\lambda}vt\frac{k\lambda}{d} = k2p\frac{v}{d}t = k\omega_{\mathrm{d}}t \tag{3}$$

式中，$\omega_{\mathrm{d}} = 2p\dfrac{v}{d}$。

若激光平面波从一静止的光栅出射时，光波电矢量方程为：

$$E = E_0\cos\omega_0 t \tag{4}$$

而激光平面波从相应移动的光栅出射时，光波电矢量方程则为：

$$E = E_0\cos[(\omega_0 t + \Delta\phi(t))] = E_0\cos[(\omega_0 + k\omega_d)t] \quad (5)$$

显然可见，移动的位相光栅 k 级衍射光波，相对于静止的位相光栅有一个 $\omega_a = \omega_0 + k\omega_d$ 的多普勒频移，如图 3.37.3 所示。

（二）光拍的获得与检测

由于光频率很高，所以为了在光频 ω_0 中检测出多普勒频移量，必须采用"拍"的方法，即要把已频移的和未频移的光束互相平行叠加，以形成光拍。由于拍频较低，容易测得，通过拍频即可检测出多普勒频移量。

本实验形成光拍的方法是采用两片完全相同的光栅平行紧贴，一片 B 静止，另一片 A 相对移动。激光通过双光栅后所形成的衍射光，即为两种以上光束的平行叠加。其形成的第 k 级衍射光波的多普勒频移如图 3.37.5 所示。

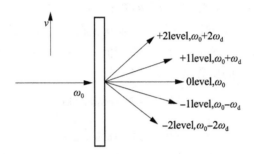

图 3.37.5　移动光栅的多普勒频移

光栅 A 按速度 v_A 移动，起频移作用，而光栅 B 静止不动，只起衍射作用，所以通过双光栅后射出的衍射光包含了两种以上不同频率成分而又平行的光束。由于双光栅紧贴，激光束具有一定的宽度，所以该光束能平行叠加，这样直接而又简单地形成了光拍，如图 3.37.6 所示。

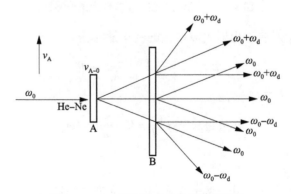

图 3.37.6　k 级衍射光波的多普勒频移

当激光经过双光栅所形成的衍射光叠加成光拍信号，光拍信号进入光电检测器后，其输出电流可由下述关系求得：

光束 1：$E_1 = E_{10}\cos(\omega_0 t + \varphi_1)$

光束 2：$E_2 = E_{20}\cos[(\omega_0 + \omega_d)t + \varphi_2]$（取 $k = i$）

光电流：

$$\begin{aligned}
I &= \xi(E_1 + E_2)^2 \\
&= \xi\{E_{10}^2\cos^2(\omega_0 t + \varphi_1) + E_{20}^2\cos^2[(\omega_0 + \omega_d)t + \varphi_2] + \\
&\quad E_{10}E_{20}\cos[(\omega_0 + \omega_d - \omega_0)t + (\varphi_2 - \varphi_1)] + \\
&\quad E_{10}E_{20}\cos[(\omega_0 + \omega_d + \omega_0)t + (\varphi_2 + \varphi_1)]\}
\end{aligned} \tag{6}$$

式中，ξ 为光电转换常数。

因光波频率 ω_0 高，所以在式(6)的第一、二项中，光电检测器无响应，式(6)第三项为拍频信号，因为频率较低，所以光电检测器能做出相应的响应。其光电流为：

$$i_s = \xi\{E_{10}E_{20}\cos[(\omega_0 + \omega_d - \omega_0)t + (\varphi_2 - \varphi_1)]\} = \xi\{E_{10}E_{20}\cos[\omega_d t + (\varphi_2 - \varphi_1)]\}$$

拍频 $F_{拍}$ 为：

$$F_{拍} = \frac{\omega_d}{2p} = \frac{v_A}{d} = v_A n_\theta \tag{7}$$

式中，$n_\theta = \dfrac{1}{d}$ 为光栅密度，本实验 $n_\theta = 1/d = 100$ 条/mm。

（三）微弱振动位移量的检测

从式(7)可知，$F_{拍}$ 与光频率 ω_0 无关，且当光栅密度 n_θ 为常数时，只正比于光栅移动速度 v_A，如果把光栅粘在音叉上，则 v_A 是周期性变化的。所以光拍信号频率 $F_{拍}$ 也是随时间而变化的，微弱振动的位移振幅为：

$$A = \frac{1}{2}\int_0^{T/2} v(t)\,\mathrm{d}t = \frac{1}{2}\int_0^{T/2} \frac{F_{拍}(t)}{n_\theta}\mathrm{d}t = \frac{1}{2n_\theta}\int_0^{T/2} F_{拍}(t)\,\mathrm{d}t \tag{8}$$

式中，T 为音叉振动周期，$\int_0^{T/2}(t)\,\mathrm{d}t$ 表示 $T/2$ 时间内的拍频波的个数。所以，只要测得拍频波的个数，就可得到较弱振动的位移振幅，如图 3.37.7 所示。

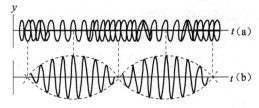

图 3.37.7　频差较小的两列光波叠加形成"拍"

波形数由完整波形数、波的首数、波的尾数三部分组成。根据示波器上的显示计算，如图 3.37.8 所示波形的分数部分不是一个完整波形的首数及尾数，所以需在波群的两端，按反正弦函数折算为波形的分数部分，即波形数 = 整数波形数 + 波的首数和尾数中满 1/2 或 1/4 或 3/4 个波形分数部分 + $\dfrac{ar\sin a}{360°} + \dfrac{ar\sin b}{360°}$。

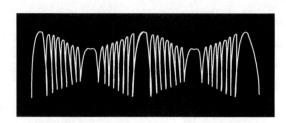

图 3.37.8　示波器显示的拍频波形

式中，a、b 分别为波群的首、尾幅度和该处完整波形的振幅之比。波群指 $T/2$ 内的波形，分数波形数若满 1/2 个波形为 0.5，满 1/4 个波形为 0.25，满 3/4 个波形为 0.75。

例题：如图 3.37.9 所示，在 $T/2$ 内，整数波形数为 4，尾数分数部分已满 1/4 波形，$b = (H - h)/H = (1 - 0.6)/1 = 0.4$。

所以波形数 $= 4 + 0.25 + \dfrac{ar\sin 0.4}{360°} = 4.25 + \dfrac{23.6°}{360°}$

$= 4.25 + 0.07 = 4.32$

对应的振动位移为：

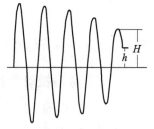

图 3.37.9　计算波形数

$$A = \dfrac{1}{2}\int_0^{T/2} v(t)\,\mathrm{d}t = \dfrac{1}{2}\int_0^{T/2} \dfrac{F_{拍}(t)}{n_\theta}\mathrm{d}t = \dfrac{1}{2n_0}\int_0^{T/2} F_{拍}(t)\,\mathrm{d}t$$

$$= \dfrac{1}{2 \times 100} \times 4.32 = 2.16 \times 10^{-2}(\mathrm{mm})$$

五、实验内容及步骤

（1）熟悉双踪示波器的使用方法。

（2）将示波器的 CH1 通道接至测量仪面板上的"输出 I"；示波器的 CH2 通道接"同步输出"，选择此通道为触发源；音叉驱动器接"主输出"；光电传感器接"信号输入"，注意不要将光电传感器接错，以免损坏传感器。

（3）几何光路调整。

实验平台上的激光器接半导体激光电源，将激光器、静光栅、动光栅放置在一条直线上。打开半导体激光电源，让激光穿过静、动光栅后形成一竖排衍射光斑，使中间最亮光斑进入光电传感器里面，并调节静光栅和动光栅的相对位置，使两光栅尽可能平行。

(4) 音叉谐振调节。

先调整好实验平台上音叉和激振换能器的间距，一般 0.3 mm 为宜，可使用塞尺辅助调节。打开测试仪电源，调节正弦波输出频率至 500 Hz 附近，幅度调节至最大，使音叉谐振，调节时可用手轻轻地按音叉顶部，感受振动强弱或听振动声音，找出调节方向。若音叉谐振太强烈，可调小驱动信号幅度，使振动减弱，在示波器上看到的 $T/2$ 内光拍的波数为 15 个左右(拍频波的幅度和质量与激光光斑、静动光栅平行度、光电传感器位置都有关系所以需耐心调节)。在表 3.37.1 中记录此时音叉振动频率、屏上完整波的个数、不足一个完整波形的首数和尾数值以及对应该处完整波形的振幅值。

表 3.31.1　表格一

频率/Hz	
$T/2$ 内的波数	
音叉振动振幅/mm	
光拍信号的平均频率/Hz	

(5) 测出外力驱动音叉时的谐振曲线。

在音叉谐振点附近，调节驱动信号频率，测出音叉的振动频率与对应的音叉振幅大小。频率间隔可以取 0.1 Hz，选 8 个点，分别测出对应的波的个数，然后式(8)计算出各自的振幅及光拍信号的平均频率，并在表 3.37.2 中记录数据。

表 3.37.2　表格二

驱动信号电压/V	
频率/Hz	
$T/2$ 内的波数	
音叉振动振幅/mm	
光拍信号的平均频率/Hz	

(6) 测出不同外力驱动音叉时的谐振曲线。

改变驱动信号功率(用激励信号的振幅 U^2 表征大小)，观察共振频率和共振时振幅的变化，分析原因，并在表 3.37.3 中记录数据。

表 3.37.2　表格三

驱动信号电压/V	
频率/Hz	
T/2 内的波数	
音叉振动振幅/mm	

（7）插上耳机，倾听多普勒频移产生的拍频波。用手转动频率调节旋钮改变驱动频率，就可以在示波器上看到和在喇叭中听到双光栅的多普勒频移产生的拍频波。音调随光栅运动速度大小而变，甚至可以调出一些类似于昆虫鸣叫的声音。

（8）数据处理：

① 求出音叉谐振时光拍信号的平均频率；

② 求出音叉在谐振点附近作微弱振动的位移振幅；

③ 在坐标纸上画出不同驱动功率下的音叉频率—振幅曲线，并总结规律分析原因。

六、注意事项

（1）静光栅与动光栅不可相碰。

（2）双光栅必须严格平行，否则对光拍曲线的光滑情况有影响。

（3）音叉驱动功率无法计量其准确值，以激励信号在示波器上显示的振幅为准（功率与电压的平方成正比）。

七、回答问题

（1）如何判断动光栅与静光栅的刻痕已平行？

（2）作外力驱动音叉谐振曲线时，为什么要固定信号功率？

实验 38

光强分布

一、实验目的

(1) 观察夫琅和费单缝衍射现象,加深对光的波动性理解;

(2) 掌握用硅光电池作用原理测量单缝的衍射光强和偏振光的光强分布,验证马吕斯定律。

二、实验仪器及用具

光强分布测定仪

三、仪器介绍

光强分布测定仪如图 3.38.1 所示。

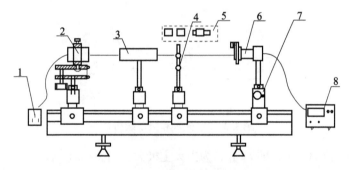

图 3.38.1 光强分布测定仪

1—激光电源;2—半导体激光器;3—扩束镜及平行光管;4—二维调节架;
5—小孔狭缝板、光栅板、可调狭缝、小孔屏、起偏检偏装置;
6—光电探头;7——维光强测量装置;8—数字检流计

四、实验原理

光的衍射是光的波动性的一种重要表现。当光在传播过程中经过障碍物时,如不透明物体的边缘、小孔、细线、狭缝等,一部分光会传播到几何阴影中去,产生衍射现象。如果障碍物的尺寸与波长相近，那么这样的衍射现象就比较容易观察到。单缝衍射有两种，一种是菲涅耳衍射——光源和衍射屏到衍射物的距离为有限远时的衍射，即所谓近场衍射，入射波和衍射波都是球面波；另一种为夫琅和费衍射——光源至单缝的距离和单缝到衍射屏的距离均为无限远（或相当于无限远），即要求照射到单缝上的入射光、衍射光都为平行光（激光满足要求），即所谓远场衍射，入射波和衍射波都可看作平面波。

本实验观察夫琅和费衍射。实验中使用半导体激光作为光源，由于激光束的方向性好，所以可将激光看作平行光使用。

马吕斯定律：当两偏振片相对转动时，透射光强就随着两偏振片透光轴的夹角而改变。如果偏振片是理想的，当它们的透光轴互相垂直时，透射光强应为零。当交角 θ 为其他值时，透射光强 I 为：

$$I = I_0 \cos^2 \theta \tag{1}$$

式中，I_0 是两光轴平行（$\theta = 0$）时的透射光强，上式称为马吕斯定律。

本实验仅研究夫琅和费单缝衍射。平行光通过单缝在离单缝无限远处产生的衍射为夫琅和费衍射。本实验采用激光光源，而且单缝离屏的间距 D 远大于缝宽 a，所以产生平行光的透镜和观察衍射图样的透镜均可省略，如图 3.38.2 所示。设中央亮纹的光强为 I_0，经计算得出屏幕上与光轴成 θ 角的 P_θ 处的光强：

$$I_\theta = I_0 \frac{\sin^2 u}{u^2} \quad \left(u = \frac{\pi a \sin \theta}{\lambda}\right) \tag{2}$$

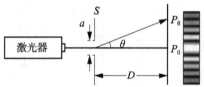

图 3.38.2　夫琅和费单缝衍射

当 $u = 0$（$\theta = 0$）时，即 $I = I_0$，为中央主极大，当 $u = m\pi$（$m = \pm 1, \pm 2, \cdots$）即 $a\sin\theta = m\lambda$ 时出现一系列极小值（暗纹）。由于 θ 值实际很小，$\theta \approx \sin\theta$，即 $a\theta = m\lambda$，所以暗纹出现在 $\theta = \dfrac{m\lambda}{a}$ 方向上。显然，主极大两侧暗纹之间的角间距 $\Delta\theta = \dfrac{2\lambda}{a}$ 为其他相邻暗纹之间角间距 $\Delta\theta = \dfrac{\lambda}{a}$ 的两倍。除了主极大外，两相邻暗纹之间都有一个次极大，这些次极大的位置出现在 $\theta = \pm 1.43\pi$，$\pm 2.46\pi$，$\pm 3.47\pi$，$\cdots$ 处，其相对光强分别依次为 0.047，0.017，0.008，$\cdots$，其相对光强分布如图 3.38.3 示。

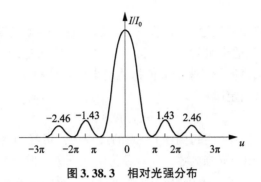

图 3.38.3 相对光强分布

五、实验内容及步骤

(一) 单缝衍射光强的测定

(1) 参考图 3.38.1 所示搭好实验装置。

(2) 打开激光器,用小孔屏调整光路,使出射的激光束与导轨平行。

(3) 打开检流计电源预热 5 分钟及调零——衰减旋钮校准位置(顺时针转到底,即灵敏度最高),调节调零旋钮,使数据显示为"-000"(负号闪烁),即可测量微电流,然后将测量线连接其输入孔与光电探头。

测量过程中,如果被测信号强度大于该挡量程,数码管第一位显示"1",后三位均显示"9",此时可调高一挡量程(红色按钮)。当小数点不在第一位时,一般将量程减小一挡,以充分利用仪器的分辨率。

(1) 调节二维调节架,选择所需要的单缝、双缝、可调狭缝等,对准激光束中心,使之在小孔屏上形成良好的衍射光斑。

(2) 移去小孔屏,调整一维光强测量装置,使光电探头中心与激光束高低一致,移动方向与激光束垂直,起始位置适当。

(3) 开始测量,转动手轮,光电探头移动一定距离(如 0.2 mm,0.5 mm 或者 1 mm),从数字检流计上读取一个数值,逐点记录下来。要求中央主极大测 10 个点以上,次极大测 5 个点以上,将数据填入自拟的表格中,并用坐标纸,以横轴为距离(X),纵轴为光强(I),拟合出单缝衍射光强分布图。

(二) 偏振光实验

(1) 参考图 3.38.1 所示搭好实验装置。

(2) 同上,打开激光电源,调好光路,使在平行光管后的小孔屏上可见一较均匀的圆光斑。

(3) 同上,打开检流计,预热及调零。

(4) 将起偏检偏器置于平行光管后并紧贴平行光管,使光斑完全入射起检偏器。

(5) 置起偏器读数鼓轮于"0"位置，开始测量。转动刻度盘(连起偏器)2或4，从检流计(置适当量程)上读取一个数值，逐点记录下来，测量一周。用方格纸或坐标纸将记录下来的数值描述出来就是偏振光实验的光强变化图。它应基本符合马吕斯定律：

$$I = I_0 \cos^2 \theta$$

(6) 在转动刻度盘(连起偏器)一周的过程中，可找到两个位置，使检流计上的读数为0，出射光强为零，此现象为消光现象，但因为杂散光或偏振片不完全理想等因素，无法得到完全的消光效果，所以一般情况下，可在检流计上读出接近于零的最小读数。

(7) 绘制光强分布曲线。

五、回答问题

当狭缝宽度变窄时，衍射图样有什么变化？

第四部分

设计性实验

实验 39

声波与超声波

一、实验目的

（1）熟悉 XYZ-2A 型超声波综合设计实验仪的用法；
（2）了解压电换能器的功能，加深对驻波及振动合成等理论知识的理解；
（3）学习用共振干涉法测定超声波在空气中的声速；
（4）学习用脉冲反射法测定固体介质厚度，理解超声波探伤的原理。

二、参考资料

XYZ-2A 型超声波综合设计实验仪说明书，大学物理教材机械波一章。

三、实验仪器及用具

XYZ-2A 型超声波综合设计实验仪、探头、示波器。

四、实验原理提示

声波为机械波，任何频率超过人类耳朵可以听到的最高阈值 20 kHz 的机械波都叫作超声波。由于其本质为机械波，所以应该用机械波的理论来研究它的运动规律。由机械波的动力学理论可知波速取决于介质，与所传输波的频率无关，因此在同一介质中传输的机械波，其频率越高意味着其波长越短，其传输的指向性就越好。因此超声波在需要波传输具有较好的指向性的需求中得到了大量的应用。

（一）空气中声速的测量

机械波在介质中的传播速度取决于介质，与频率无关，所以选取任意频率的机械波测量到的波速是所有频率声音所共有的波速，用超声波频段的机械波作测量也是一样的。由波动理论知道，在波动过程中，波的频率 f、声速 V、波长 λ 之间有以下关系：

$$V = f \cdot \lambda \tag{1}$$

所以实验中只要测定出声波的频率 f 和波长 λ 即可求出波速 V。常用的测量声波波长的方法有共振干涉法和相位比较法。本实验采用共振干涉法测定空气中的声速。其设备连接如图 4.39.1 所示。实验前可将 M40K 端子直接接入示波器输入端测定其电信号周期 T，其倒数就是超声波的频率 f。

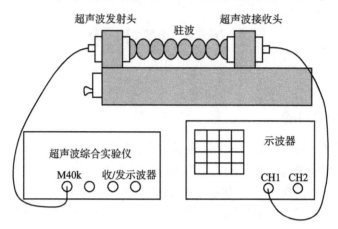

图 4.39.1　共振干涉法测声速

受超声波综合设计实验仪 M40K 端子输出的频率为 40 kHz 左右的正弦电信号激励，超声波发射头发射出相应频率的向前正向传播的超声波。此声波在遇到超声波接收头后透射一部分声能被超声波接收头所接收，大部分声能都反射回去，反向传播，遇到超声波发射头后，损失一部分能量，再反射回来正向传播。就这样声波在发射头和接收头端面不断的反射振荡。接收头可同时接收到强度依次减弱的多个透射声波。接收头产生的电信号输出可反应这一系列透射波的叠加结果，如图 4.39.2 所示。

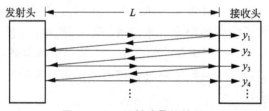

图 4.39.2　透射波叠加结果

设发射头和接收头之间的距离为 L，初始发射的声波透射接收头引起接收传感器振动的振动方程为：

$$y_1 = A_1 \cos\left(\omega t - L\frac{2\pi}{\lambda}\right)$$

则声波一次往返后形成的第二次透射波引起接收传感器的振动分量为：

$$y_2 = A_2 \cos\left(\omega t - 3L\frac{2\pi}{\lambda}\right)$$

以此类推可知，透射波引起传感器的振动分量为：

$$y_i = A_i \cos\left[\omega t - (2i-1)L\frac{2\pi}{\lambda}\right] \quad (i = 1, 2, 3, \cdots)$$

此一系列振动分量的合成结果为传感器实际接收到的振动，其合成振动为：

$$y = \sum A_i \cos\left[\omega t - (2i-1)L\frac{2\pi}{\lambda}\right] \quad (i = 1,2,3\cdots) \tag{2}$$

其合成结果依然为角频率为 ω 的振动，但显然在 $L = k\lambda/2 (k=1, 2, 3, \cdots)$ 时，各振动分量同相，此合成振动幅度最大，意味着接收头输出正弦信号幅度最强，称此条件为驻波条件。L 取其他值时合成振动均较弱，接收头输出信号幅度较低。当 L 在连续变化时，接收头输出信号振幅会出现规律性的加强和减弱现象。

依此原理，调节接收头的位置，注意观察示波器的正弦波幅值，每次振幅最强时记录接收头的位置坐标 x，相邻两次加强点接收头坐标的差值为 $\lambda/2$，即

$$\lambda = 2|x_1 - x_2|$$

又由示波器观察到的正弦波，可测得其周期 T，则：

$$f = \frac{1}{T}$$

由式(1)可得空气中的声速 V。

（二）利用超声波测量固体介质的厚度

用声音测量距离的设备是声呐系统。声呐系统测量声音在介质中往返一次所需的时间，如波速已知则可计算出反射物的距离，此方法即为脉冲反射法。由于固体中声速较高，为使声波脉冲有足够的距离解析度，其波长应足够短，即频率足够高。现代超声波的产生主要是利用某些晶体（如石英、酒石酸钾钠、锆钛酸铅等）的特殊物理性质——压电效应产生超声波。利用压电晶体制作的超声波探头可以实现电信号与声信号的相互转换，即此探头可被加到其上的电信号激励发射声脉冲，又可在接收到声脉冲后输出相应的电信号，因此经常称其为压电换能器。利用此探头可采用脉冲反射法测量固体介质的厚度，仪器连接如图4.39.3所示。

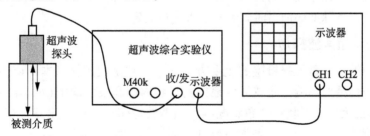

图4.39.3 脉冲反射法测固体厚度

超声波探头受超声波综合设计实验仪所提供的激励电脉冲所激励,产生一个短促的固有频率的振动(实验所用探头振动频率为 2.5 MHz)。振动以声波的形式传入与探头密接的固体介质,在其中形成一个向下传播的声音包络。超声波在传播的过程中,强度将随着所传深度的增加而衰减。当超声波传播到固体介质底面时,由于此处为两种不同介质的分界面,在介质分界面将产生部分声能的反射。反射回来的声波到达固体介质上表面处,一部分能量又将反射,在介质上下表面间衰减振荡,一部分能量透射引起探头振动,使得探头产生回波电信号输出。每次的回波均会引起探头的振动,从而在相应的时刻产生强度逐渐减弱的回波电信号。在声信号完全衰减消失后,仪器会再次激励探头振动产生新的探测声波脉冲。示波器所观察到的电信号即为探头所经历的电信号,其特征如图 4.39.4 所示。

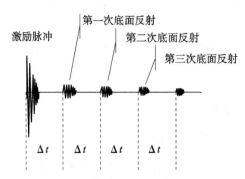

图 4.39.4　超声波探头电信号特征

由回波脉冲产生的机制可知,各脉冲电信号之间的时间间隔 Δt 是相等的,都为声波在介质中往返一次所需的时间。设固体介质厚度为 H,固体中声速为 u,则存在关系:

$$H = \frac{\Delta t \times u}{2} \tag{3}$$

如声速 u 已知,通过示波器测量 Δt 就可以计算出介质厚度 H。声速 u 也可以通过对已知厚度的同种固体测量 Δt 来计算得知。应注意脉冲时间间隔 Δt 的测定应以各脉冲的前沿时刻为标准来进行测定。

(三) 超声波探伤

超声波探伤是无损检验的主要方法之一。它是利用材料本身或内部缺陷对超声波传播的影响,非破坏性地探测材料内部和表面缺陷(如裂纹、气泡、夹渣等)的大小、形状和分布状况等。超声波探伤具有灵敏度高、穿透力强、检验速度快、成本低、设备简单轻便和对人体无害等一系列优点。因此,它已广泛应用于机械制造、冶金、电力、石油、化工和国防等各工业部门,并已成为保证产品质量、确保设备安全运行的一种重要手段。

脉冲反射法是运用最广泛的一种超声波探伤法。它使用的不是连续波，而是有较短的持续时间按一定频率间隔发射的超声脉冲。探伤结果可以用示波器显示，其原理与超声波测量固体介质厚度基本相同，仪器连接完全一致。

超声波探头在被激励电信号激励后发射超声波进入被测介质。超声波在遇到缺陷或工件底面时就会产生部分能量的反射，反射后的超声波返回到探头。此时，超声波探头又将声脉冲转换成电脉冲并将讯号再次传送到示波器，形成一个反射脉冲信号。根据缺陷及底面反射信号的有无、反射信号幅度的高低及其反射信号出现的时刻，就可以判断介质内有无缺陷、缺陷的大小以及缺陷的深度。

典型的探伤波形与介质的缺陷情况如图 4.39.5 所示。当工件中无缺陷时，如图 4.39.5 中的(a)所示，荧光屏上只有激励脉冲(T)与一次底波(B)；当工件中有小缺陷存在时，如图 4.39.5 中的(b)所示，荧光屏上除激励脉冲和底波之外还有缺陷波 F(此时的底波幅度可能会下降)，缺陷波位于始波和底波之间，缺陷在工件中的深度与缺陷波距激励脉冲的时间差相对应。当工件的缺陷大于声束直径时，荧光屏上将只有始波与缺陷波，如图 4.39.5 中的(c)所示。

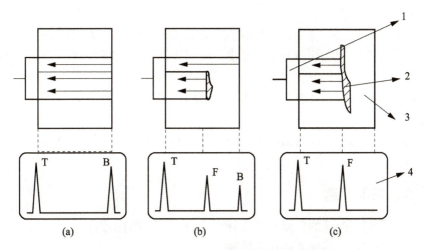

图 4.39.5 脉冲反射法探伤波形与介质的对应关系

(a)无缺陷；(b)有小缺陷；(c)有大缺陷

1—探头；2—缺陷；3—被测物体；4—示波器荧光屏

实验中，若要使探头有效地向工件中发射超声波以及有效地接收到由工件返回来的超声波，必须使探头和工件探测面之间有良好的声耦合。良好的声耦合可以通过填充耦合介质来实现(这里采用凡士林)，以避免其间有空气层存在，这是因为空气层的存在将使声能几乎完全被反射。

五、实验内容及步骤

1. 空气中声速的测量

（1）按图 4.39.1 所示连接仪器，调节示波器状态，观察接收头的信号。

（2）调节接收头位置，使得示波器上的波形幅值最强，并记录此位置。

（3）定向移动接收头，寻找相邻的下一处输出最强时接收头的位置，并记录。应注意保证所记录的加强点是相邻的，不可漏记。

（4）连续记录 6 次示波器信号幅值最强时接收头的位置坐标。

（5）在可清晰观察示波器正弦波形的任意状态下，记录正弦波形的周期。

（6）计算空气中的声速。

2. 利用超声波测量固体介质的厚度

（1）按图 4.39.3 所示连接仪器，探头涂抹凡士林后与被测介质密接，调节示波器可清晰观察与图 4.39.4 类似的波形。

（2）选择适当的脉冲信号记录脉冲时间间隔 Δt。

（3）测量一个长度已知的被测介质及多个长度未知的同种被测介质的 Δt 值，计算固体声速及器件厚度。

3. 超声波探伤

（1）按图 4.39.3 所示连接仪器，探头涂抹凡士林后与损伤被测介质（与实验 2 中的被测介质同种材料）密接，调节示波器可清晰观察到与图 4.39.5 类似的波形。

（2）移动探头，在被测介质表面的不同位置可观察到图 4.39.5 所示的三种波形。

（3）在出现缺陷波的情况下，测定激励信号和缺陷波的时间差，计算损伤深度。

六、回答问题

（1）如何用振动的矢量表达法分析式(2)的振动叠加结论？

（2）超声波是如何实现探伤检测的？

实验 40

温度传感器特性实验

一、实验目的

（1）研究 Pt100 铂电阻、Cu50 铜电阻的温度特性及其测温原理；
（2）研究比较不同温度传感器的温度特性及其测温原理；
（3）掌握单臂电桥及非平衡电桥的原理及其应用；
（4）研究热电偶的温差电动势；
（5）学习热电偶测温的原理及其方法。

二、参考资料

DH-SJ5 型温度传感器说明书、电磁学。

二、可选仪器

九孔板、DH-VC1 直流恒压源恒流源、DH-SJ5 型温度传感器实验装置、数字万用表、电阻箱

四、仪器介绍

（1）DH-SJ5 型温度传感器实验装置是以分离的温度传感器探头元器件、单个电子元件，以九孔板为实验平台来测量温度的设计性实验装置。该实验装置提供了多种测温方法，自行设计测温电路来测量温度传感器的温度特性。实验配有铂电阻 Pt100、铜电阻 Cu50、铜-康铜热电偶等温度传感器。本实验装置采用智能温度控制器控温具有以下特点：

① 控温精度高、范围广，加热所需的温度可自由设定，采用数字显示。
② 使用低电压恒流加热，安全可靠、无污染，加热电流连续可调。
③ 本仪器提供的是单个分离的温度传感器，形象直观，给实验带来了很大的方便，可对不同传感器的温度特性进行比较，更易于掌握它们的温度特性。
④ 采用九孔板作为实验平台，提供设计性实验。
⑤ 加热炉配有风扇，在做降温实验过程中可采用风扇快速降温。

⑥ 整体结构设计新颖、紧凑合理、外型美观大方。

(2) 温控仪与恒温炉的连线。

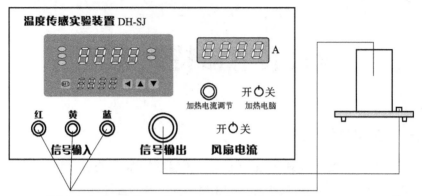

Pt100 的插头与温控仪上的插座颜色对应相连接：红→红，黄→黄，蓝→蓝。

五、实验原理

(一) Pt100 铂电阻的测温原理

金属铂(Pt)的电阻值随温度变化而变化，并且具有很好的重现性和稳定性。利用铂的此种物理特性制成的传感器称为铂电阻温度传感器，通常使用的铂电阻温度传感器零度阻值为 100 Ω，电阻变化率为 0.385 1 Ω/℃。铂电阻温度传感器精度高、稳定性好、应用温度范围广，是中低温区(−200℃ ~ 650℃)最常用的一种温度检测器。它不仅广泛应用于工业测温，而且被制成各种标准温度计(涵盖国家和世界基准温度)供计量和校准使用。

(二) Cu50 铜电阻温度特性原理

铜电阻是利用物质在温度变化时本身电阻也随着发生变化的特性来测量温度的。铜电阻的受热部分(感温元件)是用细金属丝均匀地缠绕在绝缘材料制成的骨架上，当被测介质中有温度梯度存在时，所测得的温度是感温元件所在范围内介质层中的平均温度。

(三) 热电偶测温原理

热电偶也称温差电偶，如图 4.40.1 所示，是由 A、B 两种不同材料的金属丝的端点彼此紧密接触而组成的。当两个接点处于不同温度时，在回路中就有直流电动势产生，该电动势称为温差电动势或热电动势。当组成热电偶的材料一定时，温差电动势 E_x 仅与两接点处的温度有关，并且

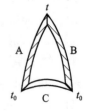

图 4.40.1　热电偶

两接点的温差在一定的温度范围内有如下近似关系式：
$$E_x \approx \alpha(t - t_0) \tag{1}$$
式中，α 称为温差电系数，对于不同金属组成的热电偶，α 是不同的，其数值上等于两接点温度差为 1℃ 时所产生的电动势；t 为工作端的温度；t_0 为冷端的温度。

为了测量温差电动势，就需要在图中的回路中接入电位差计，但测量仪器的引入不能影响热电偶原来的性质，例如不影响它在一定的温差 $(t - t_0)$ 下应有的电动势 E_x 值。要做到这一点，实验时应保证一定的条件。根据伏打定律，即在 A、B 两种金属之间插入第三种金属 C 时，若它与 A、B 的两连接点处于同一温度 t_0，则该闭合回路的温差电动势与上述只有 A、B 两种金属组成回路时的数值完全相同。所以，把 A、B 两根不同化学成分的金属丝的一端焊在一起，构成热电偶的热端（工作端），将另两端各与铜引线（即第三种金属 C）焊接，构成两个同温度 (t_0) 的冷端（自由端），然后将铜引线与电位差计相连，这样就组成一个热电偶温度计，如图 4.40.2 所示。通常将冷端置于冰水混合物中，保持 $t_0 = 0℃$，将热端置于待测温度处，即可测得相应的温差电动势，然后再根据事先校正好的曲线或数据来求出温度 t。热电偶温度计的优点是热容量小、灵敏度高、反应迅速、测温范围广，还能直接把非电学量温度转换成电学量。因此，在自动测温、自动控温等系统中得到广泛应用。

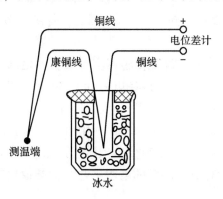

图 4.40.2　热电偶温度计

本实验的热电偶为铜–康铜热电偶，属于 T 型热电偶，其测温范围 –270℃ ~ 400℃，优点有：热电动势的直线性好，低温特性良好，再现性好、精度高，但是（+）端的铜易氧化。

六、实验内容及步骤

（1）根据单臂电桥原理按图 4.40.3 所示连接成单臂电桥形式。运用万用表，自行判定三线制 Pt100 的接线，将 R_3 用电位器代替，用 DH-VC1 直流恒压源恒流源的恒压源来提供稳定的电压源，范围 0~5 V。注意：将电压由 0~5 V 缓慢调节，具体电压自定。

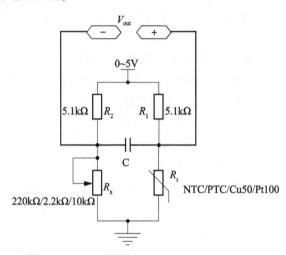

图 4.40.3　单臂电桥原理图

(2) 将温度传感器作为其中的一个臂。根据不同的温度传感器，把电阻器件调到与 Pt100 或 Cu50 温度传感器对应的阻值（Cu50 在 0℃ 的阻值是 50 Ω，比较臂 R_3 的阻值可以按照同样思路来匹配），仔细调节比较臂 R_3 使桥路平衡，即万用表的示数为零。

(3) 把传感器直接插在温度传感器实验装置的恒温炉中。通过温控仪加热，在不同的温度下，观察 Pt100 铂电阻和 Cu50 铜电阻阻值的变化，从室温到 120℃ 每隔 10℃（或自定度数）测一个数据，将测量数据逐一记录在表格内。

(4) 以温标为横轴，以电压为纵轴，用所测的各对应数据作出 $V-t$ 曲线。

(5) 已知 Pt100 和 Cu50 在 50° 的电阻分别为 119.40 Ω 和 60.70 Ω。根据自己测得的数据，计算对应温度的电阻，并与标准值比较，如有误差，分析原因。

由于降温过程时间较长，建议 Pt100 铂电阻在升温过程中测量，Cu50 铜电阻在降温过程中测量。

注意：加热温度上限不能超过 120℃，达到预热温度，马上关闭加热电流。风扇电流挡位打到开，加热电流逆时针调到最小，再把温度设定到室温或室温以下。

(6) 对热电偶进行定标，并求出热电偶的温差电系数 α_0。

(7) 用实验方法测量热电偶的温差电动势与工作端温度之间的关系曲线，

称为对热电偶定标。本实验采用常用的比较定标法,即用一标准的测温仪器,与待测热电偶置于同一能改变温度的调温装置中,测出 $E_x - t$ 定标曲线。

具体步骤如下:

① 按图4.40.3所示原理连接线路,注意热电偶的正、负极的正确连接。将热电偶的冷端置于冰水混合物之中,确保 $t_0 = 0℃$。测温端直接插在恒温炉内。

② 测量待测热电偶的电动势。用万用表测出室温时热电偶的电动势,然后开启温控仪电源,给热端加温。每隔10℃左右测一组(t, E_x),直至100℃为止。由于升温测量时,温度是动态变化的,所以测量时可提前2℃进行跟踪,以保证测量速度与测量精度。再做一次降温测量,即先升温至100℃,然后每降低10℃测一组(t, E_x),最后取升温和降温测量数据的平均值作为最后测量值,作出热电偶定标 $E_x \sim t$ 曲线。

用直角坐标系作 $E_x \sim t$ 曲线,定标曲线为不光滑的折线,相邻点用直线相连,从而得到除校正点之外其他点的电动势和温度之间的关系。所以,作出了定标曲线,热电偶便可以作为温度计使用了。

③ 求铜-康铜热电偶的温差电系数 α。

在本实验温度范围内, $E_x - t$ 函数关系近似为线性,即 $E_2 = \alpha \times t (t_0 = 0℃)$。所以,在定标曲线上可给出线性化后的平均直线,从而求得 α。在直线上取两点 $a(E_a, t_a)$,$b(E_b, t_b)$(不要取原来测量的数据点,并且两点间尽可能相距远一些),求斜率:

$$K = \frac{E_b - E_a}{t_b - t_a} \tag{2}$$

即为所求的 $\overline{\alpha}$。

【数据记录1】

Pt100 铂电阻数据记录　　　　　　　　　室温____℃

序号	1	2	3	4	5	6	7	8	9	10
温度/℃										
电压/V										
序号	11	12	13	14	15					
温度/℃										
电压/V										

【数据记录2】

Cu50 铜电阻数据记录　　　　　　　　室温＿＿＿℃

序号	1	2	3	4	5	6	7	8	9	10
温度/℃										
电压/V										
序号	11	12	13	14	15					
温度/℃										
电压/V										

【数据记录3】

热电偶定标数据记录

室温 t ＿＿＿＿℃　　$E_N t =$ ＿＿＿＿V　　　　　　　　$t_0 = 0$℃

序号	1	2	3	4	5	6	7	8	9	10
温度 t/℃										
电动势/mV										
序号	11	12	13	14	15					
温度 t/℃										
电动势/mV										

七、注意事项

（1）传感器头如果没有完全侵入到冰水混合物中，或接触到保温杯壁会对实验产生影响。

（2）传感器头如果没有接触恒温炉孔的底部，会对实验产生影响。

（3）加了铠甲封装的要比未加铠甲封装的热电偶误差要大。

八、回答问题

（1）比较 Pt100 和 Cu50 电阻作为温度传感器的优缺点。

（2）在采用三线制的电路中，如何用万用表检测温度传感器是否正常工作？

（3）为什么传感器一般都加装保护套？

（4）试验中为什么用冰水混合物作为冷端？

九、附录：温度传感器概述

温度是表征物体冷热程度的物理量。温度只能通过物体随温度变化的某些特性来间接测量。测温传感器就是将温度信息转换成易于传递和处理的电信号的传感器。

（一）测温传感器的分类

1. 热电阻式传感器

热电阻式传感器是利用导电物体的电阻率随温度而变化的效应制成的传感器。热电阻是中低温区最常用的一种温度检测器。它的主要特点是测量精度高，性能稳定。它分为金属热电阻和半导体热电阻两大类。金属热电阻的电阻值和温度一般可以用以下近似关系式表示，即

$$R_t = R_{t0}[1 + \alpha(t - t_0)] \tag{3}$$

式中，R_t 为温度 t 时的阻值，R_{t0} 为温度 t_0（通常 $t_0 = 0℃$）时对应的电阻值，α 为温度系数。常用的热电阻有铂热电阻、热敏电阻和铜热电阻。其中铂热电阻的测量精确度是最高的，它不仅广泛应用于工业测温，而且被制成标准的基准仪。金属铂具有电阻温度系数大，感应灵敏，电阻率高，元件尺寸小，电阻值随温度变化而变化基本呈线性关系，在测温范围内，物理、化学性能稳定，长期复现性好，测量精度高，是目前公认制造热电阻的最好材料。但铂在高温下，易受还原性介质的污染，使铂丝变脆并改变电阻与温度之间的线性关系，因此使用时应装在保护套管中。用铂的此种物理特性制成的传感器称为铂电阻温度传感器，通常使用的铂电阻温度传感器零度阻值为 100 Ω，电阻变化率为 0.385 1 Ω/℃，$\alpha = (R_{100} - R_0)/(R_0 \times 100)$，$R_0$ 为 0℃ 的阻值，R_{100} 为 100℃ 的阻值。按 IEC751 国际标准，温度系数 $\alpha = 0.003\,851$，Pt100（$R_0 = 100$ Ω）、Pt1 000（$R_0 = 1\,000$ Ω）为统一设计型铂电阻。铂热电阻的特点是物理化学性能稳定，尤其是耐氧化能力强、测量精度高、应用温度范围广，有很好的重现性，是中低温区（-200℃ ~ 650℃）最常用的一种温度检测器。而铜热电阻测温范围小，在 -50℃ ~ 150℃ 范围内，稳定性好，便宜，但体积大，机械强度较低。铜热电阻在测温范围内电阻值和温度呈线性关系，温度系数大，适用于无腐蚀介质，超过 150℃ 易被氧化，通常用于测量精度不高的场合。铜热电阻有 $R_0 = 50$ Ω 和 $R_0 = 100$ Ω 两种，它们的分度号分别为 Cu50 和 Cu100，其中 Cu50 的应用最为广泛。

2. 热电偶测温基本原理

将两种不同金属丝的一端熔合起来，如果给它们的连接点和基准点之间提供不同的温度，就会产生电压，即热电势，这种现象叫作塞贝克效应。

将两种不同材料的导体或半导体 A 和 B 焊接起来，构成一个闭合回路，如图 4.40.4 所示。当导体 A 和 B 的两个连接点 1 和 2 之间存在温差时，两者之间便产生电动势，因而在回路中形成一个一定大小的电流，这种现象称为热电效应。热电偶就是利用这一效应来工作的，属于有源传感器。它能将温度直接转换成热电势。热电偶是工业上最常用的温度检测元件之一。其优点是：

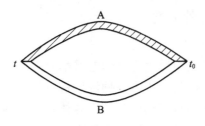

图 4.40.4　热电偶

（1）测量精度高。因热电偶直接与被测对象接触，不受中间介质的影响。

（2）测量范围广。测温范围极宽，从 -270℃ 的极低温度到 2 600℃ 的超高温度都可以测量，而且在 600℃ ~ 2 000℃ 的温度范围内可以进行精确的测量（600℃ 以下时，铂热电阻的测量精度更高）。某些特殊热电偶最低可测到 -269℃（如金、铁、镍、铬），最高可达 +2 800℃（如钨-铼）。

（3）构造简单，使用方便。热电偶通常是由两种不同的金属丝组成，而且不受大小和开头的限制，外有保护套管，用起来非常方便。

（4）测温精度高、准确、可靠、性能稳定。通常用于高温炉的测量和快速测量方面。

（二）热电阻的引线

目前热电阻的引线主要有以下三种方式：

（1）二线制：在热电阻的两端各连接一根导线来引出电阻信号的方式叫二线制：这种引线方法很简单，但由于连接导线必然存在引线电阻 r，而 r 大小与导线的材质和长度等因素有关，因此这种引线方式只适用于测量精度较低的场合。

（2）三线制：在热电阻根部的一端连接一根引线，另一端连接两根引线的方式称为三线制。这种方式通常与电桥配套使用，可以较好地消除引线电阻的影响，是工业过程控制中最常用的引线方式。

（3）四线制：在热电阻的根部两端各连接两根导线的方式称为四线制，其中两根引线为热电阻提供恒定电流 I，把 R 转换成电压信号 U，再通过另两根引线把 U 引至二次仪表。可见这种引线方式可完全消除引线的电阻影响，主要用于高精度的温度检测。

实验 41

万用表的组装与使用

一、实验目的

(1) 了解万用表的基本原理和设计组装方法；
(2) 学会正确使用万用表。

二、参考资料

电学实验基础知识。

二、可选器材

电学实验箱及其组件。

三、实验原理提示

(一) 测量直流电流的原理

测量直流电流的原理如图 4.41.1 所示。

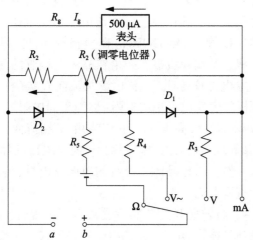

图 4.41.1 测量直流电流的原理图

一般表头都用微安表(10^{-6} A),如果要测量各种不同数量级的电流强度,就必须选取不同数值的分流电阻与作万用表的表头分别并联,从而扩大了表头的量程。在图4.41.1中,R_g为万用表的表头内阻,I_g为万用表的电流量程,又称表头灵敏度(即微安表的满刻度电流),I_0为所设计的电流量程。将开关K转到毫安挡位置时,电阻(R_1+R_2)与表头并联,根据欧姆定律可知:

$$I_g R_g = (R_1 + R_2)I_1 = (R_1 + R_2)(I_0 - I_g)$$

所以
$$R_1 + R_2 = \frac{I_g R_g}{I_0 - I_g} \tag{1}$$

当I_g、R_g已知时,便可根据所设计的量程I_0由公式(1)计算出分流电阻(R_1+R_2)的数值。表头与(R_1+R_2)并联构成了毫安表,需要说明的是,在直流电流挡电路中将电位器R_1当作一固定电阻,但在电阻挡中它有重要用途。

(二) 测量直流电压原理

在图4.41.1中,将转换开关K转到直流电压挡位置时,用改装好的新表头即毫安表与电阻R_3串联组成了一个直流电压表,R_3为降压电阻,U_0为设计的直流电压量程,R为毫安表内阻,即电阻(R_1+R_2)与R_g并联后的总电阻,根据欧姆定律可知:

$$U_0 = I_0(R_3 + R)$$
$$R_3 = \frac{U_0}{I_0} - R \tag{2}$$

当R_g、U_0、I_0为已知时,由公式(2)便可算出降压电阻R_3。

(三) 测量交流电压原理

万用表表头是直流毫安表,不能用来直接测量交流电流,所以必须通过整流元件将交流电流变成直流电流,使直流电流通过表头,读出示数。在本实验中,使用晶体二极管(型号1N4004)作为整流元件。晶体二极管有两个极,其中P端为正极,N端为负极,如果在晶体二极管的两极间加上一定的电压,就发现当P端电位较高时,电流由P端流向N端(称为正向电流),此时晶体二极管的两极间表现出很小的电阻(称为正向电阻),因而正向电流较大。相反,如果N端加有较高电位,电流将由N端流向P端(称为反向电流),但这时晶体管表现出很大的电阻(称为反向电阻),因而反向电流很小甚至可以看成零。这一性质叫作晶体二极管的单向导电性,利用这一特性即可将交流电流整流为直流电流。

在图4.41.1中,将转换开关K转到交流电压位置时,从电路的a、b两点看,这时毫安表与晶体管D_1串联,与D_2并联组成一个交流伏特表,将待测的交流电压U_0加在万用表a、b两端,交变电流正半周时,电流通过R_4,

经晶体二极管 D_1，再经毫安表成回路；负半周时，电流直接通过 D_2，而不通过毫安表成回路，因此只有半个周期的电流通过毫安表，从而对表头起到保护作用，称为半波串并式整流电路。

在图 4.41.1 交流电压挡电路中，U_0 作为设计给定的交流电压量程，其数值是交流电压的有效值，而上述整流电路中整流后的直流电压是交流电压的平均值 U_D。根据数学上的计算，两者之间的换算关系是

$$U_D = \frac{\sqrt{2}}{\pi} U_0 = 0.4501 U_0 \tag{3}$$

根据欧姆定律：

$$U_D = I_0(R + R_D + R_4)$$

$$R_4 = \frac{U_D}{I_0} - R_D - R = \frac{0.4501}{I_0} U_0 - R_D - R \tag{4}$$

式中，U_D 为晶体二极管 D_1 的正向压降。

当 U_0、I_0、U_D 已知时，由公式可算出所串联的附加电阻 R_4（在本实验中晶体二极管 1N4004 的正向压降 U_D 一般按 0.6 V 算）。

（四）测量电阻原理

由微安表头（内阻为 R_g）、电阻 R_5 及电池 E 串联成一个最简单的测量电阻的欧姆表。把待测电阻 R_X 接在 a、b 两端，由欧姆定律可知，此时通过表头的电流：

$$I = \frac{E}{R_5 + R + R_X} \tag{5}$$

由式（5）可以看出，当 R_5、R_g 及电池电动势 E 一定时，通过微安表头的电流 I 随 R_X 的不同而变化，R_X 小时，电流大，R_X 大时，电流小，因而可以在电流表的刻度盘上直接刻出电阻的读数值。从式（5）还可以看出电阻的读数值有两个特点：第一，R_X 与 I 不是简单的反比关系，因而电阻的刻度是不均匀的；第二，$R_X = 0$ 时的刻度应在电流值最大的刻度位置上，而 $R_x = \infty$ 的刻度应在电流 $I = 0$ 的刻度位置上，因而电阻刻度值从大到小的方向和电流刻度从小到大的方向正好相反，电阻读数的欧姆标度为不等分的倒标度。

在本实验中，欧姆挡的实际电路如图 4.41.1 所示，将转换开关转至"Ω"挡的位置，由毫安表（内阻为 R）、电阻 R_5 及电池 E 共同组成了一个欧姆表，待测电阻 R_X 接在 a、b 两端，电流 I 的方向如图 4.41.1 中箭头所表示的，R_5 的计算如下：

设当 $R_X = 0$ 时，通过毫安表的电流为 I_0，这样在 R_5 中通过的电流应恰是前面所设计的电流量程 I_0，此时电位器 R_1 的滑动触头应在 R_1 的最右方，若

忽略电池内阻，则

因为
$$E = I_0(R + R_5)$$

所以
$$R_5 = \frac{E}{I_0} - R \tag{6}$$

当 R、I_0、E 为已知时，可根据式(6)可计算欧姆挡所用的附加电阻 R_5 的值。

在本实验中，E 是一节干电池，它的电动势约为 1.500 V，考虑到在使用过程中电池的电动势将逐渐降低，因此在用式(6)计算 R_5 时，取 $E = 1.300$ V。在使用过程中，由于电池电动势 E 的变化，使得 $R_X = 0$ 时，电表指针不能恰好指在 0 Ω (即毫安表满刻度处) 挡，造成测量不准，因此在电流挡把电阻分成 R_1 及 R_2 两个电阻，而 R_1 用一个电位器，这样 R_1 在欧姆挡的作用就是零值电阻调节器，称为欧姆调零电位器，这样电池 E 的电压从 1.600 V 降至 1.300 V 范围内，欧姆挡均能调好零点。

当把待测电阻 R_X 接入万用表 a、b 两端时，设 I 为通过 R_5 的电流，I_g 为通过微安表头的电流，则

因为
$$I = \frac{E}{R + R_5 + R_X}$$

所以
$$I_g = \frac{R_1 + R_2}{R_1 + R_2 + R_g} I = \frac{R_1 + R_2}{R + R_5 + R_g} \cdot \frac{E}{R + R_5 + R_X} \tag{7}$$

在本实验中，$I_0 = 2I_g$，所以 $R_1 + R_2 = R_g$，将式(6) $R + R_5 = \frac{E}{I_0}$ 代入式(7) 中，整理后得

$$R_X = \frac{E}{2i_g} - \frac{E}{I_0} \tag{8}$$

公式(8)所表示的是 R_X 与微安表中通过的电流 i_g 之间的关系，利用式(8)可算出当微安表指针指示不同 i_g 时所对应的 R_X 的值。

当 $i_g = I_g$ 时，$R_X = 0$，对应 a、b 两点短路的情况，而当 $i_g = \frac{I_g}{2}$ 时，$R_X = R + R_5$，即被测电阻等于欧姆表综合电阻时，指针指在表盘中心位置，此时阻值称为中值电阻，它是欧姆表的一个重要参数，根据中值电阻这个参数，可以对欧姆挡的欧姆标度尺进行标定。

四、实验内容

(1) 观察实验室提供的用微安表组成简单万用表的实验电路板，并按各量程要求自己设计：

毫安挡：$I_0 = 1.000(\text{mA})$　　　　直流电压挡：$U_0 = 2.50(\text{V})$
交流电压挡：$U_0 = 10.00(\text{V})$　　电阻挡：电源电压取 1.30(V)

利用公式(1)(2)(4)(6)分别计算出$(R_1 + R_2)$，R_3，R_4，R_5各阻值，并对照图 4.41.1 所示的电路，在实验电路板的电路中，分别计算出 R_2，R_3，R_4，R_5各电阻的值，然后按计算值接入电路。

(2) 组装与校验。

按步骤(1)中计算出的$(R_1 + R_2)$，R_3，R_4，R_5的理论设计值，分别组装万用表各挡，并进行校验，即组装一挡，校验一挡。

① 直流电流表的组装与校验。
② 直流电压挡的组装与校验。
③ 交流电压挡的组装与校验。
④ 欧姆挡的组装与校验。

五、注意事项

(1) 为确保电表不致损坏，必须在教师认定所接电路无误时，才能接通电源。

(2) 校准各挡时，一定要注意组装表和标准表都要选好各自的挡位和量程，否则有烧坏电表的危险。

六、回答问题

(1) 为什么校验直流电流挡后，不能把 R_2 拆掉？
(2) 直流电压挡和交流电压挡的电路有何异同处，连接电路时应注意什么？
(3) 用万用表测量电阻时，通过电阻的电流是由什么电源供给的？

七、附录：万用表

万用表是用来测量直流电流、直流电压、交流电压、电阻及其他一些特殊测量(如交流电流、音频功率、音频电平、电容、电感、半导体三极管的参数，等等)的多种用途的综合仪表(电表)，是实验室和电磁测量中不可缺少的一种测量仪表。万用表是由表头、线路(电阻元件、整流元件等)、转换开关、度盘、表笔等几个主要部分组成。

(一) 万用表的结构

(1) 表头：一般采用灵敏度较高、准确度较好的磁电式的微安表。
(2) 线路：万用表就是把电流表、电压表、欧姆表的各个线路综合在一起，用开关进行转换。一般电流表是整个电表的公用部分，如开关转换接上降压电阻便可测电压；开关转换接上调零电位器、电池、限流电阻便可测电阻等。万用表种类很多，线路也各不相同，但基本组成是一致的。

（3）转换开关：可以称为选择量程开关，用此开关进行线路转换，便可选择不同的测量项目及量程，以满足测量要求。

（4）度盘：万用表因为是多种用途仪表，度盘上印有各种符号、字母、标度尺和数字，均同于一般电表。

度盘面刻度的数字一般有好几行，测量中应看哪一行要和选择开关结合起来，如选择开关放在"500 mA"挡，应看数字是 0~500 mA 的那一行刻度（或扩大整数倍的那一行刻度），一般度盘为了方便，电压和电流用一同行刻度。

（二）万用表的使用方法

（1）调整微安表机械零点：用小螺丝刀轻轻转动表盘下的机械调零螺钉，使指针处于零位。

（2）选好正确挡位及量程：测量前一定要明确测量的物理量，然后转动转换开关，确定挡位并选择一个合适的量程。

注意：使用万用表前如果不仔细选好挡位及量程，甚至用"μA""mA"或用"Ω"挡取测量电压，就有烧毁万用表的危险。

（3）正确接入测量电路：正确选好挡位及量程后，将红色表笔 a、黑色表笔 b 两表笔连入电路。

① 测量电压时要与电路并联。

② 测量电流时要与电路串联，只能测出通过某一负载下的电流强度。

注意：若测量直流电，还需注意红色表笔 a 要接高电位。

③ 使用欧姆挡测量二极管正、反向电阻时应注意黑表笔 b 为高电位，红表笔 a 为低电位。测量电阻时，应将电阻与电路断开后进行。测量前先将万用表转换开关转至"Ω"挡，选好合适量程后，再将两表笔短路，校正欧姆挡的零点。量程的选择应使测量值尽量靠近度盘中心位置，以减小误差，若需要换挡时，必须重新校正欧姆挡零点。

实验 42

电位差计的应用

一、实验目的

(1) 掌握电位差计的工作原理、结构特点和操作方法；
(2) 掌握电位差计的应用方法。

二、参考资料

UJ36 型电位差计说明书、电位差计基本技术参数、补偿测量法原理。

三、可选仪器

箱式电位差计、电阻箱、电表、电源、滑动变阻器。

四、实验原理提示

如图 4.42.1 所示，如果要测未知电动势 E_x，可以将已知可调标准电源 E_0 和 E_x 的正负极相对地并接，在回路中串联一检流计 G，通过调节 E_0 的大小使检流计指针指零，此时，这两个电源 E_0 和 E_x 的方向相反，大小相等，即 $E_0 = E_x$，此时称电路达到平衡或达到补偿。在电位达到平衡的情况下，已知 E_0 的大小就可以确定 E_x 的大小，这种测定电源电动势的方法叫补偿法。据此原理构成的测量电动势或电位差的仪器称为电位差计。

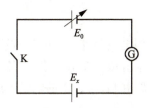

图 4.42.1 补偿法原理图

图 4.42.2 所示是直流电位差计的原理线路图。电源 E、制流电阻 R_p，精密标准电阻 R_N 和测量补偿用电阻 R 组成一个闭合回路，称为工作回路。当开

关 K 扳向"标准"位置一边时,调节 R_p,使检流计 G 指零,这时标准电池的电动势由电阻 R_N 上的电压降补偿:

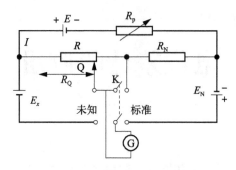

图 4.42.2 直流电位差计原理图

$$E_N = IR_N \tag{1}$$

式中,I 是流过 R_N 和 R 的电流,称为电位差计的工作电流,由式(1)得:

$$I = \frac{E_N}{R_N} \tag{2}$$

由 E_N、R_N 和检流计组成的校准工作电流 I 的回路叫校准工作电流回路。工作电流调节好后,将开关 K 扳向"未知"一边,同时移动触头 Q,再次使检流计指零,此时触头 Q 在 R 上的读数为 R_Q,这时被测电动势或电压由电阻 R_Q 上的电压降补偿:

$$E_x = IR_Q \tag{3}$$

将式(2)、式(3)综合可得:

$$E_x = \frac{E_N}{R_N} R_Q \tag{4}$$

因 E_N、R_N、R_Q 都是准确已知的,所以 E_x 可被准确地测得。E_x、R_Q 和检流计 G 构成测量未知电压的电路,因此叫测量回路。

五、实验仪器

本实验使用的是 UJ36 型电位差计,它由步进读数盘以及晶体管放大检流计、电键开关、标准电池等组成。工作回路电流分别为:×1 时,5 mA;×0.2 时,1 mA。步进读数盘由 11 只 2 Ω 的电阻组成,滑线盘电阻为 2.2 Ω。

(一) 技术性能

(1) 电位差计能在 5℃~45℃ 环境温度范围内,相对湿度低于 80% 的条件下正常工作。

(2) 当环境温度在 12℃、28℃ 时,允许误差为:

$$|\Delta| \leq (0.1\% u_x + \Delta u)\text{V}$$

u_x 为测量盘示值，Δu 为最小分度值。在超出保证准确度的温度范围，但仍在使用范围内，仪器的温度附加误差与温度范围有关，在20℃～25℃内温度附加误差小于等于$|\Delta|$，在15℃～20℃内温度附加误差小于等于$|0.5\Delta|$。

(3) 电位差计基本技术参数见表4.42.1。

表4.42.1 电位差计基本技术参数表

倍率	测量范围/mV	最小分度值/μV	工作电流/mA	允许误差值/V
×1	0～230	50	5	$|\Delta| \leq (0.1\% u_x + 50 \times 10^{-6})$
×0.2	0～46	10	1	$|\Delta| \leq (0.1\% u_x + 10 \times 10^{-6})$

(4) 仪器的工作电源为1.5 V，是4节1号干电池并联。检流计放大器工作电源为9V(6F22)是2节叠层干电池并联。

(二) 有关使用说明

(1) 将被测电压或电动势接在"未知"接线柱上，注意"＋""－"极。

(2) 将倍率开关旋向所需要的位置上，同时也接通了电位差计工作电源和检流计放大器电源，3分钟后调节检流计指零。

(3) 将扳键开关 K 扳向"标准"，调节多圈变阻器 R_p，使检流计指零，这时工作电流达到了规定的值。

(4) 将扳键开关 K 扳向"未知"，调节步进读数盘和滑线读数盘使检流计再次指零，此时未知电压或电动势按下式计算：

$$u_x = (步进盘读数 + 滑线盘读数) \times 倍率$$

(5) 在连续测量时，要求经常校对电位差计工作的电流，以防止工作电流变化。

(6) 倍率开关旋向"G_1"或"$G_{0.2}$"时，电位差计分别处于×1或×0.2位置，检流计被短路，在未知端可输出标准直流电动势。

(三) 使用电位差计时的注意事项

(1) 测量完毕，倍率开关应旋到"断"位置，扳键开关应放在中间，以免不必要的电池能量消耗。

(2) 如发现调节 R_p 不能使检流计指零时，应更换1.5V干电池。若晶体管放大检流计灵敏度低，则更换9V干电池。

(3) 电位差计应在环境温度为5℃～45℃、相对湿度低于80%的条件下使用和保管,并避免阳光曝晒和剧烈振动。

六、实验内容

(1) 用电位差计校准电流表,电压表和测量电阻;

(2) 写出测量原理,选择电路元件,设计校准和测量电路,写出计算公式;

(3) 测量和计算,得出正确的数据处理结果;

(4) 分析讨论误差产生的原因,对实验结果作出自己的估计。

内容提示:

1. 用电位差计校正电压表

(1) 按图4.42.3所示连接线路。

(2) 根据电压表、电位差计的量程及电阻箱规格确定 R_1、R_2 和 E 的数值。

(3) 先把滑线变阻器放在电阻为零一端(即输出电压为0),合上扳键K,调节滑线变阻器,使电压表从零到满偏等间隔分布取几个读数,再根据分压比估计相应的电位差计测量值范围,最后将扳键扳向"未知",调节检流计使指针指零,读出相应的电位差计测量值。反向(即从电压最大的值到零)再校一遍,取两次平均值。

(4) 根据表4.42.2记录数据,并计算误差,确定被校表是否合格。

表4.42.2 用电位差计校正电压表

$U_表$/mV	200	400	600	800	1 000
U_{J1}/mV					
U_{J2}/mV					
$\overline{U}_J$/mV					
$U_{校表}$/mV					
ΔU_x/mV					

2. 用电位差计校正电流表

按图4.42.4所示连接线路,过程同校正电压表相同。根据表4.42.3记录数据,并计算误差,确定被校表是否合格。

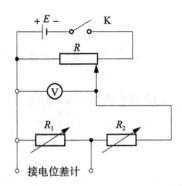
图 4.42.3 用电位差计校正电压表原理图

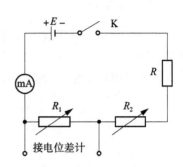
图 4.42.4 线路图

表 4.42.3 用电位差计校正电流表

$I_{表}$/mA	0.1	0.2	0.3	0.4	0.5
U_{J1}/mV					
U_{J2}/mV					
$\overline{U}_J$/mV					
$I_{校表}$/mA					
ΔI_x/mA					

3. 用电位差计测定未知电阻

提示：按图 4.42.5 所示连接线路，用电位差计分别测得 R_s 和 R_x 两端的电压 V_s 和 V_x 后，则有：

$$R_x = \frac{V_x}{V_s} \cdot R_s$$

要求：根据 R_x 的大小范围定 R_s、R_1、R_2，E 的取值大小。

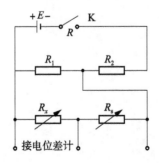
图 4.42.5 用电位差计测未知电阻

七、思考题

（1）实验中如果发现检流计总往一边偏，无法调到平衡，试分析可能有哪些原因。

（2）可否用电位差计测 20 mV 的电压，应将倍率挡指向 ×1 还是 ×0.2？

实验 43

电表的改装与校准

一、实验目的

（1）掌握改装电流表和电压表的基本原理和扩大量程的方法；
（2）学会用比较法校准电表。

二、参考资料

电学实验基础知识、表头内阻测量方法。

三、可选仪器

直流稳压电源、标准电压表、待改装的微安表头、标准电流表、改装表头、检流计、电阻箱、导线、开关。

四、实验原理提示

（一）改装成电流表

表头的满度量程很小，只适用于测量微安级和毫安级的电流，若要测量较大的电流，就需要扩大电表的电流量程。如图 4.43.1 所示，在表头两端并联一个适当小的电阻 R_s，就可以改装成一个具有所需要量程的电流表了。这是因为使超过表头所能承受的电流通过 R_s，故 R_s 称为分流电阻。选用不同大小的 R_s，就可以得到不同量程的安培计。设表头满度时的电流为 I_g，并联电阻 R_s，I 为改装后的量程。根据欧姆定律得：

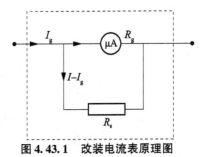

图 4.43.1　改装电流表原理图

$$R_g I_g = (I - I_g) R_s$$

$$R_s = \frac{I_g}{I - I_g} R_g$$

若 $I = nI_g$，则 $R_s = \dfrac{R_g}{n-1}$，n 为扩大量程的倍数。由此可知，并联电阻值为待改装表内阻的 $1/n-1$ 倍，多量程的安培计是以同一表头并联不同的分流电阻而得到的，其量程越大，R_s 越小。

关于改装多量程电流表线路的选择：

(1) 开放式分流线路。

开放式分流线路如图 4.43.2 所示，从图中可以看出，开关 K 单独与 R_1、R_2、R_3 相连接即可组成不同量程的电流表。该线路优点是结构简单明了；缺点是开关 K 的接触点的接线电阻在分流电阻的阻值中占很大的比重，特别是电流量程很大时，并联的分流电阻阻值很小，开关接触电阻占的比重更大，会给电流表的测量带来很大的影响。同时，开关接触点的接触电阻阻值极不稳定，特别是经过多次摩擦或电表长期不用，开关接触点表面生成氧化膜都

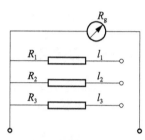

图 4.43.2　开放式分流线路

会使接触电阻发生变化而引起电流表读数不稳定。如果开关接触点不良造成阻值加大，测量时，大部分电流不是经过分流电阻，而是通过表头，这样就可能将表头烧毁。

(2) 闭合式分流线路。

闭合式分流电路如图 4.43.3 所示，这种线路中的各分流电阻彼此串联，然后再与表头并联，形成闭合回路。如将转换开关接至 I_1 时，测量的量限为 I_1，其分流电阻为 R_1，而其余 $(R_2 + R_3)$ 则变为与表头串联。该线路的优点是正好避开了开放式分流线路的缺点；缺点是环路中如果有一只电阻损坏，电流表将无法工作。

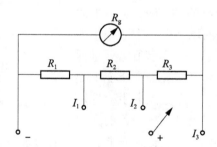

图 4.43.3　闭合式分流电路

(二) 改装成电压表

表头的满度电压很小，一般为零点几伏，要测量较大电压，需在表头上

串联一个较大的电阻 R_p，使超过表头所能承受的那部分电压降在电阻 R_p 上。表头和串联电阻 R_p 组成的整体就是改装后的电压表，串联电阻 R_p 称为分压电阻，选用不同大小的 R_p 就得到不同量程的伏特表，如图 4.43.4 所示，V 为改装后表的量程。由欧姆定律得出：

$$V = I_g R_g + I_g R_p$$

$$R_p = \frac{V}{I_g} - R_g$$

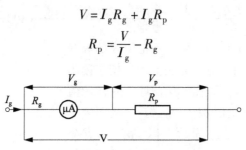

图 4.43.4　改装成电压表原理图

为了扩大电压量程，将表头与电阻分别串联就构成多量程的电压表，如图 4.43.5 所示。该线路的优点在于各挡之间互不影响，若其中一个电阻被烧坏，其他挡仍可使用。另外，还有一种多量程电压表连接方式如图 4.43.6 所示，该线路的优点是测量高电压时，低电压挡的分压电阻被重复利用，这样可以节省一些电阻的绕线等材料；缺点是其中某一分压电阻损坏，直接影响其他测高电压的各挡的测量工作。

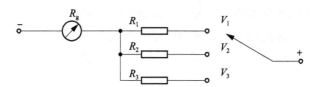

图 4.43.5　多量程电压表（一）

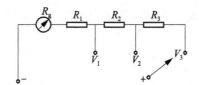

图 4.43.6　多量程电压表（二）

（三）电表的标称误差和校准

标称误差指的是电表的读数和准确值的差异，它包括了电表在构造上各种不完善的因素所引起的误差。为了确定标称误差，先将电表和一个标准表同时测量一定的电流（或电压），称为校准。校准的结果得到电表各刻度的绝对误差，选取其中最大的绝对误差除以量程即为该电表的标称误差。

$$\text{标称误差} = \frac{\text{最大绝对误差}}{\text{量程}} \times 100\%$$，根据标称误差的大小可以确定电表的等级，而实验中确定电表等级时还要考虑标准表所产生的误差，即

$$\text{标称误差} = \frac{\text{最大绝对误差} + \text{标准表最大绝对误差}}{\text{量程}} \times 100\%。$$

为了减少电表的误差，可以不把电表的等级作为确定误差的最后依据。方法上通过校准读出电表的各个指示值 I_x 和标准电表对应的指示值 I_s 得到该刻度的修正值 $\delta I_x = I_s - I_x$，从而画出电表的校准曲线，以 I_x 为横坐标，δI_x 为纵坐标，两个校准点之间用直线连接，整个图形是折线状，如图 4.43.7 所示。在以后使用这一电表时，根据校准曲线可以修正电表的读数，从而得到较为准确的结果。

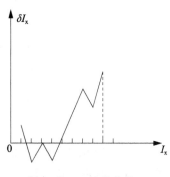

图 4.43.7　校准曲线

五、实验内容

（1）将量程为 500 μA 的待改装表参照表头内阻测量实验，测出它的内阻 R_g。

（2）将 500 μA 的电流表改装为设计量程的电流表并校准。

（3）将 500 μA 的微安表改装为设计的电压表。

（4）校准改装的电压表和电流表，确定等级，作校准曲线。

六、回答问题

（1）改装表和标准表应读几位有效数字？

（2）若把表头真正地改装成实验要求的电表应怎样做？

实验 44

光学平台上的实验

一、实验目的

（1）了解望远镜的基本原理和结构，并掌握其调节、使用和测量它的放大率的两种方法；

（2）了解显微镜的基本原理和结构，并掌握其调节、使用和测量它的放大率的一种方法。

二、参考资料

光学平台使用说明书、大学物理教程光学部分。

三、可选仪器

光学平台及其组件、光源。

四、实验原理提示

（一）自组显微镜

如图 4.44.1 所示，物镜 L_o 的焦距 f_o 很短，将目的物 AB 放在物镜焦点外少许的位置，将目的物 AB 经 L_o 后成一高倍放大实像 $A'B'$，然后再用目镜 L_e 作为放大镜观察这个中间像 $A'B'$，$A'B'$ 应成像在 L_e 的第一焦点 f_e 之内，经过目镜后在明视距离处成一放大的虚像 $A''B''$。Δ 是物镜的后焦点 f_o' 到目镜的前焦点 f_e 距离。显微镜的放大作用可用横向放大率来描述。横向放大率 β 定义为像长 $A''B''$ 和物长 AB 之比，即 $\beta = \dfrac{A''B''}{AB}$，它等于物镜横向放大率 β_0 和目镜的横向放大率 β_e 的乘积，即

$$\beta = \frac{A''B''}{A'B'} \cdot \frac{A'B'}{AB} = \beta_0 \beta_e \tag{1}$$

其中

$$\beta_e = d/d_3, \quad \beta_0 = d_2/d_1 \tag{2}$$

由图 4.44.1 可知,中间像在目镜焦点 f_e 附近,故 $d_3 \approx f_e$,又因 f_o 很短,故 $d_2 \approx \Delta$,$d_1 \approx f_o$。分别代入式(1)和式(2)中得:

$$\beta = \frac{d\Delta}{f_o f_e} \tag{3}$$

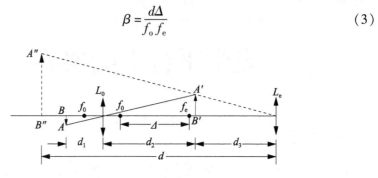

图 4.44.1 显微镜原理图

(二) 自组望远镜

最简单的望远镜是由一片长焦距的凸透镜作为物镜,用一短焦距的凸透镜作为目镜组合而成。远处的物体经过物镜在其后焦面附近成一缩小的倒立实像,物镜的像方焦平面与目镜的物方焦平面重合。而目镜起一放大镜的作用,把这个倒立的实像再放大成一个正立的像,如图 4.44.2 所示。(放大率计算参考光学实验基础知识。)

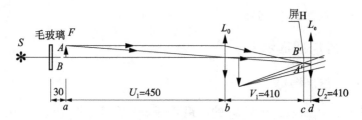

图 4.44.2 望远镜原理图

五、实验要求

以下内容任选其一。

1. 自组显微镜

(1) 选择光学元件,设计显微镜光路;

(2) 摆好光路,做好调整;

(3) 测量放大率,正确进行数据处理。

2. 自组望远镜

(1) 选择光学元件,设计望远镜光路;

(2) 摆好光路，做好调整；
(3) 测量放大率，正确进行数据处理。

六、思考题

(1) 如何保护光学平台？使用光学平台应注意哪些问题。
(2) 在光学平台上做实验和在光具座上做实验有何不同。

七、实验举例：自组望远镜

(一) 设计任务

组装具有望远镜功能的光学系统。

(二) 设计要求

(1) 设计一放大率约为 8 倍的望远镜（$\mu \approx 110 \text{ cm} \gg f_0$）。
(2) 提出自组望远镜设计方案：
根据望远镜光学结构原理，画出基本结构光路图。
确定光学元件的具体参数(提供的透镜的焦距大小)。
自组望远镜光学系统：
① 给出选择元件的理由；
② 设计测试放大率的装置；
③ 拟订实验步骤。

(三) 设计提示

(1) 望远镜最简单，是由两个透镜组成(凸 + 凸、凸 + 凹)。望远镜的物镜焦距长而目镜焦距短，望远镜用来观察远处物体的细节。

(2) 望远镜成像原理及其特征：望远镜是第一次成缩小的实像，第二次成放大的虚像。

(3) 实测放大率。一般采用目测法，即用眼睛同时观察：一个眼睛通过目镜看标尺的放大倒虚像；另一个眼睛直接看标尺，使两个像靠在一起。移动目镜直到两者都看清楚无视差，此时两者的读数比就是放大率。

实验 45

微小长度的测量

一、实验目的

(1) 掌握数显千分尺的使用方法；
(2) 用千分尺测量微小长度；
(3) 用霍尔位置传感器测量微小长度；
(4) 用张力传感器测量弹簧的微小长度；
(5) 学会用测量显微镜测量微小长度。

二、参考资料

振动力学信号源 DH0803 使用说明、力学常用仪器介绍、杨氏模量的测量实验原理、大学物理教程光学部分相关内容。

三、可选仪器

DHTM-1 光学特性综合应用测试仪、振动力学信号源读数显微镜、望远镜、肌张力传感器、霍尔位置传感器、测量显微镜、千分尺、半导体激光器、扩束镜、光栅、劈尖尺寸、音叉谐振频率、信号发生器、信号放大器。

四、实验原理提示

（一）霍尔位置传感器工作原理

将霍尔元件置于磁感强度为 B 的磁场中，在垂直于磁场方向通以电流 I，则与这二者垂直的方向上将产生霍尔电势差 U_H：

$$U_H = K \cdot I \cdot B \tag{1}$$

式(1)中，K 为元件的霍尔灵敏度。如果保持霍尔元件的电流 I 不变，而使其在一个均匀梯度的磁场中移动时，则输出的霍尔电势差变化量为：

$$\Delta U_H = K \cdot I \cdot \frac{dB}{dZ} \cdot \Delta Z \tag{2}$$

式(2)中 ΔZ 为位移量,此式说明若$\dfrac{dB}{dZ}$为常数时,ΔU_H 与 ΔZ 成正比。

为实现均匀梯度的磁场,可以如图 4.45.1 所示摆放两块相同的磁铁(磁铁截面积及表面感应强度相同)相对位置,即 N 极与 N 极相对,两磁铁之间留一等间距间隙,霍尔元件平行于磁铁放在该间隙的中轴上。间隙大小要根据测量范围和测量灵敏度要求而定,间隙越小,磁场梯度就越大,灵敏度就越高。磁铁截面要远大于霍尔元件,以尽可能地减小边缘效应的影响,提高测量精确度。

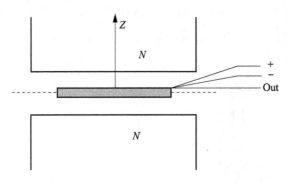

图 4.45.1　均匀梯度的磁场

若磁铁间隙内中心截面处的磁感应强度为零,霍尔元件处于该处时,输出的霍尔电势差应该为零。当霍尔元件偏离中心沿 Z 轴发生位移时,由于磁感应强度不再为零,霍尔元件也就产生相应的电势差输出,其大小可以用数字电压表测量。由此可以将霍尔电势差为零时元件所处的位置作为位移参考零点。

霍尔电势差与位移量之间存在一一对应关系,当位移量较小(<2 mm)时,这一一对应关系具有良好的线性。

硅压阻式肌张力传感器由弹性梁和贴在梁上的传感器芯片组成,其中芯片由四个硅扩散电阻集成一个非平衡电桥。当外界压力作用于金属梁时,在压力作用下,电桥失去平衡,此时将有电压信号输出,输出电压的大小与所加外力成正比,即

$$\Delta U = KF \tag{3}$$

式中,F 为外力的大小,K 为硅压阻式肌张力传感器的灵敏度,ΔU 为传感器输出电压的大小。

弹簧在外力作用下会产生形变。由胡克定律可知:在弹性变形范围内,外力 F 和弹簧的形变量 Δy 成正比,即

$$F = K\Delta y \tag{4}$$

式中，K 为弹簧的劲度系数，它与弹簧的形状、材料有关。通过测量 F 和相应的 Δy，就可推算出弹簧的劲度系数 K。

（二）光杠杆基本原理

如图 4.45.2 所示，光杠杆机构主要有平面镜 M、横梁 b 以及三个支点 f_1、f_2 和 f_0 组成。支点 f_1 和 f_2 放置于固定座上，支点 f_0 放置于移动平台上。当通过千分尺调节移动平台位置时，支点 f_0 将随平台一起移动，从而改变平面镜的仰角。光杠杆测量系统的工作原理如图 4.45.3 所示，当移动平台下移 δL 后，原来与水平面成 90°的平面镜 M 角度变化量为 α，而此时对应的从望远镜看到的标尺刻度像从起初的 n_0 变化为 n_1，变化量 $\delta n = |n_1 - n_0|$。由几何光学的基本原理可知：

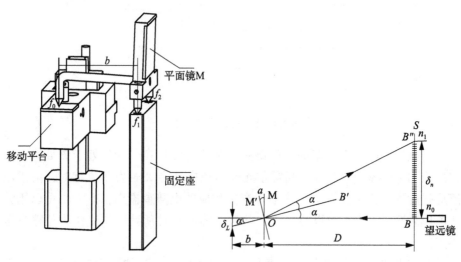

图 4.45.2 光杠杆机构图　　图 4.45.3 光杠杆测量系统工作原理图

$$\tan\alpha = \frac{\delta L}{b} \tag{5}$$

$$\tan 2\alpha = \frac{|n_1 - n_0|}{D} = \frac{\delta n}{D} \tag{6}$$

由于角度变化量 α 较小，所以 $\tan\alpha \approx \alpha$，$\tan 2\alpha \approx 2\alpha$，代入式(1)和式(2)可得到：

$$\delta L = \frac{b}{2D} \times \delta n \tag{7}$$

在式(7)中，$\frac{b}{2D}$ 叫作光杠杆镜的放大倍数，由于 $D \gg b$，所以 $\delta n \gg \delta L$，从而获得对微小量的线性放大，提高了 δL 的测量精度，这就是光杠杆的放大原理。

(三) 光的多普勒频移形成光拍的原理

参照本教程的实验 37，"双光栅测量微弱振动位移量实验"的实验原理部分。

(四) 等厚干涉基本原理

取两块光学平面玻璃板，使其一端接触，另一端夹着细丝（或薄片），则在两玻璃板之间形成一个空气劈尖，如图 4.45.4 所示。当用单色光垂直照射时和牛顿环一样，在劈尖薄膜上、下两表面反射的两束光发生干涉。产生的干涉条纹是一簇与棱边相平行、间隔相等且明暗相间的干涉条纹，它也是一种等厚干涉条纹。

设入射的平行单色光的波长为 λ，在劈尖厚度为 e 处产生干涉的两束光线的光程差为 Δ，n 为劈尖中媒介的折射率，$\lambda/2$ 为光线从劈尖下表面反射时产生的半波损失。

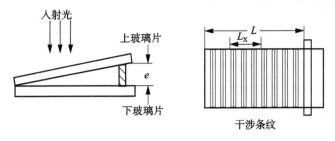

图 4.45.4　劈尖干涉

当光程差满足半波长的奇数倍时，

$$\Delta = 2ne + \frac{\lambda}{2} = (2K+1)\frac{\lambda}{2}(K=0,\ 1,\ 2,\ 3,\ \cdots) \tag{8}$$

形成暗条纹。式中，K 为干涉条纹级数。上式化简后得：

$$e = \frac{k\lambda}{2n} \tag{9}$$

由式(8)可见，当 $e=0$ 时，$\Delta=\lambda/2$，可见在两玻璃板接触的棱边处呈现零级暗条纹。

对于空气劈尖 $n=1$，则式(9)为：

$$e = k\frac{\lambda}{2} \tag{10}$$

由于 K 值一般较大，为了避免数错，在实验中可先测出某长度 L_x 内干涉条纹的间隔数 x，则单位长度内的干涉条纹数为 $n=x/L_x$。若棱边与薄片的距

离为 L，则薄片处出现的暗条纹的级数为 $K = nL$，可得薄片的厚度为：

$$e = nL\frac{\lambda}{2} = \frac{x}{L_x}L\frac{\lambda}{2} \tag{4}$$

五、实验内容

以下内容任选其一。

（1）利用千分尺测量显微镜、肌张力传感器，霍尔传感器等微小长度，探求最适合于被测对象的实验方案。

（2）利用光杠杆法测量微小长度。

（3）利用双光栅测量微弱振动的位移量。

（4）利用光的等厚干涉测量微小厚度。

六、思考题

（1）试述测量微小长度的方法及如何选择。

（2）试述测量误差来源及消除方法。